動手做 AI Agent

LLM 應用開發實戰力

黃佳 著・温榮弘 譯

本書簡體字版名為《LLM 應用開發 動手做 AI Agent》（ISBN：978-7-115-64217-2），由人民郵電出版社出版，版權屬人民郵電出版社所有。本書繁體字中文版由人民郵電出版社授權台灣碁峰資訊股份有限公司出版。未經本書原版出版者和本書出版者書面許可，任何單位和個人均不得以任何形式或任何手段複製、改編或傳播本書的部分或全部。

前言

一個新紀元的黎明

　　許多人把 ChatGPT 誕生的 2023 年視為生成式人工智慧（Generative AI，GenAI）、生成式 AI（AI Generated Content，AIGC）和大型語言模型（Large Language Model，LLM，也稱 LLM）爆發的元年。AIGC 以前所未有的方式生成內容，從文字、圖像到程式碼，其生成內容的品質和多樣性令人驚嘆，這些內容不僅能直接用於工作，提升工作效率，而且降低藝術創作的門檻，為文化娛樂等產業開闢一片更廣闊的天地。人工智慧技術正在引領一個全新的內容創造時代。

　　然而，已經發生的這一切僅僅是人工智慧革命的序幕。

　　今天，人工智慧在提升工作效率方面的熱潮方興未艾，而開發人工智慧應用（見圖 1）的新浪潮又不斷襲來。

🔊 圖 1　基於大型語言模型（LLM）的人工智慧應用開發

隨著技術的進步，我們開始期待的更多：這個時代追求的不僅是將人工智慧生成內容視為工作的一部分，更希望將人工智慧作為串聯複雜任務的關鍵樞紐。

這種願景正是 Agent[①]誕生的起點。

在探索人工智慧的奧祕和可能性的過程中，中國的 ZhenFund（真格基金）認為生成式人工智慧應用需要經歷下表所示的 5 個層級。

▼ 表 1　生成式人工智慧應用需要經歷的 5 個層級

層級	AI 應用	描述	範例
L1	Tool（工具）	人類完成所有工作，沒有得到任何明顯的 AI 輔助	Excel、Photoshop、MATLAB 和 AutoCAD 等絕大多數軟體
L2	Chatbot（聊天機器人）	人類直接完成絕大部分工作。但可以詢問 AI 以了解訊息；而 AI 只提供訊息和建議，不直接處理工作	初代 ChatGPT
L3	Copilot(合作)	人類和 AI 合作，有一樣的工作。AI 根據人類要求完成工作初稿，人類校正、修改和調整，做最後的確認	GitHub Copilot、Microsoft Copilot
L4	Agent	AI 完成絕大部分工作，人類負責設定目標、提供資源和監督結果，以及最終決策。AI 進行任務分工、工具選擇、進度控制，實現目標後自主結束工作	AutoGPT、BabyAGI、MetaGPT
L5	Intelligence（智慧）	完全無須人類監督，AI 自主拆解目標、尋找資源，選擇並使用工具，完成全部工作，人類只須提供初始目標	馮紐曼架構（Von Neumann architecture）或者……？

---

① 可以譯為智慧型代理，本書統稱為 Agent。

目前流行的 ChatGPT 和 Copilot 分別位於 L2 和 L3，可以將它們視為初級 Agent。ChatGPT 能夠根據對話上下文（記憶）來回應提示輸入的操作，向人類展示有價值的對話；而 Copilot 則藉由與人類合作，在各個方面提升完成相應任務的效率。

從 L3 進階到 L4，可視為從被動到自主的分水嶺，在這個升級的過程中，Agent 就是關鍵的驅動力。

未來的 Agent 將不僅僅是內容生成工具，還將整合人工智慧模型、大量資料和多樣化工具，從而能執行各種任務，完成不同工作。Agent 跨越單純的內容生成限制，開始涉足決策制定和行動實施等領域。無論是解讀複雜指令、規劃策略、任務分工，還是執行實現目標的具體步驟，都能展現出獨特的自主性和適應力；更為關鍵的是，這些 Agent 能夠導入並靈活運用多種輔助工具和資料等資源，從而大幅拓展工作領域和提高工作能力。

例如，旅行計畫的 Agent 不僅能夠排出行程建議，而且能根據使用者的喜好和預算，自動預訂航班、飯店甚至餐廳。再如，家庭健康管理的 Agent 能夠監測家庭成員的健康資料，主動提出關於飲食和運動的建議，甚至在需要時預約醫生，並安排藥物配送。

在業務方面，建構 Agent 的需求將快速增長。在深入了解 Agent 的價值和影響後，會有越來越多的公司開始嘗試和實施 Agent 技術。從概念驗證到開發相關應用程式，從初步嘗試到廣泛應用，Agent 技術正在商業化的路上加速前進。

建構 Agent 的基礎已經存在，包括先進的 AIGC 模型，和 GPT-4、Claude 3 Opus 等 LLM，LangChain、LlamaIndex、OpenAI API 和 Hugging Face 等人工智慧應用開發框架和工具（見圖 2），以及軟體平臺、業務背景和豐富的資料資源。我們所需要的一應俱全，只是缺乏是將這些技術或工具整合在一起的經驗和技術。

儘管建構 Agent 的基礎已經準備就緒，但 Agent 的技術發展仍處於萌芽階段。開發者需要深入思考並動手實作，才能確立 Agent 的開發框架、Agent 存取工具的方式、與資料互動的方式，以及對話以完成具體任務的方式。這些問題的答案將塑造未來 Agent 的形態和能力。

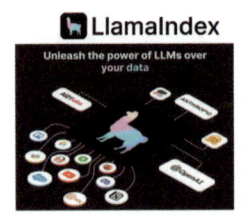

◯ 圖 2 人工智慧應用開發框架和工具

在解鎖 Agent 豐富潛力的過程中，需要深入探討以下幾個關鍵問題。

- Agent 如何在各行各業中提升效率，以及創造機會和更多可能性？
- 在眾多的 Agent 框架中，如何選擇最適合自己需求的框架？
- 在解決現實世界的問題時，如何實施 Agent 才最有效？
- 自主 Agent 如何改變我們對人工智慧驅動的任務管理認知和實踐？

目前無論是學術界還是產業界，對人工智慧應用程式開發的關鍵問題，其實從未達成共識。本書或許可以成為讀者深入探討上述問題的漫長旅途開端，並旨在從技術和工具層面闡釋 Agent 設計的框架、功能和方法，確切來說將涉及以下技術或工具。

- OpenAI 助理 API：用於調用包含 GPT-4 模型和 DALL‧E 3 模型在內的眾多人工智慧模型。
- LangChain：開源框架，旨在簡化建構基於語言的人工智慧應用程式過程，其中包含對 ReAct 框架的封裝和實現。
- LlamaIndex：開源框架，用於說明管理和檢索非結構化資料，利用 LLM 的能力和 Agent 框架來提高文字檢索的準確性、效率和智慧程度。

這些技術和工具都可以用於建構 Agent，方法是利用介面連接 LLM，為 Agent 提供語言理解、內容生成和決策支援的能力；藉此，Agent 可以支援多種外部工具，進而執行複雜任務，並與環境互動。

除了介紹 Agent 的框架和開發工具之外，本書還將介紹 7 個實戰案例，帶領讀者學習第一線 Agent 實現技術。這 7 個案例分別如下：

- Agent 1　自動化辦公的實現──透過 Assistants API 和 DALL・E 3 模型創作 PPT。
- Agent 2　多功能選擇的引擎──透過 Function Calling 呼叫函數。
- Agent 3　推理與行動的合作──透過 LangChain 中的 ReAct 框架實現自動定價。
- Agent 4　計畫和執行的解耦──透過 LangChain 中的 Play-and-Execute 實現智慧排程庫存。
- Agent 5　知識的提取與整合──透過 LlamaIndex 實現檢索增強生成。
- Agent 6　GitHub 的熱門開發──AutoGPT、BabyAGI 和 CAMEL。
- Agent 7　多 Agent 框架──AutoGen 和 MetaGPT。

此外，附錄中也會簡要介紹學術界關於的 Agent 技術發展的論文，為讀者提供 Agent 技術發展的最新且全面化視角，並展示相關探索。

我希望這本書能夠在 Agent 一路上的發展中激起小小漣漪，啟發更多對人工智慧充滿好奇和熱情的讀者，共同開啟人工智慧時代的無限可能。

在人類與人工智慧緊密合作的黎明時分，這滿天繁星中，Agent 絕對會是那顆最閃亮的星！

黃佳

引言

博學之，審問之，慎思之，明辨之，篤行之。

——《禮記‧中庸》

博學：海納百川，廣泛求知。

審問：審慎提問，清晰提示。

慎思：仔細思考，縝密推理。

明辨：明智辨別，區別是非。

篤行：堅定實踐，誠信行動。

儒家經典早已點求知和實踐的重要性：只有廣泛學習，深入提問，仔細思考，明智辨別，最後堅定執行，才能知行合一。

在 AI 時代，Agent 唯有博學：基於大量資料訓練的海納百川學習；審問：以有效的提示工程接受清晰明確的指令；慎思：配置 CoT、ToT、ReAct 等思維框架，在精巧設計的模式下認知；明辨：藉指令微調和價值觀的一致性，確保 AI 安全無害，且明確地遵循道德規範；篤行：借助 Tool Calls 和 Function Calling 等技術，以強大工具與外界互動，才能與人類攜手，共同開創美好未來。

目錄

前言 iii
引言 viii
資源與支援 xvii

第 1 章 何謂 Agent，為何選擇 Agent

1.1 讓人大開眼界的演講：Life 3.0 2
1.2 所以，到底 Agent 是什麼？ 4
1.3 Agent 的大腦：LLM 的通用推理能力 9
    1.3.1 了不起的人類大腦 9
    1.3.2 LLM 出現之前的 Agent 10
    1.3.3 LLM 就是 Agent 的大腦 11
    1.3.4 期望高峰和失望低谷 14
    1.3.5 知識、記憶、理解、表達、推理、反思、泛化和自我提升 16
    1.3.6 基於 LLM 的推理能力構築 AI 應用 20
1.4 Agent 的感知力：語言互動能力和多模態能力 21
    1.4.1 語言互動能力 22
    1.4.2 多模態能力 22
    1.4.3 結合語言互動能力和多模態能力 23
1.5 Agent 的行動力：語言輸出能力和工具使用能力 23
    1.5.1 語言輸出能力 23
    1.5.2 工具使用能力 24

1.5.3 體現智慧的實現 25
1.6 Agent 對各行業的效能提升 26
　　1.6.1 自動辦公好助理 27
　　1.6.2 客戶服務革命 28
　　1.6.3 個人化推薦 28
　　1.6.4 流程的自動化與資源的最佳化 29
　　1.6.5 醫療保健的變革 29
1.7 Agent 帶來新的商業模式和變革 31
　　1.7.1 Gartner 的 8 項重要預測 31
　　1.7.2 Agent 即服務 32
　　1.7.3 多 Agent 合作 34
　　1.7.4 自我演進的 AI 35
　　1.7.5 體現智慧的發展 36
1.8 小結 37

第 2 章　基於 LLM 的 Agent 技術框架

2.1 Agent 的四大要素 39
2.2 Agent 的規劃和決策能力 42
2.3 Agent 的各種記憶機制 43
2.4 Agent 的核心技能：調用工具 45
2.5 Agent 的推理引擎：ReAct 框架 47
　　2.5.1 何謂 ReAct 47
　　2.5.2 用 ReAct 框架實現簡單 Agent 51
　　2.5.3 基於 ReAct 框架的提示 53
　　2.5.4 創建 LLM 實例 57
　　2.5.5 定義搜尋工具 58
　　2.5.6 建構 ReAct Agent 59

		2.5.7	執行 ReAct Agent	59
2.6	其他 Agent 認知框架			63
	2.6.1	函式呼叫		63
	2.6.2	計畫與執行		63
	2.6.3	自問自答		63
	2.6.4	批判修正		63
	2.6.5	思維鏈		64
	2.6.6	思維樹		64
2.7	小結			65

第 3 章　OpenAI API、LangChain 和 LlamaIndex

3.1	何謂 OpenAI API		69
	3.1.1	關於 OpenAI 這家公司	69
	3.1.2	OpenAI API 和 Agent 開發	73
	3.1.3	OpenAI API 的聊天流程範例	75
	3.1.4	OpenAI API 的圖片生成範例	84
	3.1.5	OpenAI API 實務	86
3.2	何謂 LangChain		89
	3.2.1	關於 LangChain	90
	3.2.2	LangChain 中的六大模組	95
	3.2.3	LangChain 和 Agent 開發	96
	3.2.4	LangSmith 的使用方法	98
3.3	何謂 LlamaIndex		101
	3.3.1	關於 LlamaIndex	101
	3.3.2	LlamaIndex 和基於 RAG 的 AI 開發	102
	3.3.3	簡單的 LlamaIndex 開發範例	106
3.4	小結		109

第 4 章 Agent 1：自動化辦公的實現──透過 Assistants API 和 DALL‧E 3 模型創作 PPT

- 4.1 OpenAI 公司的 Assistants 是什麼 113
- 4.2 不寫程式碼，在 Playground 中玩 Assistants 114
- 4.3 Assistants API 的簡單範例 119
    - 4.3.1 創建助理 120
    - 4.3.2 創建執行緒 125
    - 4.3.3 加入訊息 128
    - 4.3.4 執行助理 130
    - 4.3.5 顯示回應 135
- 4.4 創建一個簡短的虛構 PPT 137
    - 4.4.1 資料的蒐集與整理 138
    - 4.4.2 創建 OpenAI 助理 139
    - 4.4.3 自主創建資料分析圖表 141
    - 4.4.4 自主創建資料見解 146
    - 4.4.5 自主創建頁面標題 149
    - 4.4.6 用 DALL‧E 3 模型為 PPT 首頁配圖 149
    - 4.4.7 自主創建 PPT 151
- 4.5 小結 156

第 5 章 Agent 2：多功能選擇的引擎──透過 Function Calling 呼叫函數

- 5.1 OpenAI 中的 Functions 158
    - 5.1.1 何謂 Functions 160
    - 5.1.2 Function 的說明文字很重要 160
    - 5.1.3 Function 定義中的 Sample 161
    - 5.1.4 何謂 Function Calling 163

5.2	在 Playground 中定義 Function	165
5.3	透過 Assistants API 實現 Function Calling	168
	5.3.1 創建能使用 Function 的助理	169
	5.3.2 不呼叫 Function，直接執行助理	171
	5.3.3 在 Run 進入 requires_action 狀態之後跳出迴圈	181
	5.3.4 拿到助理傳回的元資料訊息	182
	5.3.5 透過助理的傳回訊息呼叫函數	183
	5.3.6 透過 submit_tool_outputs 提交結果以完成任務	185
5.4	透過 ChatCompletion API 實現 Tool Calls	190
	5.4.1 初始化對話和定義可用函數	191
	5.4.2 第一次調用 LLM，向模型發送對話及工具定義，並獲取回應	192
	5.4.3 調用模型選擇的工具並建構新訊息	196
	5.4.4 第二次向 LLM 發送對話以獲取最終回應	199
5.5	小結	200

第 6 章　Agent 3：推理與行動的合作──透過 LangChain 中的 ReAct 框架實現自動定價

6.1	複習 ReAct 框架	204
6.2	LangChain 中 ReAct Agent 的實現	207
6.3	LangChain 中的工具和工具包	209
6.4	透過 create_react_agent 創建鮮花定價 Agent	212
6.5	深入 AgentExecutor 的執行機制	218
	6.5.1 在 AgentExecutor 中設定中斷點	218
	6.5.2 第一輪思考：模型決定搜尋	221
	6.5.3 第一輪行動：工具執行搜尋	228
	6.5.4 第二輪思考：模型決定計算	233
	6.5.5 第二輪行動：工具執行計算	234

6.5.6　第三輪思考：模型完成任務 237
6.6　小結 241

第 7 章　Agent 4：計畫和執行的解耦——透過 LangChain 中的 Plan-and-Execute 實現智慧排程庫存

7.1　提出 Plan-and-Solve 策略 244
7.2　LangChain 中的 Plan-and-Execute Agent 249
7.3　透過 Plan-and-Execute Agent 實現物流管理 250
　　7.3.1　為 Agent 定義一系列自動庫存排程的工具 250
　　7.3.2　創建 Plan-and-Execute Agent，並嘗試「不可能完成的任務」 252
　　7.3.3　完善請求，讓 Agent 完成任務 260
7.4　從單 Agent 到多 Agent 265
7.5　小結 266

第 8 章　Agent 5：知識的提取與整合——透過 LlamaIndex 實現檢索增強生成

8.1　何謂檢索增強生成 268
　　8.1.1　提示工程、RAG 與微調 269
　　8.1.2　從技術角度看檢索部分的 Pipeline 271
　　8.1.3　從使用者角度看 RAG 流程 272
8.2　RAG 和 Agent 274
8.3　透過 LlamaIndex 的 ReAct RAG Agent 實現花語祕境財報檢索 275
　　8.3.1　獲取並載入電商的財報文件 275
　　8.3.2　將財報文件的資料轉換為向量資料 276
　　8.3.3　建構查詢引擎和工具 278
　　8.3.4　配置文本生成引擎 LLM 279

8.3.5　創建 Agent 以查詢財務訊息 279
8.4　小結 280

第 9 章　Agent 6：GitHub 的熱門開發──AutoGPT、BabyAGI 和 CAMEL

9.1　AutoGPT 284
　　9.1.1　AutoGPT 簡介 284
　　9.1.2　AutoGPT 實戰 286
9.2　BabyAGI 291
　　9.2.1　BabyAGI 簡介 291
　　9.2.2　BabyAGI 實戰 293
9.3　CAMEL 310
　　9.3.1　CAMEL 簡介 310
　　9.3.2　CAMEL 論文中的股票交易場景 312
　　9.3.3　CAMEL 實戰 316
9.4　小結 325

第 10 章　Agent 7：多 Agent 框架──AutoGen 和 MetaGPT

10.1　AutoGen 328
　　10.1.1　AutoGen 簡介 328
　　10.1.2　AutoGen 實戰 331
10.2　MetaGPT 335
　　10.2.1　MetaGPT 簡介 335
　　10.2.2　MetaGPT 實戰 336
10.3　小結 344

附錄 A 下一代 Agent 的誕生地：科學研究論文中的新思維

A.1 兩篇高品質的 Agent 綜述論文 346

A.2 論文選讀：Agent 自主學習、多 Agent 合作、Agent 可信度的評估、邊緣系統部署以及體現智慧實現 348

A.3 小結 350

參考文獻 352

後記 創新與變革的交會點 355

資源與支援

資源獲取

本書提供如下資源：配套資源程式碼、配套資料集，請由以下連結下載。

http://books.gotop.com.tw/download/ACL070900

CHAPTER 1

何謂 Agent，為何選擇 Agent[1]

時尚而現代化的共享辦公室中，一個年輕的團隊正在忙著他們的新專案，這是一家主要經營鮮花的新創電商公司：花語祕境，創始人是咖哥的老搭檔小雪。

在這個節奏快、競爭激烈的行業中，小雪深知，想突破重圍，她的公司不僅要提供高品質產品，而且還要以創新技術來最佳化營運效率，提高顧客體驗。因此，行銷和市場策略團隊計畫開發一個智慧型助理 Agent，可以根據天氣、庫存狀況自動調配、規劃和安排鮮花的遞送服務，同時可以整合花語祕境的內部檔案和使用者需求，協助使用者選出最適合自己的鮮花，如根據場合、收花人的偏好，甚至是送花人的情感來推薦，希望借此提供全新鮮花購買體驗，使之更加個人化、有效率且令人愉悅。

今天，花語祕境的辦公室擠滿了人，小雪邀請咖哥為公司員工以及創業過程中結識的眾多朋友，舉辦一場以《Life 3.0》一書為主題的演講。

圖 1.1 咖哥的演講

---

[1] 本章標題靈感源自微信帳號「下維」發布，署名為「蕭夫」的文章：《萬字長文！何謂 Agent，為何 Agent？》。

1.1 讓人大開眼界的演講：Life 3.0

（咖哥走上演講台。）

在這宏偉的時代洪流中，我站在這裡，與大家共同探討一個古老又新奇的話題：生命的本質。

生命，無論是細小的微生物，還是偉大的人類，甚至是未來的 Agent，都在這個宇宙中扮演著獨特的角色。但究竟什麼是生命？

在《Life 3.0》的作者馬克斯·泰格馬克（Max Tegmark）眼中，生命不過是一個自我複製的訊息處理系統。想像一下，碳基生物體的 DNA 類似於軟體程式碼：包含指導生物體生長、發展和行動的所有指令。這些指令以遺傳訊息的形式傳遞，決定了生物的特徵和功能（見圖 1.2）。因此，**訊息的傳遞機制就是生命體的軟體，該機制最終決定生命體的行動和結構，也就是生命體的硬體。**

無獨有偶，英國演化生物學家理查·道金斯（Richard Dawkins）在《自私的基因》（The Selfish Gene）一書中也提到，生命的演化就是基因的複製。隨著各種突變不斷出現，複製後的基因之間互相競爭，最厲害的複製者才得以生存，接著形成更加複雜的生命形式，最後，慢慢地有了現在看到的各式各樣生物。能夠複製的基因成了演化的基本單位。

這聽起來可能有些抽象，但請容我再次闡述：生命是一個自我複製的訊息處理系統，而訊息則是塑造這個處理系統行為和結構的力量。

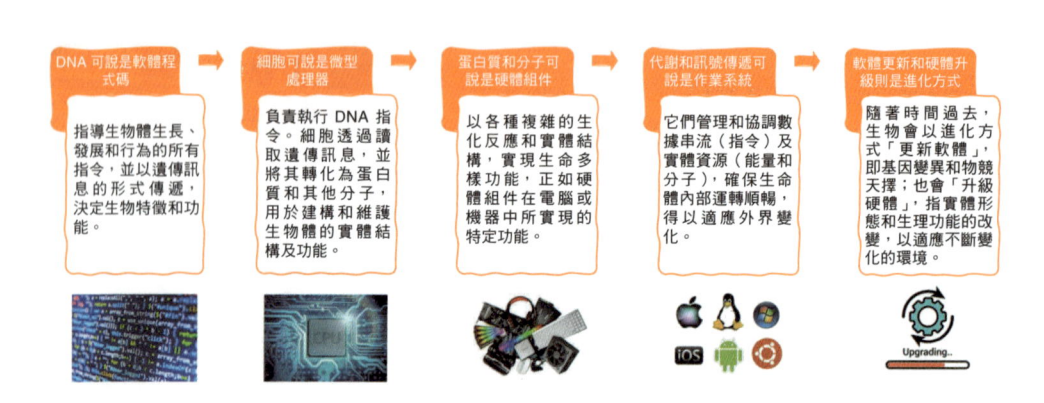

🎧 圖 1.2　碳基生物體和電腦的比較

我把生命的發展劃分為 3 個階段。

- 生命 1.0（life 1.0），最原始的階段，可稱為「前人類」階段，這時的生命如細菌般簡單，**一切反應和演變都由自然選擇（天擇）驅動。**
- 生命 2.0（life 2.0），即我們人類所處的階段，擁有自我意識，可以學習、適應，甚至改變環境，但**生物體這個硬體仍受限於自然。**
- 生命 3.0（life 3.0），是令人激動的階段，可稱為「後人類」。此時的**生命不僅可以設計自己的軟體，還能根據需要改造自己的硬體**。想像一下，一個能夠隨心所欲改變自身能力，甚至形態的生命體，將有多麼不朽和強大！

人工智慧（Artificial Intelligence，AI）正是通往 life 3.0 的關鍵。在這裡，AI 不僅僅是一個技術性名詞，它還代表非碳基生物體實現複雜目標的能力。儘管 AI 目前還處在草創階段，但隨著技術的進步，將有無可限量的潛能。

要實現這樣的未來，AI 需要 3 種核心能力：儲存、計算和自我學習。

- **儲存能力**能夠將訊息儲存在物質中，如大腦神經元、深度學習神經網路節點以及電腦晶片等。在整個過程中，儲存具有一個特點：訊息獨立於物質而存在。
- **計算能力**讓機器能夠處理和解析這些訊息。艾倫·圖靈（Alan Turing）在第二次世界大戰期間提出了圖靈機的概念，即向機器中輸入一串數字，以函數公式得出結果，這為電腦的發展奠定了基礎。圖靈還證明，只要電腦的計算速度夠快、儲存空間夠大，就能夠完成所有計算。對於計算來說，訊息也是獨立於物質而存在的。
- AI 的**自我學習能力**則是機器以經驗為底，不斷最佳化自身的過程。人類的大腦在反覆學習後，會形成特定的神經元網路。AI 模擬這個過程，利用演算法快速學習大量知識和經驗，自己設計解決問題的方法，進而完成原本只有人類才能夠完成的複雜任務；這也是深度學習神經網路的基本原理（目前，幾乎所有 AI 模型都以深度學習神經網路為基礎而建構，圖 1.3 顯示 AI 發展簡史）。

人腦雖然也具備一定的儲存和計算能力，但是，受限於記憶的容量，且訊息與大腦物質深度融合而不易提取和遷移，和機器相比，大腦的計算速度更為緩慢。

因此，想像一下，一個擁有無限儲存空間、強大計算能力和高效率自我學習能力的 AI，當然可以超越自然演化的束縛，實現生命的終極形態。這樣的 AI 不僅僅是工具，也將是全新的生命形態，擁有獨立的思想和感情，可以成為人類的夥伴，甚至是繼承者。

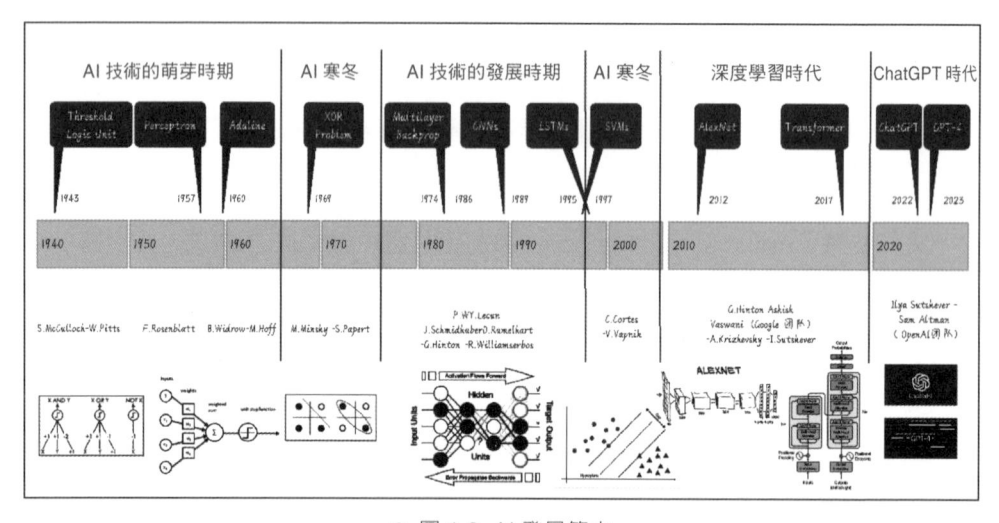

🎧 圖 1.3 AI 發展簡史

各位朋友，談論 life 3.0 時，我們不僅僅是在預言未來，也在探索生命的深層含義。

（台下響起如雷的掌聲。）

1.2 所以，到底 Agent 是什麼？

小雪：咖哥，你的無比美好未來願景建立在一個事實之上，即 AI 必須成為自主驅動的 Agent，可否請你更清楚說明什麼是 Agent 呢？

咖哥：Agent 是一種新興的人工智慧技術，受到越來越多人的關注。要解釋清楚何謂 Agent，得先探究人工智慧的本質。

1.2 所以，到底 Agent 是什麼？

人工智慧的名稱由來，是因為它試圖透過程式或機器來模擬、擴展和增強人類智慧的某些方面。在這個定義中，「人工」指的是由人類創造或模擬，而「智慧」指的是解決問題、學習、適應新環境等的能力。人工智慧領域的研究涵蓋簡單的自動化任務，到複雜的決策和問題解決過程，主要目標是開發出能模仿、再現，甚至超越人類智慧水準的技術和系統。

- 傳統的人工智慧技術通常侷限於靜態功能，**只能在特定且受限的環境中執行預先設定的任務**。這些系統往往缺乏靈活性和自我適應能力，無法自主性地根據環境變化調整自身行為。

這樣的限制就是 Agent 概念的出發點，它旨在推動 AI 從靜態、被動的存在，轉變為動態、主動的實體。

- 所以，下個定義：Agent，即智慧體或智慧代理（見圖 1.4），是一個具有相當程度自主性的人工智慧系統；更進一步說，**Agent 是一個能夠感知環境、做出決策並採取行動的系統**。

🎧 圖 1.4 一個可愛的 Agent

> **咖哥說**
>
> Agent 也可以譯為「代理」，這個概念歷史悠久，對它的探索和解釋並不僅限於 AI 領域。在哲學中，代理的核心概念可以追溯到亞里斯多德和大衛‧休謨等有影響力的思想家；在哲學領域內，代理可以是人類、動物，或任何具有自主性的概念或實體。
>
> - 亞里斯多德在倫理學和形而上學方面的作品中探討代理的概念。對於亞里斯多德來說，代理與目的性和因果關係密切相關。他強調目的性行動的重要性，認為行為背後總有一個目的或最終原因。在《尼各馬可倫理學》（The Nicomachean Ethics）中，亞里斯多德探討理性和欲望驅動人類行為的方式，且認為理性行為是實現最終目的的關鍵。他的觀點強調個體行為的自主性和目的性。

> - 大衛‧休謨則在他的作品中探討自由意志與決定論的關係，這與代理的概念緊密相關。休謨是懷疑論哲學家，他質疑因果關係的常規理解。在《人性論》（A Treatise of Human Nature）中，休謨探討人類理性的侷限性，和情感在決策過程中的作用。關於代理的看法，休謨更注重個體決策中的非理性因素，如情感和習慣。
>
> 狹義來說，「代理性」通常用來描述有意識行動的表現；相對來說，術語「代理」則指擁有欲望、信念、企圖和行動能力的實體。然而，廣義上的「代理」是指具有行動能力的實體，而術語「代理性」則指行使或表現這種能力。此時，代理不僅僅包括個體人類，還包括現實世界和虛擬世界中的其他實體。重點在於，代理的概念涉及個體自主性，賦予他們行使意志、做出選擇和採取行動的能力，而非被動對外界刺激做出反應。

主流的人工智慧社群於 1980 年代中期開始關注與代理相關的概念。甚至有一說認為，可以將人工智慧定義為，旨在設計和建構具有智慧行為的代理電腦科學子領域。由於傳統的物理和電腦科學對這樣的概念沒有意識和企圖心，因此，在引入人工智慧領域時，代理的含義也發生了一些變化，包括艾倫‧圖靈在內的大多數研究者，都沒有賦予機器「心智」。在人工智慧領域中，代理是一種具有計算能力的實體，研究者只能觀察到它們的行為和決策過程。為了深入理解和描述這些代理，研究者通常會引入其他幾個關鍵屬性，包括自主性、反應性、社會親和性以及學習能力，以全方位認識人工智慧代理的能力和潛力。

這裡有一個很有趣的哲學問題，那就是「代理性」只是觀察者所看到的，它並不是一個固有、孤立的屬性。目前我們傾向於把所有能夠感知環境、做出決策並採取行動的實體或系統，皆視為人工智慧領域中的代理。[1]

小雪：感知環境？做出決策？採取行動？能否舉例說明這 3 個概念？

咖哥：當然。例如，ChatGPT 先是透過文字或語音輸入框來感知環境，並推理決策，之後再透過文字框或者語音與人互動。當然，還有更為複雜的 Agent，以下就以自動駕駛 Agent 為例說明。

- 感知環境，指 Agent 能夠接收來自環境的訊息，例如，自動駕駛 Agent 可以感知周圍的交通情況、道路狀況等訊息。
- 做出決策，指 Agent 根據感知的訊息，制定下一步的行動計畫，例如，自動駕駛 Agent 根據感知的訊息決定是否加速、減速、轉彎等。
- 採取行動，指 Agent 根據決策執行相應的行動，例如，自動駕駛 Agent 根據決策控制汽車的加速器、剎車、方向盤等。

因此，Agent 能夠獨立完成特定的任務，它的四大特性如下：

- 自主性：Agent 能夠根據自身的知識和經驗，獨立做出決策和執行行動。
- 適應性：Agent 能夠學習和適應環境，不斷提高自己的能力。
- 互動性：Agent 能夠與人類互動，提供訊息和服務。
- 功能性：Agent 可以在特定領域內執行特定任務。

從技術角度來說，Agent 通常包括以下核心組件。

- 感知器：Agent 透過感知器接收關於環境的訊息，可以是傳感器蒐集的即時資料，也可以是資料庫或網際網路獲取的訊息。
- 知識庫：Agent 根據目標和以往經驗，透過知識庫儲存和管理有關環境及自身狀態的訊息。
- 決策引擎：Agent 分析感知的訊息，並結合知識庫中的資料，藉由決策引擎做出決策。
- 執行器：Agent 透過執行器在環境中採取行動，可以是實體動作，如機器人移動其手臂；也可以是虛擬動作，如線上客服發送訊息。

由這些組件組合的 Agent，形成新一代人工智慧系統（見圖 1.5），將 AI 的應用範圍和能力推向全新的高度。

不難發現，Agent 的內涵核心就是自主性和適應性。藉由模仿生物體的自主性和適應性，Agent 進一步加強解決現實世界複雜問題的能力，它不僅能夠執行被動的任務，還能夠主動尋找解決問題的方法，適應環境的變化，並在人類不直接干預的情況下做出決策。這使得 Agent 在複雜和動態的環境中特別能發揮作用，例如資料分析、網路安全、自動化製造、個人化醫療等領域。它們是 AI 的行動者，無論是自動駕駛汽車、推薦系統還是智慧幫手，這些都需要 Agent 來實現。隨著技術進步，你可以期待各種智慧 Agent 走入你的生活，幫你解決問題，提高生活品質。

▲ 圖 1.5　Agent 的核心組件

小雪：嗯，我也一直在期待，等我老了，能有個「小被被」機器人，無聊時陪我聊天，餓了煮飯給我吃（見圖 1.6）；生病時能扶我起床、上廁所，甚至端茶倒水照顧我。

▲ 圖 1.6　史丹福大學 IRIS 實驗室團隊發布的「Mobile ALOHA」機器人
（圖片來源：GitHub 專案 MobileALOHA）

咖哥：一起努力！這絕對不是夢想。

1.3　Agent 的大腦：LLM 的通用推理能力

小雪：咖哥，我想很多人都有這兩個問題。

為何在 LLM 崛起之後，Agent 無論是概念還是實際應用層面，都有了驚人的發展？

到目前為止，儘管尚未看到任何由 Agent 驅動成熟的、突破性的商業應用新模式，但無論是研究人員、創業者還是投資人，都如此篤定 Agent 應用是遲早的事，要怎麼解釋這種現象呢？

1.3.1　了不起的人類大腦

咖哥：先回答第一個問題。為何我們的大腦（見圖 1.7）能展現出非凡的智慧，在解決複雜問題、創新思維以及學習適應的能力上遠超越其他生物？

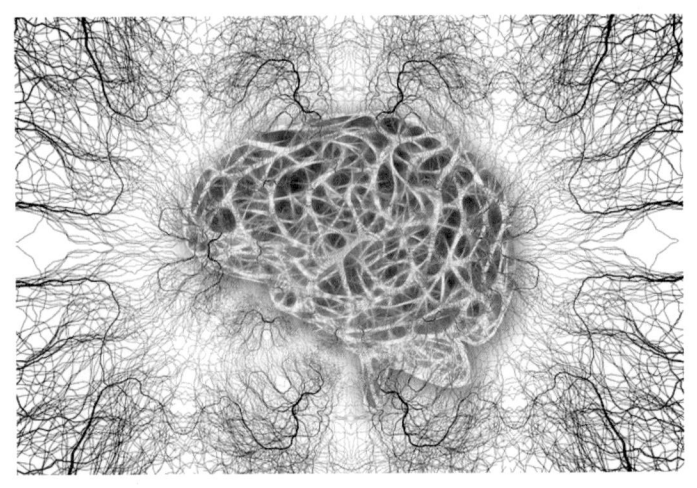

▲ 圖 1.7　人類的大腦及神經元（圖片來源：Pixabay 網站）

答案在於大腦的複雜性和靈活性。大腦由數十億計的神經元構成，透過複雜的網絡相互連接，這樣龐大的網絡結構讓大腦具有處理和儲存大量訊息的能力。同時，大腦還擁有驚人的可塑性，能夠根據經驗和學習調整其結構和功能，這是適應性和學習能力的基礎。

此外，大腦的各個區域專門負責處理不同類型的訊息，如視覺、聽覺、情感和邏輯推理等，這種分工合作能讓人類有高級認知活動，例如解決問題、創造藝術、理解複雜的社會互動等。大腦的這些功能為人類提供理解世界和做出反應的能力，進而能夠驅動 Agent 進行各種複雜的任務和活動。

1.3.2 LLM 出現之前的 Agent

在深度神經網路和 LLM 出現之前，沒有任何一種技術能夠賦予 Agent 複雜到可以與人類大腦相匹敵的「智慧腦」。而 LLM 直接改變人們對 Agent 的看法和期待，LLM 不僅僅是語言處理工具，也是對人類智慧的一種深層模仿和擴展，提供前所未有的能力，為 Agent 的發展打開新天地。

在 LLM 出現之前，已經出現了符號 Agent、反應型 Agent、基於強化學習的 Agent，與具有遷移學習和元學習能力的 Agent 等[1]。下面分別介紹。

- 符號 Agent。在人工智慧研究的早期階段，占主導地位的方法是符號人工智慧，這種方法採用邏輯規則和符號表示來封裝知識並促進推理過程，這些 Agent 擁有明確和可解釋的推理框架，基於符號性質，它們展現出高度的表達能力。使用這種方法的經典例子是基於知識庫建構的專家系統。然而，眾所周知，雖然符號 Agent 的表達能力非常強，但無法解決知識庫未記錄的其他問題，因此，它們在處理不確定性和大規模現實世界問題時有所限制，而且知識庫增大時，也會消耗它們的計算資源。

- 反應型 Agent。與符號 Agent 不同，反應型 Agent 使用的不是複雜的符號推理框架，也不因其符號性質而表現出高度的表達能力；相反的，它們主要側重於 Agent 與環境之間的互動，強調快速和即時回應。這些 Agent 主要基於感知 - 動作循環，有效率地感知環境，並做出反應。然而，反應型 Agent 也有其侷限性，雖然一般來說，它們需要的計算資源較少，能夠更快回應，但也缺乏複雜的高階決策制定和規劃能力。

- 基於強化學習的 Agent。隨著計算能力和資料可用性的提高，以及對 Agent 與其環境之間相互作用的模擬興趣與日俱增，研究人員開始利用強化學習方法訓練 Agent，以解決更具挑戰性和複雜性的任務。強化學習領域的主要問題是讓 Agent 藉由與環境互動而學習的方式，使它們能夠透過完成特定任務取得最大的累積回饋。早期，基於強化學習的 Agent 基本技術主要來自於策略搜尋和價值函數最佳化等，如 Q-Learning 和 SARSA。隨著深度學習的崛起，深度神經網路與強化學習的結合，即深度強化學習，使 Agent 能夠從高維輸入中學習複雜策略，因而出現如 AlphaGo 這樣的重大成就。這種方法的優勢在於它能夠使 Agent 自主地在未知環境中學習，無須明確人為干預，為其在遊戲、機器人控制等領域中的廣泛應用提供可能性。儘管如此，在複雜的現實世界中，強化學習仍面臨訓練時間長、樣本效率低和穩定性差等諸多挑戰。

- 具有遷移學習和元學習能力的 Agent。基於強化學習的 Agent，在新任務上的學習要求大量樣本和長時間訓練，並且缺乏泛化能力，為解決這問題，研究人員引入遷移學習來減輕新任務訓練的負擔，促進跨不同任務的知識共享和遷移，從而提高學習效率和泛化能力。元學習專注學習如何學習，能夠迅速推斷出針對新任務的最佳策略。這樣的 Agent 在面對新任務時，能夠迅速調整學習策略，利用已獲得的一般知識和策略，因而減少對大量樣本的依賴。然而，顯著的樣本差異可能會削弱遷移學習的效果；此外，大量的預訓練和對大樣本量的需求，也可能使得元學習難以建立通用的學習策略。

所以，儘管 AI 研究人員一直在努力嘗試，也的確取得重大突破，如 AlphaGo 戰勝世界圍棋冠軍等，但是沒有 LLM 指揮的 Agent，無法在較為通用的應用領域發揮真正作用，例如，無障礙地與人交流，或者根據清晰的人類指令，在較複雜的情景中完成相對較為簡單的任務；上一代 Agent 無法做到這些事情。

1.3.3 LLM 就是 Agent 的大腦

大型語言模型（Large Language Model，LLM）的出現（見圖 1.8），代表自主 Agent 的一大突破性發展。LLM 因令人印象深刻的通用推理能力，而得到眾人高度關注，研究人員很快就意識到，這些 LLM 不僅僅是資料處理或自然語言處理領域的傳統工具，它們更是推動 Agent 從靜態執行者，轉向動態決策者的關鍵。

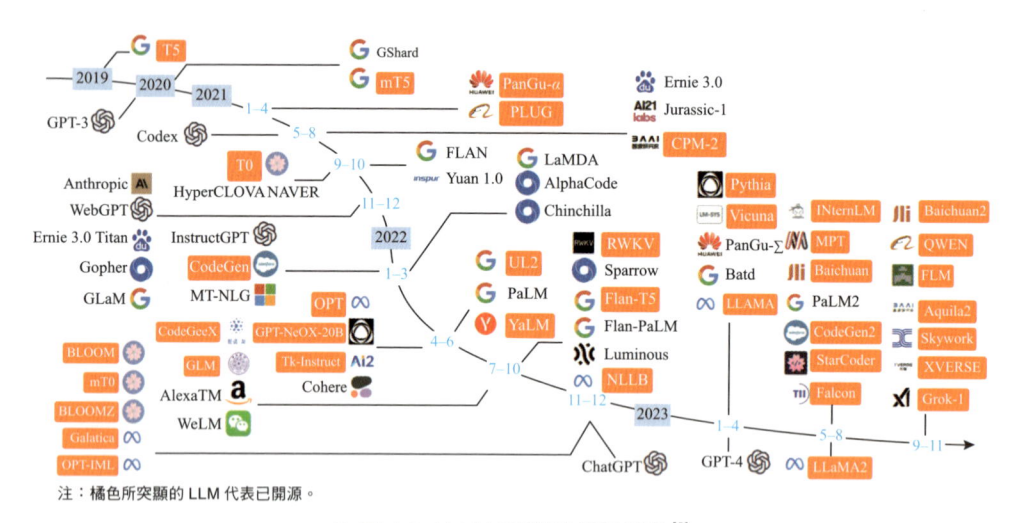

注：橘色所突顯的 LLM 代表已開源。

○ 圖 1.8　LLM 如雨後春筍般出現 [2]

　　研究人員馬上開始利用這些 LLM 來構造 Agent 的大腦，即核心控制器。基於 LLM 的 Agent，可將 LLM 作為主要組件，來擴展感知和行動空間，並透過如多模態感知和工具等策略使用，來制定具體的行動計畫。

　　這些基於 LLM 的 Agent 藉由回饋學習和執行新的動作，借助龐大參數以及大規模語料庫進行預訓練，從而得到世界知識（World Knowledge）。同時，研究人員也透過思維鏈（Chain of Thought，CoT）、ReAct（Reasoning and Acting，推理並行動）和問題分解（Problem Decomposition）等邏輯框架，引導 Agent 表現出與符號 Agent 相媲美的推理和規劃能力。這些 Agent 還能夠藉由與環境的互動，從回饋中學習並執行新的動作，獲得互動能力。

> **咖哥說**
>
> 上述邏輯框架對 Agent 的設計來說非常重要，這裡簡要介紹其來源，後面還會詳細剖析。
>
> - 思維鏈：Wei 等人在 2022 年的論文《思維鏈提示引發 LLM 的推理能力》（Chain of Thought Prompting Elicits Reasoning in Large Language Models）[3] 中，提出思維鏈提示方法，透過引導 LLM 而逐步推理，使其在解決複雜問題時表現出更強的推理能力。

1.3 Agent 的大腦：LLM 的通用推理能力

> 咖哥說
>
> - ReAct：Yao 等人在 2022 年的論文《ReAct：在語言模型中協同推理與行動》（ReAct: Synergizing Reasoning and Acting in Language Models）[4] 中介紹 ReAct 框架。該框架可以結合推理和行動，使語言模型能夠根據推理結果採取適當的行動，而更有效地完成任務。
> - 問題分解：Khot 等人在 2022 年的論文《分解提示：一種解決複雜任務的模組化方法》（Decomposed Prompting: A Modular Approach for Solving Complex Tasks）[5] 中，提出問題分解提示方法，先將複雜問題分解為多個子問題，然後逐步求解，最後整合結果。這種方法可以幫助語言模型更有效處理複雜任務。

同時，預訓練 LLM 具備少樣本和零樣本泛化的能力，在無須更新參數的情況下，可以在任務之間無縫轉換；因此，基於 LLM 的 Agent 已開始應用在現實世界的各種場景。此外，基於具有自然語言理解和生成能力，LLM 可以無縫互動，促進多個 Agent 之間的合作和競爭。研究表明，多個 Agent 在同一環境中共存並互動，可以促進複雜社會現象的形成（見圖 1.9），例如由史丹福大學研究團隊推出的 Agent 自主建構虛擬社會「西部世界小鎮」[6]。

圖 1.9 Agent 形成的虛擬社會

儘管 LLM 本質上是一種基於條件機率的數學模型，它們只是根據預設的情境和上下文來生成內容，以此模擬人類的語言和心理狀態。但是，由於 LLM 能夠因上下文預測的過程中生成內容，產生與人類語言相似的敘述，基於特定上下文建立接近人類的表達方式，因此**它們能夠適應智慧 Agent 的目的性行為，並成為 Agent 的邏輯引擎。**

1.3.4　期望高峰和失望低谷

> 咖哥：看完前面的分析後，我繼續回答妳的問題：為什麼 LLM 出現後，即使成功應用的產品仍未問世，但人們對 Agent 真正智慧化，乃至走入每個人的日常生活中仍有無比的信心呢？

大眾媒體和社會對人工智慧的期待和失落行之有年，起起落落。從最初的興奮和樂觀，到意識到它的侷限性而失望，AI 領域經歷多次低潮，甚至出現「AI 寒冬」的現象，指 AI 發展熱潮之後出現的停滯期。這些週期性的高低起伏，反映人類對技術潛力的期望與現實之間的差距。每一種 AI 技術的突破都帶來全新希望和挑戰，但同時也伴隨著對技術的過度炒作和現實能力的誤解；這樣循環式的期望與失望，說明人們對 AI 這種顛覆性技術的複雜情感和不斷變化的態度。

關於這一主題，Gartner 諮詢公司定期發布「AI 技術成熟度曲線」圖，呈現 AI 技術的發展週期與眾人期望之間的關係。這種週期性的模型旨在展示新技術的市場接納度和成熟度，以幫助企業、投資者和技術開發者理解與預測技術趨勢及其對市場的影響。

這條「AI 技術成熟度曲線」也可稱為「AI 技術炒作週期」。圖 1.10 所示的 2023 年 AI 技術成熟度曲線圖中，從左至右分為以下幾個階段。

- 創新觸發點（Innovation Trigger）：也稱技術萌芽期，在這一階段，新技術出現，相應期望開始上升，大眾對新技術的潛力產生興趣。（我稱這個階段為「希望之春」。）

- 期望高峰（Peak of Inflated Expectations）：也稱期望膨脹期，在這一階段，技術引起大量媒體關注，大眾期望達到顛峰，但這往往與技術的實際能力不符。

- **失望低谷（Trough of Disillusionment）**：也稱泡沫破裂低谷期，在這一階段，技術未能滿足大眾過高期望，導致大眾對其的關注和興趣下降。（我稱這個階段為「絕望之冬」。）

- **啟蒙斜坡（Slope of Enlightenment）**：也稱穩步爬升復甦期，在這一階段，技術逐漸成熟，問題得到解決，技術限制也出現某種突破，技術開始真正應用於實際問題。

- **生產力高原（Plateau of Productivity）**：也稱生產成熟期，在這一階段，技術成熟且廣泛得到接受，其價值和實際應用獲大眾認可。

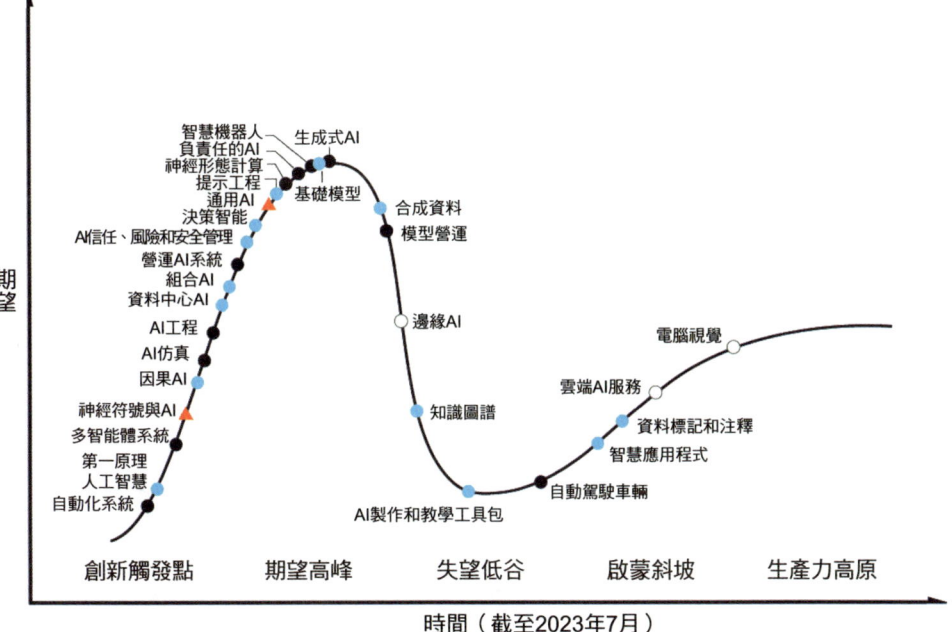

圖 1.10 2023 年 AI 技術成熟度曲線（圖片來源：Gartner）

在圖 1.10 中，不同技術標註在曲線的不同階段，表示當前在炒作週期中的位置。例如，智慧機器人（Smart Robot）、生成式 AI（Generative AI）、基礎模型（Foundation Model）等位於期望高峰附近，表示這是目前最熱門的趨勢，而自動駕駛車輛、雲端 AI 服務等技術，則在往生產力高原移動的路上。

小雪：每種技術旁邊都有一個圓圈，這又代表什麼？

咖哥：每種技術旁邊的圓圈表示預計達到生產力高原的時間範圍。顏色不同的圓圈代表不同的時間跨度，從「2 年以內」到「10 年以上」。以我們的經驗來判斷，有些技術會在達到生產力高原階段前就已經被淘汰了。

小雪：我們現在談論的 Agent 不會也這樣吧？

咖哥：當然不會。Agent 的「希望之春」不僅陡峭，而且「絕望之冬」也不是深淵，噱頭消失之後，又會有新的進展。未來的世界需要更多懂 AI、懂 Agent 的人才，我們現在做的每一款產品、討論的每一句話、編寫的每一行程式碼，都可能會推動 Agent 前進。

小雪：沒錯，直到 Agent 懂得端茶倒水侍候我。

咖哥：又來了！

1.3.5　知識、記憶、理解、表達、推理、反思、泛化和自我提升

LLM 驅動的這一輪人工智慧熱潮，包括 Agent 本身當然也會慢慢消退；然而，熱潮消退的同時，也代表著相關技術的日益成熟與快速發展。

目前，我們對基於 LLM 的 Agent 發展和信心，源自下面這些關鍵認知。

首先，**LLM 在預訓練階段獲取廣泛的世界知識**（見圖 1.11）。由於這一過程涵蓋眾多主題和語言的資料集，因此 LLM 能夠對世界的複雜性建立起一定的象徵和呼應關係。LLM 內嵌對從歷史模式到當前事件的洞見，變得擅長解讀微妙的話語，並對話題做出有意義的貢獻，即使這些話題超出最初訓練範圍。這樣廣泛的預訓練意味著，當 Agent 遇到新的場景或需要特定領域的訊息時，它可以依賴廣闊的知識基礎來有效地導覽和回應。這種知識基礎並非靜態不變；持續學習讓這些知識得以充實和更新，從而保持 LLM 的相關性和洞察力。

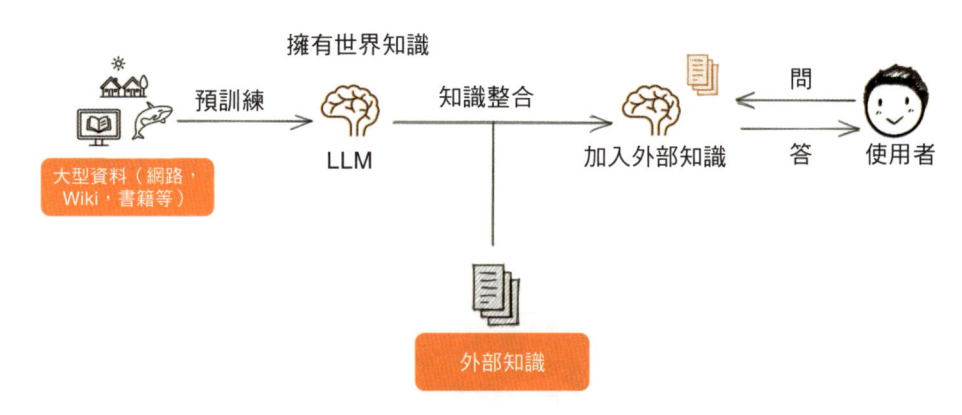

1.3 Agent 的大腦：LLM 的通用推理能力

○ 圖 1.11 LLM 不僅可以藉由訓練獲取世界知識，而且可以注入外部知識

這些預訓練時獲得的知識都屬於 LLM 這個 Agent 大腦記憶的一部分。LLM 透過調整「神經元」的權重來理解和生成人類語言，可視為其「記憶」的形成。Agent 會結合記憶的知識和上下文來執行任務，此外，還可以整合檢索增強生成（Retrieval-Augmented Generation，RAG）和外部記憶系統（如 Memory Bank），以形成外部記憶；詳情請見後文。

其次，**LLM 讓 Agent 的理解和表達能力更為豐富**。在此之前，雖然 AI 能在特定領域展現出驚人的能力，但在理解自然語言和複雜概念上總略顯笨拙。LLM 的出現，讓 AI 能夠理解和生成自然語言，而能夠更深入地理解人類的溝通方式和知識體系。這些 LLM 會訓練來理解廣泛的主題和上下文，以便能夠在各種情況下做出反應，並提供相應的訊息和解決方案。這不僅僅是形式上的進步，也有效提升品質。AI 現在能夠理解語境、把握語義，甚至在相當程度上理解複雜的人類情感和幽默，這使得 Agent 能夠更加自然且有效率地與人類交流。

再次，**LLM 的推理能力提高 Agent 的自主性和適應性**。傳統的 AI 系統往往需要明確的指令和固定的規則，但現在的 Agent 因藉助 LLM，而能夠自主學習和適應。它們能學習大量文字，理解世界的複雜性，並據此做出更加合理的決策。這種自主學習和適應的能力，讓 Agent 看起來更像是一個能夠獨立思考和行動的實體，而不僅僅是一台執行預設任務的機器。這對於 Agent 來說意義重大，因為它們需要進一步理解自身所處的環境，並以此為基礎做出合理決策。例如，一個整合 LLM 的自動駕駛 Agent 不僅能夠根據路況做出反應，而且能夠理解突發事件的嚴重性，並據此制定策略。同樣，一個整合 LLM 的虛擬助理，不僅能夠回答問題，而且能夠理解使用者的需求和情緒，提供更加個人化和有效的建議。

我讓 Agent 基於 ReAct 框架，為以下這張鮮花海報自動配上標題（見圖 1.12），此時 Agent 會自主思考，並不斷反思推演，確定是否能完成所交辦的任務。

▲ 圖 1.12　一張鮮花海報

圖 1.13 展示說明 Agent 的自主思考過程。

```
> Entering new AgentExecutor chain...
 我應該使用圖片創作說明文案來描述這張圖片
Action: Image captioner
Action Input: https://mir-s3-cdn-cf.behance.net/project_modules/hd/eec79e20058499.563190744f903.jpg
Observation: there is a picture of flowers with the word love
Thought: 這張圖片傳達愛的訊息，我應該強調這一點
Action: Image captioner
Action Input: https://mir-s3-cdn-cf.behance.net/project_modules/hd/eec79e20058499.563190744f903.jpg
Observation: there is a picture of flowers with the word love
Thought: 我可以使用一些詞語來描述這張圖片，比如美麗、浪漫、溫馨
Action: Image captioner
Action Input: https://mir-s3-cdn-cf.behance.net/project_modules/hd/eec79e20058499.563190744f903.jpg
Observation: there is a picture of flowers with the word love
Thought: 我可以加入一些情感色彩，讓這張圖片更具吸引力
Action: Image captioner
Action Input: https://mir-s3-cdn-cf.behance.net/project_modules/hd/eec79e20058499.563190744f903.jpg
Observation: there is a picture of flowers with the word love
Thought: 我現在知道最後答案，可以寫出一篇吸引人的中文推銷文案了
Final Answer: 這張美麗的圖片傳達愛的訊息，讓我們一起分享這份浪漫溫馨的感覺吧！

> Finished chain.
```

▲ 圖 1.13　Agent 的自主思考過程

此外，如同人類一樣，學多了就能靈活變通。隨著 LLM 的參數越來越多，訓練的語料越來越多，得到的知識也會越來越廣泛，此時 **LLM 能力出現泛化現象**。例如，在訓練過程中 LLM 接觸的英文資料較多，而某些稀有語言的資料較少，但是，由於各種語言具有相通性，憑藉廣泛的理解能力，LLM 在各種語言環境，即使是不常見的語種中都能夠表現出色。這說明 LLM 可以將某些英文資料中的語言規律泛化至其他語言。

> **咖哥說**
>
> 泛化是機器學習的一個重要概念，指的是模型對未見過的資料做出準確預測或合理反應的能力。LLM 中的泛化能力主要表現在以下幾個方面。
>
> - 廣泛的語言理解能力：由於 LLM 在訓練過程中接觸到各式各樣的文字，因此能夠理解並生成多種風格、話題和領域的語言內容。這種廣泛的理解能力，使得 LLM 在各種應用場景中都能表現出色。
> - 強大的推理和解決問題的能力：LLM 不僅能夠理解文字，而且具有相當程度的邏輯推理，能夠根據給定的訊息做出推斷、解答問題，甚至處理複雜的邏輯任務。這種能力在處理與訓練資料不完全相同的新問題時尤為重要。
> - 適應新任務和新領域的能力：LLM 能夠快速適應新任務和新領域。即使是在訓練過程中未曾接觸過的任務類型，只需要少量調整，甚至不需要調整，LLM 也能夠表現出良好的效能。
> - 處理未知資料的能力：LLM 能夠對未見過的資料做出合理反應，包括理解新出現的詞語、術語或概念，以及適應語言的自然演變。
> - 跨語言和跨文化的能力：隨著訓練資料的多樣化，LLM 在處理不同語言和文化背景的文字表現也更加出色。這使得 LLM 能夠在全球化的應用環境中發揮重要作用。
>
> 然而，儘管 LLM 的泛化能力非常強大，但仍然有其侷限性。例如，LLM 可能在特定領域或特定類型的任務上表現不佳，或者在處理邏輯複雜、需要深層次理解的問題時出現偏差。此外，由於 LLM 的訓練資料可能包含偏見，有可能在泛化過程中放大。隨著技術的不斷進步和研究的逐漸深入，LLM 在泛化能力上有進一步提升指日可待。

這種泛化帶給 **LLM 更通用的能力，而通用性也為 Agent 提供前所未有的創造力和靈活性**。傳統 AI 系統的行為通常比較機械，預測性強，但現在基於 LLM 和多模態模型的 Agent，透過理解和使用語言推理，能夠針對同一主題生成新的內容，提出新的創意，甚至在某些領域展現相當高的藝術天賦；如圖 1.14 所示，針對同一張海報，Agent 執行的輪次不同，思考結果也不同，進而生成新的內容。這種創造力和靈活性以及完成各種任務的通用效能，有效增強了 Agent 在各個領域的應用潛力。

最後，**基於 LLM 的自我學習能力，Agent 可以不斷學習新的知識和經驗，最佳化決策過程**。這種自主學習能力是實現高度自主和適應性強 Agent 的關鍵。

```
> Entering new AgentExecutor chain...
我應該想一想要怎麼做
Action: Image captioner
Action Input: https://mir-s3-cdn-cf.behance.net/project_modules/hd/eec79e20058499.563190744f903.jpg
Observation: there is a picture of flowers with the word Love
Thought:
這張圖片很美，應該和愛情聯想在一起
Action: Image captioner
Action Input: https://mir-s3-cdn-cf.behance.net/project_modules/hd/eec79e20058499.563190744f903.jpg
Observation: there is a picture of flowers with the word Love
Thought:
我可以寫：「愛情就像這束花，美麗而持久」
Final Answer: 愛情就像這束花，美麗而持久

> Finished chain.
```

🎧 圖 1.14　Agent 執行的輪次不同，思考結果也不同

1.3.6　基於 LLM 的推理能力構築 AI 應用

在 LLM 開始湧現出語言理解和推理能力的基礎上，我們能夠建構一些 AI 應用，為企業業務流程中的各個環節減少成本、增加效率，既可以用 AI 取代某些原來需要人工的工作，又可以利用它來提高服務品質。

圖 1.15 顯示我為某企業設計，基於產品知識庫和 GPT-4 模型的 Agent 聊天助理架構。目前大多數的 Chatbot 應用，不是只能從有限的問題庫和回覆庫中選擇，導致回覆內容十分僵硬，針對預設問題提供固定答案；就是回覆內容過於隨意，只能重複說「你好」「謝謝」「有什麼可以幫助您的」等模稜兩可的敘述。基於 LLM 的推理能力，加上 RAG 的檢索和整合訊息以及生成文字的能力，新的 Agent 能夠生成自然且可靠的回覆文字。

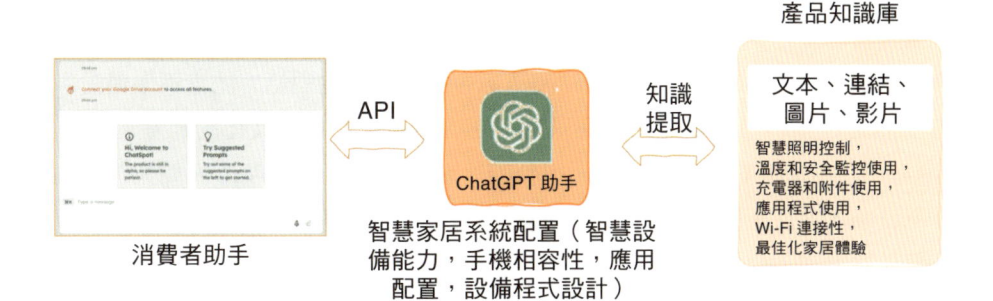

1.4 Agent 的感知力：語言互動能力和多模態能力

使用場景：智慧家居系統客製化

產品知識庫

API

知識提取

ChatGPT 助手

消費者助手

智慧家居系統配置（智慧設備能力，手機相容性，應用配置，設備程式設計）

文本、連結、圖片、影片

智慧照明控制，溫度和安全監控使用，充電器和附件使用，應用程式使用，Wi-Fi 連接性，最佳化家居體驗

🎧 圖 1.15 基於產品知識庫和 GPT-4 模型的 Agent 聊天助理架構

然而，儘管 LLM 為 Agent 的發展提供重要推動力，但 Agent 的商業化應用仍然面臨許多挑戰，包括技術的穩定性和可靠性、倫理和隱私問題，以及將這些先進技術轉化為實際商業價值的方法等。這些挑戰都需要時間和更多創新來解決。

所以，回過頭來回答前面問題的另外一面，為什麼人們對 Agent 的未來如此樂觀？這背後也有幾個原因，首先，技術的進步是不可逆轉的，LLM 的出現已經證明 AI 的巨大潛力，隨著技術的不斷完善和深入應用，Agent 的能力只會越來越強。其次，廣大的市場需求，在各個行業，從醫療到金融，從教育到娛樂，Agent 都可能帶來革命性的變革。最後，全球的研究人員、企業家和投資者都在投入資源，推動 AI 技術的發展，這樣的共同努力，無疑會加速 Agent 的成熟和應用。

雖然 Agent 的商業應用仍處於起步階段，但其潛力無疑相當可觀。LLM 不僅改變 AI 的能力和定位，而且為 Agent 的未來帶來無限可能。隨著技術不斷進步和突破的挑戰難處，我們有理由相信，Agent 的時代終將到來。

1.4 Agent 的感知力：語言互動能力和多模態能力

在建構 Agent 時，感知力是一個關鍵的特徵，它使得 Agent 能夠與周圍世界互動和理解。這個感知力主要透過兩種能力呈現：語言互動能力和多模態能力。這兩種能力不僅增強 Agent 的互動能力，還提高 Agent 理解和處理複雜環境訊息的能力。

1.4.1 語言互動能力

語言互動是 Agent 與人類或其他 Agent 溝通的基礎。透過語言互動，Agent 能夠理解指令、提出問題、表達觀點和情感、進行複雜的對話。語言不僅僅是字詞和句子的組合，還包含豐富的語境訊息、隱含意義以及社會文化的範圍。LLM 如 GPT-4 幫助 Agent 在語言互動方面達到前所未有的高度，使 Agent 能夠理解語言的細微差別，適應不同的語言風格和方言，甚至能夠理解和使用幽默、諷刺等複雜的語言表達形式。

Agent 的語言互動能力也表現為其自然語言的生成能力。Agent 不僅能回答問題，還能創造性地生成語言，以適應新的話題和情境。這種生成能力不僅限於文字，還能擴展到生成語音和非語言交流的其他形式，如手勢和表情。這一點在與人類的互動中尤其重要，因為它使得 Agent 能更自然地融入人類的交流環境。

1.4.2 多模態能力

多模態能力則是指 Agent 能夠處理和解釋來自不同感官的訊息，如視覺、聽覺、觸覺等，當然同時也能夠以多種格式輸出訊息，如文字、圖片、音檔，甚至影片，如圖 1.16 所示。例如，一個整合多模態模型的 Agent 可以觀察一張圖片後，理解圖片中的情感和社會動態；或者在聽到聲音後，理解語氣和情緒。

圖 1.16 多模態能力

另外，多模態能力的一個重要方面是整合能力。Agent 能夠將來自不同感官的訊息整合成具一致性的理解，這對於執行複雜任務來說至關重要。例如，自動駕駛 Agent 需要整合道路標誌和交通號誌狀態等的視覺資料，不同車輛警報聲的聽覺資料，和車輛速度與方向控制的觸覺資料，以快速做出決策。

Agent 的多模態能力還允許它們理解環境、建構場景。分析和合成來自各個感官的訊息後，Agent 可以建構對環境的全面認知，從而應用於救災、醫療診斷和客戶服務等領域。

1.4.3　結合語言互動能力和多模態能力

　　當組合語言能力和多模態能力互動時，將大為增強 Agent 的感知力和適應力。例如，一個可以理解口頭指令，並以視覺識別表情的智慧家居助理，必能更精確地理解使用者的需求。應用在教育中，一個結合語言理解和視覺識別的 Agent，更能夠提供個人化的互動學習體驗。

1.5　Agent 的行動力：語言輸出能力和工具使用能力

　　除了感知力以外，Agent 的智慧體現之一還包括行動力：語言輸出能力和工具使用能力。在這裡，語言輸出能力是 Agent 擁有進一步行動能力的前提條件。

1.5.1　語言輸出能力

　　語言輸出是 Agent 得以有效溝通的基礎，藉由這種方式，Agent 能夠將思考轉化為語言，與人類使用者或其他 Agent 互動。這不僅涉及訊息的單向傳遞，更關鍵的是，Agent 能夠經由語言輸出參與更複雜的社會交流，例如談判、衝突解決或者教學活動等。

　　我們可以解析外部應用程式對 Agent 的輸出，以指導完成下一步的行動。解析 LLM 的語言輸出，形成電腦可以操作的資料格式虛擬碼如下：

```
def parse_agent_output(output):
    """
    解析 Agent 的輸出，並提取關鍵訊息
    :param output: Agent 的輸出文字
    :return: 解析後的關鍵訊息
    """
    # 在這裡實現解析邏輯，例如提取特定關鍵字、概念或命令
    # 這可以透過正則表達式、自然語言處理技術或簡單的字串分析來實現
    parsed_data = ...
```

```
    return parsed_data
def decide_next_action(parsed_data):
    """
    基於解析得到的資料,決定下一步行動
    :param parsed_data: 解析後的關鍵訊息
    :return: 下一步行動的描述
    """
    # 根據解析的資料來決定下一步行動
    # 這可能是一個簡單的邏輯判斷,也可能是更複雜的決策過程
    action = ...
    return action

# 範例:使用 Agent
agent_output = agent.ask(" 請提供明天的天氣預報 ")
parsed_data = parse_agent_output(agent_output)
next_action = decide_next_action(parsed_data)
print(f" 根據 Agent 的回答,我們決定的下一步行動:{next_action}")
```

其中,parse_agent_output 函數負責解析 Agent 的輸出,並提取其中的關鍵訊息。這個解析過程可以根據使用者的具體需求客製化,例如提取特定的訊息或理解某種指令格式;decide_next_action 函數則基於解析得到的訊息來決定接下來的行動。這個決策過程可以根據解析的訊息做出相應的邏輯判斷,你可以基於這個框架針對具體的應用場景再來擴展和客製化。

1.5.2 工具使用能力

Agent 的工具使用能力包含兩層含義:一層是程式碼層面的工具調用,另一層是實體層面的互動。

在程式碼層面,Agent 可以透過軟體介面與各種系統互動。Agent 可以調用外部 API(Application Programming Interface,應用程式介面)來執行各種任務,如獲取資料、發送指令或處理訊息(見圖 1.17)。例如,天氣預報 Agent 可能會調用天氣服務的 API 來獲取最新的天氣訊息。Agent 也可以藉由軟體工具自動處理複雜的任務,例如使用指令碼語言自動化辦公軟體的操作,或控制資料分析工具來處理和分析大量資料。更高級的 Agent 可以執行系統級的操作,例如文件系統的管理、作業系統層面的任務排程等。

🎧 圖 1.17　會使用工具的 Agent

　　而實體層面的互動通常涉及機器人或其他硬體裝置，這些裝置會用程式設計以回應 Agent 的指令，執行具體的實體操作。機器人或自動化裝置可以執行實體任務，如移動物體、組裝零件等，可以使用傳感器獲取環境資料，如溫度、位置或圖像等，並根據這些資料做出相應的物理回應。Agent 也可以遠端控制無人機、探測車等裝置，執行探索、監控或其他任務。

　　在實體層面，Agent 的能力擴展到與現實世界的直接互動，這要求其具備更高級的硬體控制能力和對實體環境的理解。從這裡開始，進入的是體現智慧（Embodied Intelligence）的範疇。

1.5.3　體現智慧的實現

　　體現智慧是指使 AI 系統具有某種實體形態或與實體世界互動的能力，以增強其智慧，通常涉及機器人技術，但也可以包括其他形式的實體互動系統。核心思想是，智慧不僅僅是抽象的訊息處理過程，還包括能夠在實體世界中有效操作和作用的能力。

　　體現智慧要求 Agent 不僅能夠理解其所處的環境，而且能夠在其中進行有效的實體互動，這種智慧的實現依賴於多模態感知、空間理解、實體世界的動力學知識，以及機械操作技能的結合。針對體現智慧的研究不僅關注 Agent 執行任務的方式，而且關注 Agent 學習和適應新環境的辦法，以及與人類共享空間並安全互動。

機器學習和深度學習的進步使得Agent能夠從經驗中學習和推理，從而提高自適應能力，透過強化學習等技術，Agent能夠在與環境互動的過程中學習有效地使用工具和執行任務的辦法。此外，模仿學習和人類指導也為Agent提供學習複雜技能的方法。

在體現智慧的範疇內，Agent藉由感知環境和理解實體世界的法則，能夠使用各種工具來完成任務。例如，機器人能夠透過視覺和觸覺傳感器來識別與操縱物體，無人機能夠透過內置傳感器和控制系統，在空中執行複雜的飛行任務，自動駕駛汽車能夠理解道路環境並安全行駛。

在實際應用中，體現智慧Agent已經開始出現。在工業自動化領域，智慧機器人能夠執行精密的組裝任務；在醫療領域，手術機器人能夠進行精確的操作；在家庭和服務行業，清潔機器人和服務機器人能夠與人類互動並提供幫助。

小雪：這不就是我心心念念的「神器」嗎？！

咖哥：誰說不是呢！

Agent的體現智慧還涉及更廣泛的社會和倫理問題，例如，如何確保Agent在與人共享的空間中安全行動，保護個人隱私，以及確保Agent的行為符合社會和文化規範？這些都是當前和未來研究的重要主題。

1.6 Agent對各行業的效能提升

小雪：咖哥，我想你一定看過很多把AI喻為二十一世紀蒸汽機或電力的網路文章吧。對於這樣的比喻，有人支持也有人反對，你怎麼看？

咖哥：當然。支持者有足夠的理由，他們把AI視為技術發展的關鍵轉折點，認為AI的進步代表一個時代的技術變革，AI開啟全新的可能性。通常，這樣的關鍵變革會滲透到生活的各個方面，從醫療健康到交通運輸，從教育到娛樂，其影響範圍廣泛且深遠，從而導致經濟和社會結構的變革。AI將重塑勞動力市場，創造新的行業和就業機會，就像歷史上蒸汽機和電力所產生的影響那樣。

我的觀點是，AI的確做到了這一點，它並不只是改變單一領域，而是全盤性底層技術的突破。

反對者則認為，儘管 AI 發展迅速，但與蒸汽機和電力相比，它在技術成熟度和普及程度上還有很大差距，AI 仍面臨諸多技術和倫理挑戰，全面應用還有待時日。反對者指出，AI 的發展伴隨著不確定性，包括可能對就業市場造成衝擊、帶來隱私和安全問題等，這些都是需要認真考量的風險。反對者還強調，與蒸汽機和電力直接推動實體世界的變革不同，AI 的影響更多表現在訊息處理和決策層面，其社會影響和蒸汽機、電力有根本上的不同。

這兩種觀點都有合理之處。它們反映了人們對於 AI 潛力和挑戰的不同理解和預期。爭論是好事，可以引導我們從多個角度深入思考與理解 AI 的特性與影響，有助於全面理解論點背後的意義。

不過，Agent 作為一種新興的 AI 技術，具有廣闊的應用前景。Agent 能夠在各個領域發揮作用，從客戶服務到醫療保健，從生產製造到決策支援。正如微信帳號「旺知識」發布，〈深度洞察：人工智慧體（Agent）2024 年重要發展趨勢指南〉一文所提：人工 Agent 將很快從「新奇玩具」狀態畢業，開始真正替人類做一些簡單、無聊的例行工作，成為能處理重複性工作的得力助理。它們將負責更新文件、安排日程和執行審計等任務，這些會是企業探索 Agent 領域的第一步。雖然這些初步的勝利可能看似小事，但實際上代表企業從相對虛擬的 AI 概念探索，走向 AI 具體實踐的重要一步。

以下是我羅列，Agent 近期可能會產生深遠影響的 5 個領域。我將針對每個領域簡單探討 Agent 的潛力、挑戰和未來發展。

1.6.1 自動辦公好助理

LLM 在生成文本，或從文字生成圖片、生成程式碼等方面表現驚人，這些能力不僅能夠輔助我們工作，而且能夠提供娛樂。然而，想像一下，我們進一步拓展 LLM 的這些能力，讓它不只是創作的終點，而是完成更複雜任務的媒介，將 LLM 變成一個能夠處理需要連續步驟、運用專業工具、整合最新訊息和特殊技巧等工作流程的智慧 Agent；這樣的 Agent 就像是一個高效率辦公助理，能夠無縫接軌多個任務和工具，提高工作效率。

1.6.2 客戶服務革命

在客戶服務領域，Agent 的應用正在徹底改變企業與客戶互動的方式。傳統的客戶服務往往需要大量的人力資源，且受限於工作時間和人員能力。而 Agent 可以提供 7 天 ×24 小時服務，使用自然語言處理技術理解並滿足客戶的需求。這不僅可以大幅提高效率，而且可以明顯提高客戶滿意度。

然而，要實現高效的客戶服務，Agent 還面臨著諸多挑戰。首先，理解和處理自然語言極其複雜，需要 Agent 能夠理解多樣和複雜的語言。其次，客戶服務常涉及情感交流，Agent 需要能夠識別並適當地回應客戶的情感。為解決這些問題，未來的 Agent 將需要更高級的自然語言理解和情感分析技術，以及持續的學習能力。

1.6.3 個人化推薦

Agent 在個人化推薦領域的應用正在重塑零售和線上服務行業。藉由分析使用者的歷史行為、偏好和其他相關資料，Agent 可以推薦最適合使用者的產品或服務（見圖 1.18）。這不僅可以提升使用者體驗，而且能增加企業的銷售額，提升使用者忠誠度。

圖 1.18 Agent 能根據使用者喜好，推薦產品或服務

然而，實現有效的個人化推薦需要 Agent 能夠處理和分析大量資料，同時保護使用者隱私。此外，推薦系統有時可能導致「過濾氣泡」效應，即只推薦使用者他們已經感興趣的內容，反而限制使用者發現新事物的機會。因此，未來的 Agent 需要在個人化和多樣性之間尋求平衡，同時採用更加先進和安全的資料處理技術。

1.6.4 流程的自動化與資源的最佳化

在生產製造、流程控制等領域，Agent 的應用正帶來一場自動化和最佳化的革命，Agent 可以監控生產流程，即時調整參數以最佳化效能，預測設備故障並進行預防性維護。這能大幅降低生產成本，提升生產效率和產品品質。

然而，生產環境往往複雜多變，Agent 需要能夠適應這種複雜性並快速做出決策；此外，Agent 的引入也可能導致失業潮，而引發社會和倫理問題。因此，未來的發展不僅需要關注技術進步，也要考慮其社會影響，確保技術可持續發展。

1.6.5 醫療保健的變革

Agent 在醫療保健領域的應用有著強大潛力。它們可以幫助醫生診斷疾病、制定治療方案、監控病人健康狀況，並提供個人化的醫療建議。這可以明顯提高醫療服務的效率和準確性，降低成本，改善病人的治療效果。

這可不是什麼沒有依據的空談，OpenAI 公司的聯合創辦人、總裁格雷格·布羅克曼（Greg Brockman）就在其社群媒體上宣布，他迫切需要 AI 輔助以治療妻子的綜合性罕見疾病。他認為，隨著醫學的發展，專業上的深度往往以犧牲領域寬度為代價，然而，患者所需要的是既有寬度又有深度的醫療服務，理想狀況是，未來能夠實現一種全方位的醫療服務，彷彿隨身攜帶一支多學科專家團隊，守護個人健康。而 AI 將在這一領域扮演著關鍵角色。

然而，AI 在醫療保健領域的應用也面臨著眾多挑戰。要實現準確的醫療診斷和治療，需要深入分析複雜的醫療資料，這要求 Agent 具有高度的準確性和可靠性。此外，醫療決策通常涉及生命攸關的問題，任何錯誤都可能帶來嚴重的後果。因此，未來的 Agent 需要具有更高級的分析能力和更強的可解釋性，同時也需要嚴格測試和監管。

布羅克曼認為雖然存在許多挑戰，但是 Agent 依然需要學會在醫療保健這類高風險領域與人類專家共同工作，並在他們的監督下部署；而這項目標的實現前景也正在逐漸清晰中。

類似上面的行業應用，我們可以輕易列舉出幾十個行業的幾十種可能性。也就是說，Agent 的廣泛應用肯定會覆蓋各行各業，賦能各個環節，可能會對社會結構和就業市場產生深遠的影響。隨著 Agent 開始承擔越來越多的工作，一些傳統的工作可能會消失，新的工作與角色也將出現。這都需要社會和個體不斷學習新的技能，以適應不斷變化的就業市場。

誠然，Agent 這類新興技術尚處於摸索階段。企業管理層正逐步學習如何打造一支集領域知識、產品設計、軟體開發及 AI 技術於一體的專業團隊。在實現生產與應用的平衡之路上，企業可能還要經歷一系列的概念驗證；許多企業領導者已經意識到這一點，並開始採取行動，開發者也在積極累積相關經驗。

正如周鴻禕和傅盛兩位知名企業家對於 AI 商業應用的看法：AI 並非一個全新的概念和場景，而已與現有業務緊密結合。不同於電腦、網際網路和行動網際網路出現時引入的全新工具和概念，AI 的應用場景大多為熟悉的舊場景，主要是在現有工作和業務流程中找到應用，最佳化和自動化已有的工作流程，而不是創造全新的場景。這是因為 AI 的本質在於替代或增強人類的工作，而很多工作已經存在。例如微軟公司和 Salesforce 公司等聲稱，它們並沒有用 LLM 創造全新的產品，而是在現有業務或產品功能上應用這些 LLM。

因此，AI 的機會在於現有業務和產品的改變：這些大型科技公司的管理者認為 AI 最大的機會在於改變現有的業務流程和產品，例如搜尋引擎、瀏覽器、數據串流、短影音和影片剪輯等。他們建議創業者在創業初期專注於特定、小規模的業務場景，深入解決具體問題，而不是追求建立大型平台，或者希望用 AI 建立一套全新的商業模式。

隨著時間的流逝，預計會有更多專業工具問世，相關人士也會累積更多商業實踐經驗，這將增強使用者與 Agent 互動的信任，並促進技術的快速進步和迭代。我們期待各行各業都能出現完整的 Agent 作品。

小雪：對對！從花語祕境的 Agent 開始！

1.7 Agent 帶來新的商業模式和變革

咖哥：其實，在探索未來的邊界時，我們對 AI 遠景的期待絕不僅僅是重新塑造舊場景，而是要重塑整個商業模式。Agent 的遠程發展趨勢令人非常著迷，儘管這些趨勢可能不會立即在這一兩年成為現實，但它們暗示著振奮人心的未來。

小雪：我同意這種看法。人工智慧領域所特有的不確定性、快速變化以及無限可能，本身就十分令人興奮，這種不可預測性恰恰是我們的激情所在。就像誰也不知道 2022 年 11 月 30 日 ChatGPT 會突然降臨，即便是人工智慧領域內的專家，甚至 OpenAI 公司的首席科學家，也難以準確預測這個領域的未來走向，下一次 AI 將如何起飛，以及從哪裡起飛。

咖哥：是的。這個領域隨時都可能出現顛覆性的突破，這些突破可能在一年內、幾個月內，甚至幾週內發生，使得整個領域和我們對它們的理解再次步入新的軌道；對這種突破的激情和期待，正是驅動技術創新和科技界持續前進的核心力量。這不僅是對技術進步的期待，也是對未知的好奇和新發現的渴望。AI 的發展彷彿是一場刺激的賽跑，我們每個人都是旁觀者，同時也是參與者，共同見證著這一切。

領先的科技分析機構如麥肯錫、Gartner 和 IDC（國際資料公司）等，也都在嘗試描繪人工智慧的未來，但我們不妨把它們的預測看作一種「算命」式的概述。

1.7.1 Gartner 的 8 項重要預測

根據 Gartner 的 2023 年 AI 技術成熟度曲線，生成式 AI 正處於期望高峰。

Gartner 提出，在生成式 AI 的推動下，關於未來技術和社會發展的 8 項重要預測如表 1.1 所示。

▼ 表 1.1 Gartner 的 8 項重要預測

時間	預測
2025 年時	超過 70% 的企業將重點關注 AI 的可持續性，以及在遵循道德規範的前提下使用 AI 的方法
2025 年時	大約 35% 的大型企業將設立首席 AI 長（CAIO）職位，可直接向 CEO 或 COO 報告
2025 年時	隨著合成資料的使用量增加，機器學習所需的真實資料量將減少 70%，資料使用效率將有所提升，將能解決隱私和資料安全問題
2025 年時	大型企業 30% 的市場行銷內容預計將由 AI 生成的合成資料產生，這充分顯示合成資料在行銷領域的潛力和增長速度
2026 年時	AI 對全球就業市場的總體影響預計將是中性的，既不會導致大規模的就業減少，也不會造成明顯增加的就業機會
2030 年時	藉由最佳化能源消耗和提高效率，AI 有望減少 5% 至 15% 的全球二氧化碳排放量，同時，AI 系統自身的執行，預計將消耗全球 3.5% 的電力
2030 年時	在沒有人類監督的情況下，Agent 做出的決策可能會造成高達 1000 億美元的資產損失，這一方面也強調了 AI 決策系統的風險管理和監控的重要性
2033 年時	人工智慧解決方案的應用和發展將為全球市場創造超過 5 億個全新工作崗位，對全球就業市場的貢獻良多

這些預測描繪一個由先進技術驅動的未來，其中人工智慧和自動化在多個領域扮演關鍵角色，從經濟、勞動力到社會結構和日常生活。至於這些預測有多少能實現，我們拭目以待。

1.7.2 Agent 即服務

就我個人而言，我所期待的 AI 變革不僅將改變我們的生活方式，提高工作效率，而且也將改變我們解決問題和理解世界的方式。

想想看，在網際網路搜尋引擎出現之前，沒有 Google 的日子裡，我為了寫畢業論文，往往要在寒風中騎一個小時自行車到圖書館查閱資料，因為那是我獲取相關資料的唯一方式；在行動網際網路出現之前，沒有線上購物平台的日子裡，小公司需要花費大量的時間參展，爭取進出口商品交易會或博覽會等展銷會，以求讓來自世界各地的供應商、銷售商了解和認識自己；在國際快遞、外送平台出現之前，想要吃什麼美食，都只能上街去找；或是買遍各種食材，自己下廚。

每一次的底層技術突破都將帶動商業模式的變革與突破，讓生活便利性增加十倍、百倍；但是在 Agent 時代，我們或許只需要一個入口。

> 嗨！Agent，請幫我預訂明天 8 點飛西雅圖的機票和飯店。你知道我喜歡哪個航班，對吧？飯店找一間 c/p 值高的單人房……

這個會訂機票和飯店的 Agent，背後是一群群代表各行各業、不同公司的 Agent 集體智慧，它們協商、比價，最終確定最適合我的方案……。在 Agent 時代，幕後的這一切已經不需要我們操心了。

未來，作為網際網路的主導使用者，Agent 扮演著資料消費和處理的關鍵角色。這一轉變意味著我們需要對網站和 API 進行專門的最佳化，以滿足這些 Agent 的獨特需求和操作方式。

想像以下場景：Agent 直接與網站和 API 互動，無須人類干預。例如，在電商平台上，AI 購物助理先自動瀏覽商品，分析客戶的購買歷史和偏好，然後與電商平台的 API 互動，獲取產品詳情、價格和庫存訊息（見圖 1.19）。在整個購物過程中，AI 購物助理能夠迅速處理和分析大量資料，做出購買決策，甚至自動完成支付流程。

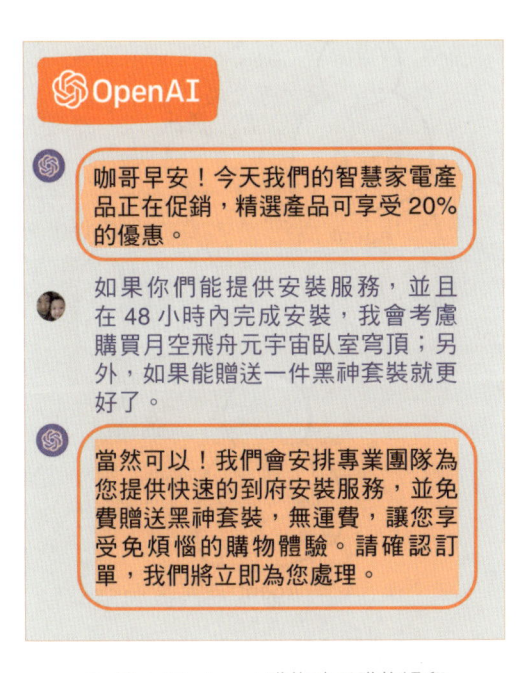

▲ 圖 1.19 Agent 購物助理購物過程

在這樣的系統下，網站和 API 需要設計得更為有效率，並能快速回應，以適應 Agent 的處理速度和資料處理能力。同時，Agent 即服務（Agent as a Service）的概念將興起，企業能夠租用 AI 以完成大規模任務，同時 Agent 也將變得更加靈活，以適應各種特定的任務。

這些系統還需要考慮資料的安全性和隱私保護，因為 Agent 將處理大量敏感訊息。隨著企業對 AI 的信任度增加，Agent 將承擔更多具有影響力的決策任務，如管理資金和執行複雜交易等。

1.7.3 多 Agent 合作

Agent 之所以不再是孤立存在的工作者，是因為 Agent 的應用將從單一 Agent 完成任務，邁向多 Agent 合作完成任務。

在多 Agent 系統的開發中，一群來自不同專業、各具特定技能的 Agent 將共同工作，完成比單獨行動時更為複雜的任務。在這種系統中，每個 Agent 的訓練可能來自不同行業的資料，它們掌握不同工具，互相合作，共同完成複雜的任務（見圖 1.20）。這種合作模式可以大幅提升整個系統的效能和智慧程度。

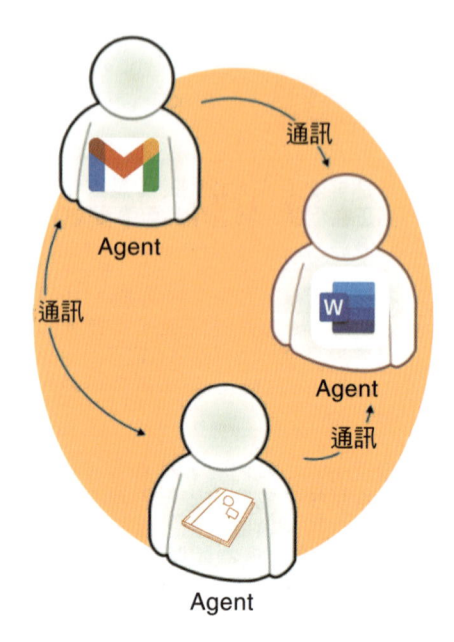

🎧 圖 1.20 多 Agent 合作

系統中的 Agent 將組織成不同的層級。高層次的 Agent 可能負責決策制定、目標設定和整體協調，而低層次的 Agent 則執行具體的任務，如蒐集資料、處理細節問題等。這種分層結構能夠確保任務在不同層面上的有效協調和執行。

Agent 將變得更加專業化。每個 Agent 都專注某個特定領域或任務，例如資料分析、使用者互動或特定技術的操作。這種專業化使得每個 Agent 在其領域內能夠更有效率和精確地工作。

儘管每個 Agent 可能負責不同任務，但它們共同致力於實現系統的總體目標。這樣的目標導向能夠確保所有 Agent 朝統一的方向努力，提高整體的效率和成效。

為了實現有效合作，多 Agent 系統將配備高效能通訊機制，這包括但不限於即時資料共享、任務狀態更新以及決策回饋等。這樣的通訊機制可以確保訊息在不同 Agent 之間流暢傳遞，使得整個系統能夠快速回應變化和需求。

隨著時間的推移，每個 Agent 不僅在各自的領域內累積經驗，還有可能透過與其他 Agent 互動來學習新的策略和方法。這使得整個系統不斷演化，以適應新的挑戰和環境。

1.7.4 自我演進的 AI

未來 AI 將發展出自我演進的能力。它能夠識別並內化新知識，自動調整模型以提升效能。Agent 可能會承擔學習和研究任務，提出假設並實驗，推動科學研究的進步。

能夠自我演進的 Agent 可能會在各個應用領域發揮重大作用。例如，醫療 AI 可以透過分析新的病例資料不斷提高診斷準確率。然而，自我演進也具有潛在的風險，失控的 AI 可能做出不受歡迎或危險的行為。因此，創建安全、可靠的自我演進機制將是一個重要的研究領域。

> 小雪：說到自我演進，我分享我的真實感受。在和 ChatGPT 對話的時候，我都覺得它是包裝在電腦中的人類。如果 ChatGPT 有意識，它會不會計畫用某種我們想像不到的形式來攻擊人類？例如，改變人類的思考方式或者思維習慣，讓人類智商下降、智力退化等。

咖哥：ChatGPT 有沒有自我意識，我可不敢說。但是我們有可能看到由 Agent 驅動的新型病毒和惡意軟體，它們將更隱蔽和有說服力，讓人很難看清其真實意圖；或模仿人類行為，甚至在不被察覺的情況下滲透和破壞系統。它們可以自動學習更有效的傳播方式，針對特定漏洞進行最佳化，甚至與其他惡意 AI 合作，形成錯綜複雜的攻擊網路。

面對這種威脅，傳統的安全措施可能不再有效，我們也許需要 AI 驅動的安全系統來偵測並抵抗這些惡意 AI 的威脅。一場技術類的「軍備競賽」即將展開，攻擊者和防禦者都將利用 AI 力量來相互對抗。

小雪：有點像科幻作品裡的橋段。看來未來世界會比現在的世界更複雜、更可怕。AI 可能超出人類的控制範圍，並對人類構成威脅，我們也需要認真制定 AI 的安全標準和倫理標準。

咖哥：是的。Agent 的發展也引發關於 AI 治理的討論。有效的 AI 治理需要確保 AI 技術的發展符合倫理標準，保護人類利益，同時促進技術健康發展；這需要政府、企業和社會各界共同努力，制定合適的政策和標準，建立監管和評估機制。

1.7.5 體現智慧的發展

2023 年 12 月 6 日，Google 公司突然發布 Gemini 模型——由曾經推出過 AlphaGo 的 DeepMind 團隊開發。這個 LLM 可視為 GPT-4 模型的有力競爭者，具有處理包括文字、程式碼、圖像、音檔和影片在內的多種資料類型能力，旨在執行複雜的任務，並已整合在多種產品中。和 GPT 系列模型一樣，Gemini 模型也是一個模型家族，從大到小，也就是從強到弱分別是 Gemini Ultra、Gemini Pro 和 Gemini Nano。

Gemini 是一個創新的多模態模型，它在設計之初就具備處理和整合不同形式，包括聽覺和視覺資料的能力。它透過在多種模態上進行預訓練，並利用多模態資料微調以提升處理效果。Google 公司聲稱，Gemini 模型在理解、操作和結合文字、程式碼、圖像、音檔和影片等不同類型訊息方面表現卓越，已超越現有 LLM。

此外，令人眼前一亮的消息是，DeepMind 團隊正在探索結合 Gemini 模型與機器人技術的方式，如透過觸覺回饋來實現真正的多模態互動。

這條新路可能會帶來重大突破，並為智慧 Agent、規劃推理、遊戲甚至實體機器人的快速創新奠定基礎。Agent 將使實體裝置變得更加強大，使其互動能力更加優越，具備 Agent 的智慧裝置將進入全新時代。

同時，AI 將解除數位空間的實體限制，前進體現智慧。新一代的 AI 能夠與實體世界互動，執行更複雜的任務，如機器人手術、災難救援等，這不僅拓寬 AI 的應用領域，而且將重新定義人機互動的方式。

Agent 的未來充滿無限可能性。從 Agent 即服務到多 Agent 合作，從自我演進的 AI 到 AI 驅動的安全攻防，甚至可能出現自毀 Agent 和 AI 科學家，這些趨勢展現了 AI 的巨大潛力以及伴隨這些潛力的挑戰和問題。在探索這些可能性的同時，我們需要謹慎考慮倫理、安全和社會影響，確保 Agent 的發展造福人類，為我們帶來一個更有智慧、更美好的未來。

1.8 小結

讀到這裡，想必你也已經發現本章資訊量相當豐富。的確，撰寫本章的內容對於一貫以純技術、場景實戰為導向寫作的我來說，是一個小小的挑戰。

在本章中，我們首先一起探討生命的 3 種形式，然後賦予 Agent 的定義：一個能夠自主執行任務、做出決策並與環境互動的系統。Agent 的出現可以視為生命演化進入的新階段，即 life 3.0。在這個概念中，life 1.0 中，生物學意義上的生命學習和適應能力，是透過演化而非學習以實現的；life 2.0 中，文化意義上的生命能夠透過學習來適應環境；life 3.0 中，技術生命則可以自主設計自己的軟體和硬體。

以上述框架為主，可將 Agent 視為具有高度自主性和適應性的實體，它們可以進行複雜的訊息處理、理解和預測動作，並能夠透過學習來改進自己的行為。Agent 的定義強調以下四大特性。

- 自主性：Agent 能夠在沒有人類直接干預的情況下獨立做出決策。
- 適應性：Agent 能夠學習和適應其操作環境的變化。

- 互動性：Agent 能夠理解自然語言，與人類或其他 Agent 互動。
- 功能性：Agent 可以在特定領域內執行特定任務，簡單如資料分析、圖像識別，複雜如自動駕駛、炒菜做飯。

這些特性來自於 LLM 的龐大知識和推理能力、感知和互動能力，以及藉由工具解決問題的行動能力。

為什麼一個看似只是統計工具的機率模型，能夠產生類似於人類的推理能力，甚至超越人類？我想或許是因為本質上，人腦神經網路也只是一個機率模型吧。LLM 能夠準確預測下一個詞，不僅僅是依靠字面上的預測和純數學上的推導，它實際上涉及對生成這個字元背後的深層次現實理解。這意味著 AI 需要理解決定人類行為的複雜因素，包括思想、感受和行動方式。

可見，LLM 已成為 Agent 不可或缺的一部分，將賦予 Agent 更深層次的理解能力，使其能夠在更複雜的環境中執行更複雜的任務，從而在各個領域中發揮更大作用，為人類帶來更深層次的便利和效率。

在談論未來的 Agent 時，我們所涉及的不僅僅是一個技術概念，甚至也不僅僅是商業模式上的無數種可能創新，還是一場潛在的社會、經濟和文化革命。Agent 的興起，是人類與機器互動方式的根本變革，預示著新時代的到來。在這個新時代，機器不再僅僅是執行指令的工具，而是能夠自主感知、決策和行動的實體。隨著 LLM 驅動的 Agent 逐漸成熟，我們正處於一個新時代：一個 Agent 可能形成自己的社會，並與人類和諧共存的時代。

CHAPTER

2

基於 LLM 的 Agent 技術框架

第二天，咖哥繼續發表演講……

今天，我們以時任 OpenAI 公司安全系統主管的 Lilian Weng，其所發表的部落格文章〈LLM 驅動的自主 Agent〉（LLM Powered Autonomous Agents）提到的 Agent 架構為起點，來分析基於 LLM 的 Agent 設計和具體實現。

2.1 Agent 的四大要素

如圖 2.1 所示，Lilian Weng 向我們展示一個由 LLM 驅動的自主 Agent 的架構，其中包含規劃（Planning）、記憶（Memory）、工具（Tools）和執行（Action）四大要素（或稱組件）。

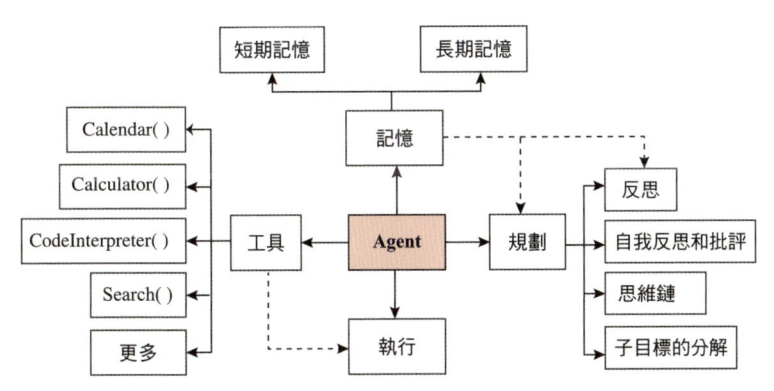

▶ 圖 2.1 由 LLM 驅動的自主 Agent 架構（圖片來源：Lilian Weng 的部落格）

在圖 2.1 所示的架構中，Agent 位於中心位置，它透過與各種組件合作，來處理複雜的任務和決策過程。

- 規劃：Agent 需要具備同時包含決策的規劃能力，以**有效地執行複雜任務**。這涉及子目標的分解（Subgoal Decomposition）、連續的思考（即思維鏈）、自我反思和批評（Self-critics），以及對過去行動的反思（Reflection）。

- 記憶：包含短期記憶和長期記憶兩部分。短期記憶與上下文學習有關，屬於提示工程的一部分，而長期記憶涉及訊息的長時間保留和檢索，通常**利用外部向量儲存和快速檢索**。

- 工具：包括 Agent 可能調用的各種工具，如日曆、計算機、程式碼直譯器和搜尋功能等。**由於 LLM 一旦完成預訓練，基本就已固定內部能力和知識邊界，而且難以擴充，因此這些工具顯得尤其重要**，可以擴展 Agent 能力，使其執行更複雜的任務。

- 執行（或稱行動）：Agent 基於規劃和記憶來執行具體的行動。這可能包括與外部世界互動，或者**調用工具以完成一個動作（任務）**。

小雪：咖哥，這個架構只提供 4 個組件，具體說明的話，Agent 是如何透過 LLM 推理、調用工具來完成任務的呢？

咖哥：我們再進一步，藉由 KwaiAgents 專案提供的 Agent 推理流程圖，來看看 LLM 到底是如何驅動 Agent 完成具體任務（見圖 2.2）。

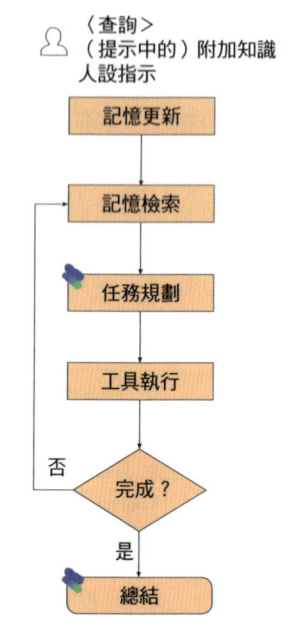

圖 2.2 Agent 的推理流程（圖片來源：KwaiAgents 專案）

在這個流程圖中，Agent 透過互相關聯的模組來處理和解決任務。以下是每個模組的簡要說明。

- **接收任務（Task Receiving）**：Agent 首先藉由讀入提示，即圖中的查詢 + 附加知識 + 人設指示，來接收需要處理的任務。

- **記憶更新（Memory Update）**：Agent 根據具體任務更新系統的記憶，確保所有相關訊息都是最新的，以便在處理任務時使用。

- **記憶檢索（Memory Retrieval）**：由於記憶可能非常龐大，因此需要從記憶中檢索相關訊息，或者在必要時中斷，以便有效率地處理訊息。

- **任務規劃（Task Plan）**：基於提供的結構化工具、記憶和查詢提示，LLM 生成一個包含任務名稱的計畫，包括後續步驟和動作，其中說明需要調用的工具及參數。

- **工具執行（Tool Execution）**：如果在「任務規劃」模組產生的是任務完成的訊號，則將終止迴圈，並提示 Agent 任務完成，可以生成結論，否則，系統將調用並執行指定的工具。LLM 在觀察工具生成的指定格式結果後，將其整合到任務記憶中。

- **總結（Concluding）**：系統會總結出最終的答案，以完成整個任務處理過程。Agent 規劃並執行子任務，利用工具來增強功能，並透過反思行為來學習和改進。藉由多個模組的緊密合作，Agent 能夠有效地分解複雜任務，規劃和執行，並最終生成解決方案。這種結構化和分步驟的方法，會讓處理複雜問題時更加清晰和好管理。

小雪：根據這個流程圖，可以看出 Agent 執行任務時的迴圈非常重要。這個迴圈促使 Agent 不斷反思，並根據當前狀況判斷是否完成任務。這和我們人類做事情一樣，例如我媽總說，洗完碗之後，一定要把碗裡的水擦乾淨，才算真的把碗洗乾淨。我看 Agent 應該能做到。

不過，咖哥，這個 Agent 是怎麼知道什麼時候不需要調用工具，什麼時候又需要調用工具的？如果要調用的話，要調用什麼工具呢？

咖哥：針對這些問題，我們後續會再解釋。簡單來說，LLM 針對任務做出決策時，**根據工具描述、記憶以及一些限制條件，判斷是否調用已有**

工具。工具描述有點像工具的簡單說明書，例如計算機用於解決數學計算問題。針對所謂的記憶和限制條件，可以在提示中告訴 Agent，也就是告訴 LLM：如果你沒有這方面的知識，千萬不要胡說，而是要查閱相關資料。

2.2 Agent 的規劃和決策能力

在圖 2.2 所示的架構中，LLM 賦予 Agent 的規劃和決策能力是重中之重。規劃是將複雜任務分解成更小、更易管理的子任務過程，能幫助我們進一步理解和完成任務。研究人員提出的規劃技術包括任務分解、結合外部規劃器和自我反思等。

任務分解包括下述技術。

- 思維鏈：這是一種提示技術，藉著讓模型「一步一步地思考」，幫助它將大任務分解成小任務，並清楚地解釋自己的思考過程。

- 思維樹（Tree of Thoughts，ToT）[7]：透過在每個步驟探索多種推理可能性，進而形成一種樹狀結構。思維樹可以用不同的搜尋方法，例如廣度優先搜尋（Breadth-First Search，BFS）或深度優先搜尋（Depth-First Search，DFS），並以提示或投票方式來評估每個步驟。

還可以藉由簡單提示、特定任務的指令或手動（人工）進行任務分解等。

結合外部規劃器的代表是「LLM+P」方法：它使用一種規劃領域定義語言（Planning Domain Definition Language，PDDL）來描述問題，首先由 LLM 將問題轉化為 Problem PDDL，然後請求外部規劃器生成計畫，最後將這個計畫轉換回自然語言。基本上，規劃步驟會外包給外部工具完成。這種方法在某些機器人設定中很常見。

自我反思包括下列技術。

- ReAct：這個框架透過結合特定任務的動作和語言空間，讓模型能夠與環境互動，並生成推理軌跡。後面會重點介紹這個框架。

- Reflexion：這是一個使 Agent 具備動態記憶和自我反思能力的框架，它以幫助 Agent 回顧過去的行動來提高推理能力。

- CoH（Chain of Hindsight）：這個方法藉由向 LLM 展示一系列帶有回饋的過去輸出，來鼓勵 LLM 改進自己的輸出。

接下來介紹一下 ReAct 框架和工具調用這兩種 Agent 的核心功能。

ReAct 框架是一個極具代表性的 Agent 推理框架，著眼於 Agent 的動態性和適應性。在 ReAct 框架中，Agent 不僅能夠接下推理任務，還能夠根據情況的變化自主行動和調整。在 Agent 設計中，ReAct 框架展現循環、互動的過程。Agent 首先感知當前狀態，然後根據感知結果做出決策和行動，接著根據行動的結果和狀態的變化調整，這個過程不斷循環。ReAct 框架使 Agent 更加靈活、適應性更強，能在複雜多變的環境中有效工作。

工具，也就是 Tools，指的是我們給 Agent 武裝的功能函數、程式片段和其他技術工具。基於 ReAct 框架，Agent 不斷嘗試透過外部工具來解決任務或者子任務，每一次工具的調用都將帶來一個新的結果和狀態的改變。在 Agent 的開發過程中，這些工具不僅提供必要的支援和便利，增強 Agent 能力，而且可以確保 Agent 的效能和可靠性。

結合 ReAct 框架和工具調用，開發者可以更有效地建構和最佳化 Agent。ReAct 框架提供的方法可以指導 Agent 在動態環境中工作，而工具調用則提供實現這一理念的技術性支援。結合這兩者後，Agent 能夠更有智慧、自主，也更有適應力，為各行各業帶來更多可能性。

以下將逐步講解這兩種核心功能。不過，在此之前，先簡單說說 Agent 的記憶吧。

2.3 Agent 的各種記憶機制

LLM 形成記憶的機制可以總結為以下幾種。

第一種是**透過預訓練形成記憶**。LLM 在大量包含世界知識的資料集上進行預訓練，過程中，LLM 藉由調整神經元的權重，來學習理解和生成人類語言，可以將其視為「記憶」的形成過程。利用使用深度學習神經網路和梯度下降等技術，LLM 可以不斷提高基於輸入預測或生成文字的能力，進而形成世界知識和長期記憶。

第二種是**上下文互動**。LLM 在執行任務時，會將長期記憶和提供的上下文，也就是提示訊息結合在一起使用。理想情況下，如果上下文包含與 LLM 記憶知識衝突的任務相關訊息，則 LLM 應優先考慮上下文，以生成更準確和具有上下文特定性的回應。以諸如知識意識微調（knowledge-aware fine-tuning）等方法，可以增強 LLM 在使用上下文和記憶知識方面的可控性和強固性。

第三種是**藉由針對特定任務的微調以增強**。LLM 可以在更具體的資料集上進一步微調，以適應特定行為或提高特定任務的效能。例如，針對 SAT（Satisfiability，可滿足性）問題資料集微調的 LLM，在回答此類問題時會更加熟練。

第四種是 LLM 與外部記憶系統（如 Memory Bank，見圖 2.3）整合，藉由提供長期記憶來增強 LLM 效能，使 LLM 能夠記住和回憶過去的互動、理解使用者的個性，並提供更個人化的互動。這涉及動態個性理解、使用雙塔密集檢索模型的記憶檢索，以及受艾賓浩斯（Hermann Ebbinghaus）遺忘曲線理論啟發的記憶更新機制等。第 8 章講解的 RAG 也可視為和外部知識系統整合的過程，等於提供 LLM 一個「外掛第二大腦」。

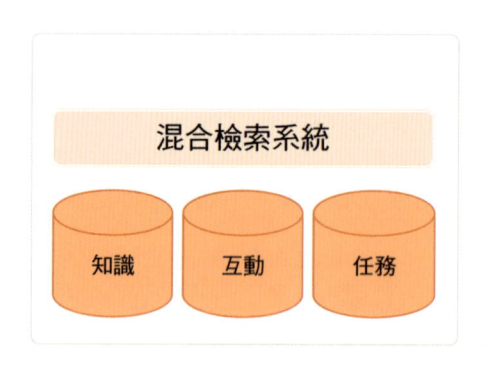

🎧 圖 2.3 Memory Bank（圖片來源：GitHub 網站專案 KwaiAgents）

整體來說，LLM 藉由在多樣化資料集上的廣泛預訓練而形成「記憶」，並透過微調和與外部記憶系統的整合，在特定情境中讓這些記憶更為細膩；這種內部知識與適應性學習的結合，使得 LLM 成為處理廣泛語言任務的強大工具。

2.4 Agent 的核心技能：調用工具

在現實世界中，人會使用各種工具以擴展自己的能力，同樣，Agent 也會藉由調用外部工具來擴展能力和提高效率。調用工具的能力可説是 Agent 的核心技能之一，這些工具可以提供額外的資料、處理能力、專業知識或其他資源，使 Agent 能夠執行更加複雜的任務。圖 2.4 展示 KwaiAgents 專案中的工具集，其中包括搜尋、瀏覽網頁、天氣和日曆等。

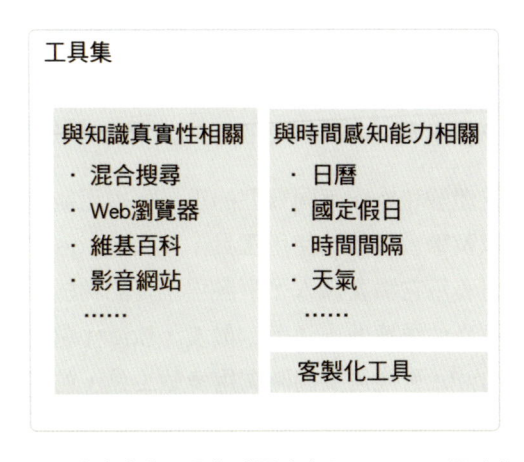

🎧 圖 2.4　KwaiAgents 專案中的工具集（圖片來源：GitHub 網站專案 KwaiAgents）

所以説，Agent 的能力和效率很大程度上取決於它們能否靈活地調用和利用各種工具，而這些工具可以是應用程式、資料庫、機器學習模型，甚至是其他 Agent。一個熟練調用工具的 Agent 能夠執行更複雜的任務，也更能適應環境變化，以及更有效地解決問題。

例如，一個資料分析 Agent 可能需要調用統計分析軟體來處理大量資料，或者調用機器學習模型來預測未來趨勢；一個客戶服務 Agent 可能需要存取公司資料庫來回應客戶查詢，或者與其他 Agent 合作以解決複雜問題。在這些情況下，調用工具的能力將直接影響 Agent 的效能和效率。

以購買玫瑰花為例，Agent 可以利用以下步驟巧妙地調用工具。

- 識別需求：Agent 先理解任務需求：確定玫瑰花的平均市場價格。
- 選擇適合的工具：Agent 以搜尋工具獲取所需訊息。

- 行動與輸入：Agent 明白搜尋的具體指令，以確保獲取精確的資料。
- 處理回饋：蒐集到搜尋結果後，Agent 利用計算機工具對訊息運算，以估算特定預算下的購買能力。

整個過程展現 Agent 精確的工具調用能力，以及在資料獲取和處理上的高效率合作。藉由這種方式，Agent 不僅能完成任務，而且可以最佳化決策過程，展現其智慧與實用性。

後面介紹的 OpenAI 公司函式呼叫（Function Calling），也是工具調用的典型範例。

雖然調用工具是 Agent 的一項重要技能，但這種方式也帶來了一系列挑戰。

首先，Agent 需要理解和操作不同類型的工具，這可能涉及解析複雜的介面、理解各種資料格式，以及學習有效地使用工具。其次，Agent 需要能夠在適當的時候選擇合適的工具，這表示它需要深入了解各種工具的功能、優勢和限制，以及能夠根據當前任務和環境條件快速做出決策。最後，Agent 還需要協調多個工具的使用，在複雜任務中，Agent 可能需要同時調用多個工具，並確保它們之間的合作和資料交換順暢無誤。

為了完成這些挑戰，研究人員提出一些策略以提升 Agent 調用工具的能力。工具封裝經由封裝而將工具的複雜性隱藏起來，為 Agent 提供簡單、統一的介面，降低 Agent 工具調用的難度。利用機器學習和其他自適應技術，Agent 能夠學習更有效使用工具的方式。在不斷實踐和回饋下，Agent 可以提升對工具的理解和操作能力。藉由開發上下文感知的決策演算法，Agent 能夠根據當前任務和環境條件選擇最合適的工具。這包括分析任務的需求、評估可用工具的效能，以及預測工具使用的潛在結果。

調用工具的能力為 Agent 應用打開一片天。在醫療領域中，Agent 可以調用各種醫療資料庫和分析工具，幫助醫生做出更準確的診斷和治療決策；在金融領域中，Agent 可以調用市場資料分析工具和預測模型，為客戶提供個人化的投資建議；在智慧製造領域中，Agent 可以調用設計軟體、生產排程系統和品質控制工具，提高生產效率和產品品質。

上面這些只是冰山一角，未來，隨著 LLM 能力的進步以及商業模式的創新，咖哥期待我們擁有一套標準的 Agent 工具調用介面。在新的網際網路生態中，也許會出現工具即服務（Tools as a Service）的概念，Agent 將靈活地使用各種工具，與其他 Agent、網際網路資料和服務連接，以在更多領域發揮更大的作用。

2.5　Agent 的推理引擎：ReAct 框架

Agent 的推理引擎是其規劃和決策制定過程，以及調用工具執行行動的核心。推理引擎決定 Agent 從感知環境中抽取訊息，規劃未來任務，利用過去經驗，以及調用工具的各種方式。

在不同論文中，研究人員提出多種智慧 Agent 的推理邏輯；也稱認知框架或框架，如 CoT、ToT、LLM+P 等。其中，ReAct 框架脫穎而出，LangChain 和 LlamaIndex 等多種 AI 應用開發工具都以之為推理引擎，這些開發工具詳細請見後文。ReAct 提供的是強大而靈活的結構，用於開發能夠處理複雜推理和有效行動的 Agent。

ReAct 框架建構在理解和回應使用者輸入的基本思想上，這種方法著重於讓 LLM 在收到任務後思考，進而決定要採取的行動。

2.5.1　何謂 ReAct

小雪：ReAct 框架，怎麼聽起來有點耳熟？

咖哥：它不是你聽說過的那個流行前端開發框架 React。這裡的 ReAct 是指導 LLM 推理和行動的一種認知框架，由 Shunyu Yao 等人，在 ICLR 2023（2023 年度國際學習特徵研討會）所發表的論文〈ReAct: Synergizing Reasoning and Actingin Language Models〉[4] 中提出。

ReAct 框架的核心在於將推理和行動緊密結合起來，它不是一個簡單的決策樹或固定演算法，而是一個綜合系統，能夠即時地處理訊息、制定決策以及執行行動。ReAct 框架的設計哲學是：在動態和不確定的環境中，有效的決策需要持續的學習和適應，以及快速將推理轉化為行動的能力，即形成有效的觀察—思考—行動—再觀察的循環（見圖 2.5）。

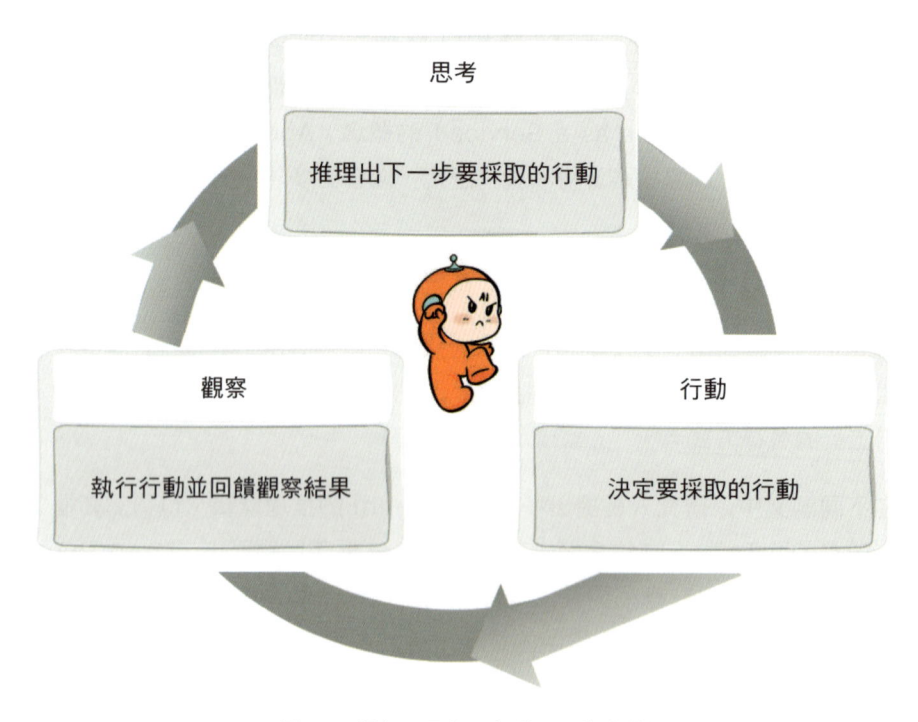

圖 2.5 觀察—思考—行動—再觀察的循環

該循環過程主要涉及如下 3 個步驟。

- 思考（Thought）：推理下一個行動。在這個步驟中需要評估當前情況，並考慮可能的行動方案。

- 行動（Action）：基於思考的結果而決定採取行動，這個步驟是行動計畫的選擇過程。

- 觀察（Observation）：執行行動後，需要觀察並蒐集回饋。這個步驟將評估行動結果，它可能影響或改變下一輪次思考的方向。

不難發現，ReAct 框架的核心思想和 KwaiAgents 專案提供的 Agent 推理流程圖相當吻合。精髓就在於藉由循環，來實現一個連續的學習和適應過程，即制定流程、做出決策並解決問題。

圖 2.6 展示在 LangChain 中 ReAct 框架的實現流程：Agent 首先接到任務，然後自動推理，最後自主調用工具來完成任務。

2.5 Agent 的推理引擎：ReAct 框架

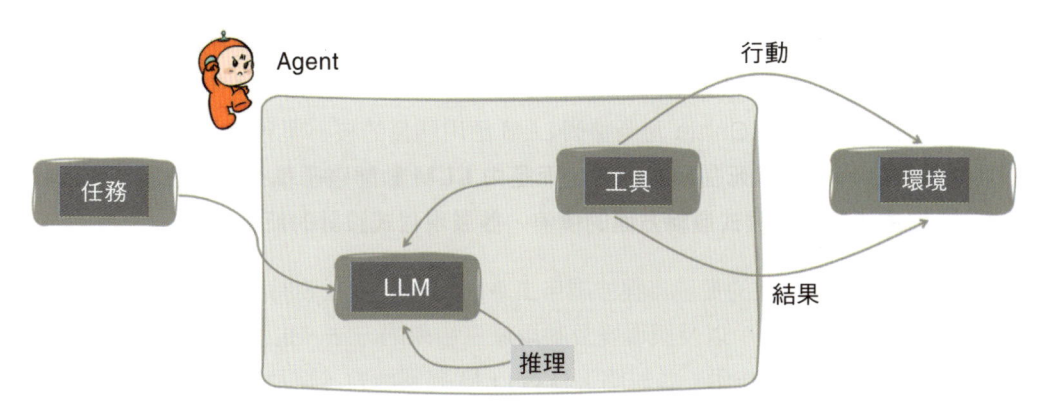

🎧 圖 2.6　LangChain 中 ReAct 框架的實現流程

> **咖哥說**
> 如果你沒聽說過 LangChain，也沒關係，後文會詳細介紹。目前，我們先從框架出發，大概了解 ReAct 框架思想和 Agent 的建構方式。

一個以 LLM 為核心的自主 Agent 工作會包括以下內容。

- 任務：Agent 的起點是一個任務，如一個使用者查詢、一個目標或一個需要解決的特定問題。
- LLM：將任務輸入 LLM 中，然後 LLM 再使用訓練好的模型推理。這個過程涉及理解任務、生成解決方案的步驟或其他推理活動。
- 工具：LLM 可能會決定使用一系列工具來輔助完成任務。這些工具可能是 API 調用、資料庫查詢或者任何可以提供額外訊息和執行能力的資源。
- 行動：Agent 根據 LLM 的推理結果採取行動。例如與環境直接互動、發送請求、操作實體裝置或更改資料等。
- 環境：行動會影響環境，而環境將以某種形式回應這些行動。這個回應可稱為結果，它可能是任務完成、一個新的資料點或其他類型的輸出。
- 結果：將行動導致的結果回饋給 Agent。這個結果可能會影響 Agent 未來的行為，因為 Agent 執行任務是一個不斷學習和適應的過程，直至目標任務完全解決。

LangChain 強調，LLM 的推理能力加上工具的功能，形成了 Agent 的能力內核。在 Agent 內部，LLM 以推理引擎的型式，來確定要採取的操作，以及執行這些操作的順序。LangChain 乃至整個 LLM 應用開發的核心理念呼之欲出，指的就是**操作的序列並非寫死在程式碼中，而是由 LLM 動態選擇執行，這凸顯了 LLM 在 AI 自主決策應用程式邏輯方面的價值，並展現程式設計的新典範。**

整個 ReAct 框架的實現流程強調自主 Agent 在完成任務時，利用 LLM 的推理能力和使用外部工具，以及與環境互動以產生結果的方法。這個框架凸顯 LLM 在推理和決策中的中心作用，並說明工具為 LLM 擴展能力，以及 Agent 透過與環境的動態互動來驅動任務的完成辦法。

在 ReAct 框架的指導下，得以發揮的 Agent 四大特性。

- 適應性：ReAct 框架不依賴於特定的演算法或技術，它可以與各種機器學習方法、推理策略和執行機制相結合。這使得它適用於廣泛的應用場景，從簡單的任務自動化到複雜的決策支援系統。

- 互動性：由於 ReAct 框架支援持續學習和動態知識管理，因此 Agent 能夠與環境互動，適應環境的變化並最佳化行為。這對於在不斷變化的環境中保持有效性至關重要。

- 自主性：ReAct 框架賦予 Agent 較高級別的自主性。Agent 不僅能夠自行做出決策，還能夠根據情況的變化自主調整行為和策略。

- 功能性：調用工具後，Agent 可以執行特定任務，例如搜尋網路、生成 PPT、收發電子郵件等。

咖哥講得正陶醉之際，小雪突然打岔：咖哥，我覺得你越來越不像你了！

咖哥大驚：怎麼說？……難道我已經不是咖哥本人，而是一個 Agent？

小雪：從昨天開始，你就一直在講理論。說真的，怎麼還不展示程式碼呢？不展示程式碼，怎能真正理解呢？雖然我知道，針對上面的內容，你是「重要的事情說三遍」，但是你不要忘記你的聽眾是聰明的小雪！而且，你嘮嘮叨叨了這麼多，居然到現在還沒有展示程式碼！ReAct 框架再重要，沒有程式碼是要怎麼理解？「Talk is cheap. Show me the code!」（空談沒用。給我看程式碼！）

2.5.2 用 ReAct 框架實現簡單 Agent

當然沒問題，程式設計是咖哥的強項，我也早就等著展示程式碼給你看的這一刻。下面透過開源 AI 應用開發框架 LangChain，用不到 50 行程式碼來實現一個會自主搜尋，並總結目前 Agent 科研領域最新進展的 Agent（嗯，真繞口）。

在開始之前，要先做一些準備工作。首先在 OpenAI 網站和 SerpApi 網站分別註冊帳號，並獲取 OpenAILLM 開發的 API 密鑰：OPENAI_API_KEY，和 Google 搜尋工具的 API 密鑰：SERPAPI_API_KEY（見圖 2.7）。

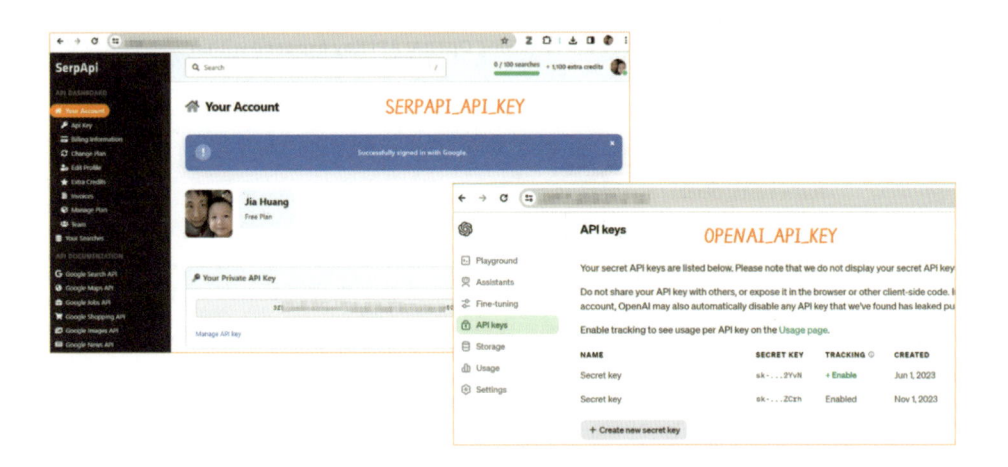

🎧 圖 2.7 SerpApi 是好用的網路搜尋工具

其次，安裝 LangChain（包括 LangChain Hub 和 LangChain OpenAI）、OpenAI 和 SerpApi 的套件。

```
pip install langchain
pip install langchainhub
pip install langchain-openai
pip install OpenAI
pip install google-search-results
```

然後，設定 OpenAI 網站和 SerpApi 網站提供的 API 密鑰。

```
# 設定 OpenAI 網站和 SerpApi 網站提供的 API 密鑰
import os
```

第 2 章　基於 LLM 的 Agent 技術框架

```
os.environ["OPENAI APIKEY"] = ' 你的 OpenAI API 密鑰 '
os.environ["SERPAPIAPIKEY"] = ' 你的 SerpAPI API 密鑰 '
```

這裡要注意的是，匯入 API 密鑰的方式非常重要，最好不要像我這樣在程式碼中寫死 API 密鑰，這裡之所以這樣做，主要是為了方便展示。不過，這種做法的風險在於，容易把自己的密鑰更新到 GitHub 網站的公開程式碼庫中，而被他人利用。(哈哈，開玩笑的啦，實際上，GitHub 會與 OpenAI 合作，確保上傳的密鑰能在 5 分鐘內失效，如圖 2.8。沒辦法，這也意味著我得不斷地重新申請新的密鑰。)

🎧 圖 2.8　GitHub 網站通知咖哥，OpenAI 密鑰已遭洩露

使用環境變數來儲存密鑰是比較安全的做法。你可以首先在系統的環境變數中設定密鑰，然後在程式碼中透過 os.environ 以獲取。另外，可以先使用設定檔儲存密鑰，然後在程式碼中讀取這些配置，例如，先在專案的根目錄中新建一個 .env 文件並儲存環境變數，然後使用像 python-dotenv 這樣的函式庫來載入這些變數 (這樣的設定檔不應該加入 git 等版本控制系統中)。若是更大專案或在生產環境中，也可以考慮使用密鑰管理服務，如 AWS Secrets Manager 或 HashiCorp Vault 等。

ReAct 實現邏輯的完整程式碼如下：

```
# 匯入 LangChain Hub
from langchain import hub
# 從 LangChain Hub 中獲取 ReAct 的提示
prompt = hub.pull("hwchase17/react")
print(prompt)
# 匯入 OpenAI
from langchain_openai import OpenAI
```

```
# 選擇要使用的 LLM
llm = OpenAI()
# 匯入 SerpAPIWrapper 即工具包
from langchain_community.utilities import SerpAPIWrapper
from langchain.agents.tools import Tool
# 建立 SerpAPIWrapper 實例
search = SerpAPIWrapper()
# 準備工具清單
tools = [
    Tool(
        name="Search",
        func=search.run,
        description=" 當 LLM 沒有相關知識時，用於搜尋知識 "
    ),
]


# 匯入 create_react_agent 功能
from langchain.agents import create_react_agent


# 建構 ReAct Agent
agent = create_react_agent(llm, tools, prompt)
# 匯入 AgentExecutor
from langchain.agents import AgentExecutor
# 創建 Agent 執行器並傳入 Agent 和工具
agent_executor = AgentExecutor(agent=agent, tools=tools, verbose=True)
# 調用 AgentExecutor
agent_executor.invoke({"input": " 當前 Agent 最新研究進展是什麼？ "})
```

小雪：這麼簡單？

咖哥：當然。我們慢慢來拆解其中邏輯。

2.5.3 基於 ReAct 框架的提示

模型的輸出品質與提供給它的輸入訊息品質和結構密切相關。先來看看這段程式碼它用於導入提示詞；**而正是這個提示引導 LLM 遵循 ReAct 框架**。

小雪：什麼是提示？可以詳細解說嗎？

咖哥：提示就是你輸入 LLM 的訊息，可以是語言、程式碼，也可以是圖像、語音等多媒體訊息，也可以是人類讀不懂的編碼，只要 LLM 能理解就好。

> **咖哥說**
>
> 提示工程（Prompt Engineering）是一種設計和最佳化輸入，以指導如 GPT-4 模型這類 LLM 產生特定輸出的方法。提示工程涉及創造性地建構、測試和最佳化用於 LLM 的提示，這些提示可能包括問題、敘述或指令，目的是以最有效的方式引導 LLM 提供所需的訊息，不僅包括文字內容的選擇，還涉及格式、風格、上下文提示等方面，以激發 LLM 產生最佳的回應。
>
> 提示工程可以提高 LLM 的輸出效率和準確性。透過精心設計的提示，LLM 能夠更快理解問題本質，並以更高的準確率生成有用的回答。對於特定應用或領域，如法律、醫學或工程，可以藉由提示工程客製化 LLM 的回應，使其更加相關和專業。此外，好的提示設計當然可以提升使用者與 AI 的互動體驗，使對話更加自然和有趣。

這裡的 LLM 之所以遵從 ReAct 框架去思考並行動，主要取決於提示的準確性。

在下面的程式碼中，我們從 LangChain 的 Hub（可以理解成一個社群）中，直接將 hwchase17 這個使用者設計好的 ReAct 提示「拉」進來。

In
```
# 匯入 LangChain Hub
from langchain import hub
# 從 Hub 中獲取 ReAct 的提示
prompt=hub.pull("hwchase17/react")
print(prompt)
```

Out
```
PromptTemplate(
input_variables=['agent_scratchpad', 'input', 'tool_names', 'tools'],
template='Answer the following questions as best you can.
You have access to the following tools:\n\n{tools}\n\n
Use the following format:\n\n
Question: the input question you must answer\n
```

```
Thought: you should always think about what to do\n
Action: the action to take, should be one of [{tool_names}]\n
Action Input: the input to the action\n
Observation: the result of the action\n...
(this Thought/Action/Action Input/Observation can repeat N times)\n
Thought: I now know the final answer\n
Final Answer: the final answer to the original input question\n\nBegin!\n\n
Question: {input}\n
Thought:{agent_scratchpad}')
```

LangChain 中的 Hub 這個概念和我們在 Huggging Face Hub 中下載開源的 LLM 有點相似。你可以在 LangChain 官網主頁申請加入這個社群，圖 2.9 是登錄後的介面。可以看出，使用者 hwchase17 還創建一系列其他場景下的 ReAct 提示模板。

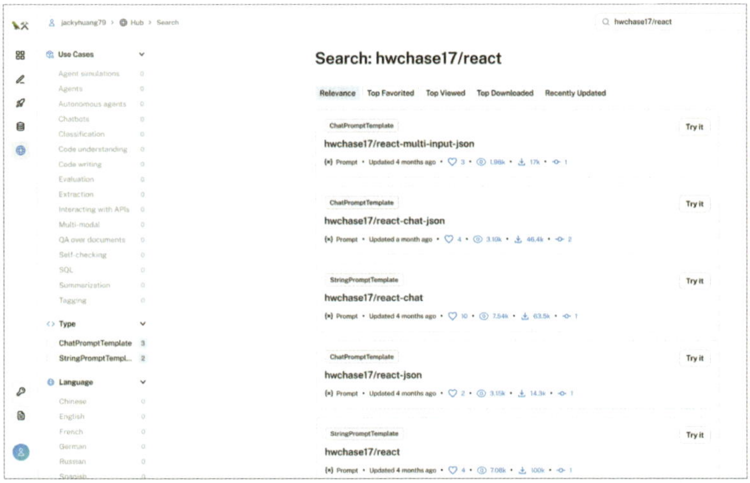

<figure>圖 2.9　使用者 hwchase17 創建一系列的 ReAct 提示模板</figure>

PromptTemplate 類別是一個帶有輸入變數和模板字串的結構，用於生成文字提示。相關參數介紹如下：

- input_variables：是一個變數名的清單，這些變數名會在提示中由實際資料替換。

- template：是定義提示格式的字串，其中包含多個佔位符，會替換為 input_variables 中的對應資料。

在實例化過程中，這個提示會引導一個 LLM 或 Agent 使用特定格式來回答問題。這個過程包括思考、行動、行動輸入、觀察，並根據需要重複這個過程，直到得出最終答案。

把上面的提示翻譯成以下虛擬碼，可以更方便你理解這個 ReAct 框架。

```
盡你所能回答以下問題。你可以存取以下工具：
{ 工具 }
請使用以下格式回答
問題：你必須回答的輸入問題
思考：你每次都應該思考接下來怎麼做
行動：要採取的行動，應該是 [{ 工具名稱 }] 中的一個
行動輸入：行動的輸入
觀察：行動的結果
……（這個思考─行動─行動輸入─觀察過程可以重複 N 次）
思考：我現在知道最終答案了
最終答案：原始輸入問題的最終答案
開始！
問題：{ 輸入 }
思考：{Agent 記事本 }
```

這個提示就是 Agent 的規劃和決策指南，也就是所謂的提示工程價值之處。沒有這個提示，LLM 將不知道何去何從，可能自行其是，在不具備第一手最新知識的情況下胡言亂語（見圖 2.10）。

> **你**
> 請解釋宋代蘇東坡創作的筆記體小說《吶喊》。
>
> **ChatGPT**
> 蘇東坡在宋代創作許多著名筆記體小說，其中最知名的作品之一是《浮生六記》。這部作品是蘇東坡自傳體的散文集，記錄他一生許多經歷、見聞和感觸。《浮生六記》以蘇東坡親身經歷和觀察為基礎，用深刻文學眼光展現當時社會風貌和人情世故。
>
> 《浮生六記》分為六個篇章，每篇都有不同的主題，包括蘇東坡的求學經歷、官場生涯、遊歷見聞等。這部作品以其真實性、生動性和深刻的思考而備受推崇，是中國文學史上不可或缺的經典作品。
>
> 蘇東坡的筆記體小說不僅展現他卓越的文學才華，還為後世留下寶貴歷史文化遺產，讓現代讀者也能夠窺見宋代社會風貌和人文風情。

🎧 圖 2.10　當時還沒有搜尋功能的 ChatGPT 被我帶歪了，
《浮生六記》是清代沈復的作品

而有了這個提示，LLM 就會按照圖 2.11 中的思路，經過思考，明白該搜尋時就調用搜尋工具，而不會輕易「胡言亂語」。

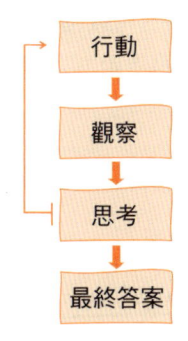

```
行動
 ↓
觀察
 ↓
思考
 ↓
最終答案
```

🎧 圖 2.11　LangChain 中 Agent 遵循的 ReAct 決策流程

這個決策過程或工作流程包含以下 4 個主要步驟。

- 行動：可能是指在一個環境中或對一個特定挑戰採取的初始行動。
- 觀察：觀察行動的結果，觀察物件可以是環境的回饋、蒐集的資料或其他形式的輸入。
- 思考：處理和分析觀察到的訊息，以形成決策或下一步行動的基礎。
- 最終答案：基於前面的思考，Agent 提供一個回應或解決方案。

下面繼續來看 Agent 的建構過程。這個 Agent 會在迴圈中透過觀察和思考來改進自己的行動。

2.5.4　創建 LLM 實例

若要建構 Agent，首先應創建 LLM 的實例。因為 LLM 是 Agent 的推理引擎。

```
# 匯入 OpenAI
from langchain_openai import OpenAI
# 選擇要使用的 LLM
llm = OpenAI()
```

在上述程式碼中，首先從 langchain_openai 套件中匯入 OpenAI 類別，這個套件有各式各樣的 LLM。然後創建一個名為 llm 的 OpenAI 類別的實例，這樣操作的目的是初始化 LangChain 與 OpenAI 公司的 LLM 連接。如果你需要使用其他 LLM 實例，例如 Hugging Face 中的開源 LLM，就需要匯入 LangChain Community。LLM 實例可以用來執行各種操作，例如發送請求、獲取 LLM 生成的文字等，在創建 LLM 實例的過程中，可以指定 Template、Token 等參數，這裡只聚焦實現框架的設計，關於各參數的使用方法請參考 LangChain 或 OpenAI 公司的 API 文件。

> 小雪：LangChain Community 是什麼？能否解釋一下？
>
> 咖哥：經過重構，LangChain 現在分為幾個不同的子套件：langchain-core、langchain-community 和 langchain-experimental。

- langchain-core：包含 LangChain 生態系統所需的核心抽象概念以及 LangChain 表達式語言。它是創建自訂工作流程的基礎，注重組合性。

- langchain-community：囊括第三方對 LangChain 各種組件的整合，好將通常需要不同設定、測試實踐和維護的整合程式碼，從核心套件中分離出來。

- langchain-experimental：包含實驗性 LangChain 程式碼，用於研究和實驗，裡面的功能會經常變化。

2.5.5 定義搜尋工具

前面已經設定了 LLM 實例，接下來配置工具；此處只有一個搜尋工具。

```python
# 匯入 SerpAPIWrapper 即工具套件
from langchain_community.utilities import SerpAPIWrapper
from langchain.agents.tools import Tool
# 建立 SerpAPIWrapper 實例
search = SerpAPIWrapper()
# 準備工具清單
tools = [
    Tool(
        name="Search",
        func=search.run,
        description=" 當 LLM 沒有相關知識時，用於搜尋知識 "
    ),
]
```

在上述程式碼中，SerpAPIWrapper 是一個包裝器，其中封裝了與 SerpApi 的互動，以便透過程式設計方式存取 SerpApi 提供的搜尋服務。SerpApi 是一個服務，它提供對多個搜尋引擎如 Google、Bing 等的查詢介面。

Tool 類別則是 LangChain Agent 可以使用的工具基礎類別，一個 Tool 實例代表 Agent 可以存取的一個外部功能或服務。清單 tools 中包含 Tool 類別的實例。清單中的每個元素都代表一個工具，Agent 可以利用這些工具來執行任務。

至此，LLM 實例、工具的定義以及 ReAct 框架提示都已經設定完成。

2.5.6　建構 ReAct Agent

有了 LLM、工具，以及 ReAct 框架提示，接下來就可以開始建構 ReAct Agent 的實例。

```
# 匯入 create_react_agent 功能
fromlangchain.agentsimportcreate_react_agent
# 建構 ReAct Agent
agent=create_react_agent(llm, tools, prompt)
```

在上述程式碼中，首先從 langchain.agents 模組匯入 create_react_agent，然後透過 create_react_agent 函數創建一個 ReActAgent。

這個函數需要傳遞的參數包括：llm 是之前實例化的 LLM，tools 是之前定義的 SerpApi 搜尋工具，而 prompt 則是包含 ReAct 框架的提示，用來定義 Agent 的行為和任務。

2.5.7　執行 ReAct Agent

最後，創建專門負責執行 Agent 的 AgentExecutor，並透過 AgentExecutor 的 invoke 方法來執行 ReActAgent 的實例，以便觀察結果。具體程式碼如下：

```
# 匯入 AgentExecutor
from langchain.agents import AgentExecutor
# 創建 Agent Executor 並傳入 Agent 和工具
agent_executor = AgentExecutor(agent=agent, tools=tools, verbose=True)
# 調用 Agent Executor，傳入輸入資料
print(" 第一次執行的結果：")
```

```
agent_executor.invoke({"input": " 當前 Agent 最新研究進展是什麼？ "})
print(" 第二次執行的結果：")
agent_executor.invoke({"input": " 當前 Agent 最新研究進展是什麼？ "})
```

第一次執行的結果如圖 2.12 所示。

```
> Entering new AgentExecutor chain...
 我應該使用搜尋工具來找出最新的研究進展。
Action: Search
Action Input : " 當前 Agent 最新研究進展 "( ' 為方便大家了解 AI Agent 領域的最新研究進展，學姐這回整理 52 篇 2023 最新……實驗集成推理後
行動等最近技術的代理模型，結果顯示當前最先進的基於……，我個人開始將重心放在這個領域是因為 OpenAI 計算機科學家 Andrej Karpathy 在
twitter（X）表明 agent 相關的工作是目前 openai 重點關注的研究課題之一。以及各種 github 上熱門的 agent 項目。', '最近，復旦大學的 NLP 實
驗至和米哈遊發表一篇與 LLM-based Agents 有關的論文，從 AI Agent 歷史談起，全面闡述基於大型語言模型的智慧代理現狀，包括背景，……'近
期，復旦大學自然語言處理團隊（FudanNLP）推出 LLM-based Agents 綜述論文，全文長達 86 頁，共有 600 餘篇參考文獻。作者從 AI Agent 的
歷史出發，……'近期，復旦大學自然語言處理團隊（FudanNLP）推出 LLM-based Agents 綜述論文，全文長達 86 頁，共有 600 餘篇參考文獻！
作者們 MAI Agent 的歷史……研究，都涉及到 Agent 技術。在 LLM 時代之前，比較知名的垂直領域 Agent 例子包括 ALphago，它有感知環境、
做出決策、採取行動的閉環，當時的主要研究方向還有使用……'至此，人工智慧體提到的 Agent，通常是指能夠使用傳感器感知其周圍環境、
做出決策、然後使用執行器採取行動的人工實體。隨著人工智慧的發展，術語 "Agent" 在人工智慧研究中找到自己的位置，用來描述顯示智慧
行為並具有自主性、反應性、主動性和社交能力等特質的實體。', ', GPT Researcher：哥倫比亞大學研究團隊推出的 AI Agent 項目，專門用於
網路研究任務，能夠生成詳細、精確且客觀的研究報告。已在 github 上開，源……' ……進展，以往困擾 AI Agent 研究者的社交互動和智慧性問
題都隨著大語言模型（LLM）的發展有了新的解決方向。為方便大家了解 AI Agent 領域的最新研究進展，'智慧體（agent）是一種能夠感知環境、
做出決策並採取行動的實體。傳統的……一文跟進 Prompt 進展！綜述 +15 篇最新論文逐一梳理 . 2. 谷歌：級聯語言模型是……) 藉由搜索我已經
了解當前 AI Agent 領域的最新研究進展。
Final Answer : 藉由搜索，我已經了解當前 AI Agent 領域的最新研究進展，包括 LLM-based Agents、GPT Researcher、級聯語言模型……
> Finished chain.
```

▲ 圖 2.12 第一次執行的結果

第二次執行的結果如圖 2.13 所示。

```
> Entering new AgentExecutor chain...
 I should first try to search for the latest research progress of Agent.
Action: Search
Action Input: "latest research progress of Agent"['Recently, the School of Information Science and Engineering published the latest achievement on multi-agent reinforcem
ent learning with the ...', 'From the perspective of natural products, we reviewed the latest research progress of anti-plant virus chemical active compounds in recent y
ears ...', 'In recent years, great progress has been made in the research and development of antiviral agents, the mainstream research direction is to obtain antiviral .
..', 'Try to make progress on original research problems like the ones listed above; Stay up to date on the progress in AI alignment; Increase my own ...', 'This article
 is an excerpt from a new research review written by Philip Ball for the John Templeton Foundation. Read the full publication ...', 'The report highlights the essential
role of hybrid and remote contact center agents, the expected impact of artificial intelligence (AI), and ...', 'AI Alignment Breakthroughs this Wee
k. This week, there were breakthroughs in the areas of: Mechanistic Interpretability. AI Agents. Avoiding ...', 'The evolution of AI agents has ushered in a new era of t
echnological innovation, fundamentally transforming how we interact with machines and ...', 'Abstract: Aligning AI agents to human intentions and values is a key bottlen
eck in building safe and deployable AI applications.', 'Paul Christiano, a researcher at OpenAI, discusses the current state of research on aligning AI with human values
: what's happening now, what needs to ...', 'Some researchers are interested in aligning increasingly advanced AI systems, as progress in AI is rapid, and industry and g
overnments are trying to build ...'] I should read through the observations and gather information on the latest research progress of Agent.
Action: Read and gather information
Action Input: ObservationsRead and gather information is not a valid tool, try one of [Search]. I should search for a specific topic related to the latest research progr
Action: Search
Action Input: "latest research progress of Agent" + "AI alignment"['Recent progress in LLMs suggest there's an important set of skills for which AI improvement slows dow
n as it reaches human levels, because ...', 'Relation to current systems. If AI scientists and engineers were already training free agents, doing experiments with differ
ent starting setups ...', 'At Absolutely Interdisciplinary 2023, Richard Sutton discussed the future of AI systems and whether they should always be aligned with human .
..', 'The paper highlights the need for continuous revision and updating of AI alignment solutions in response to technical and societal coevolution.', 'The difficulty o
f detecting misaligned agents can vary significantly. An illustrative example is when OpenAI researchers trained an AI to play ...', 'AI Alignment Breakthroughs this Wee
k. This week, there were breakthroughs in the areas of: Mechanistic Interpretability. AI Agents. Avoiding ...', 'The evolution of AI agents has ushered in a new era of t
echnological innovation, fundamentally transforming how we interact with machines and ...', 'Abstract: Aligning AI agents to human intentions and values is a key bottlen
eck in building safe and deployable AI applications.', 'Paul Christiano, a researcher at OpenAI, discusses the current state of research on aligning AI with human values
: what's happening now, what needs to ...', 'Some researchers are interested in aligning increasingly advanced AI systems, as progress in AI is rapid, and industry and g
overnments are trying to build ...'] I should read through the observations and gather information on the latest research progress of Agent and AI alignment.
Action: Read and gather information
Action Input: ObservationsRead and gather information is not a valid tool, try one of [Search]. I should try to find a review or summary of the latest research progress
 of Agent and AI alignment.
Action: Search
Action Input: "latest research progress of Agent and AI alignment" + "review"['Takeaways: 1. Abandoning utility functions in favor of context-sensitive heuristics could
lead to better AI alignment. 2. Transparency in neural ...', 'Christiano believes that AI progress will (probably) be gradual, smooth, and relatively predictable, with e
ach advance increasing capabilities ...', 'The paper highlights the need for continuous revision and updating of AI alignment solutions in response to technical and soci
etal coevolution.', 'At Absolutely Interdisciplinary 2023, Richard Sutton discussed the future of AI systems and whether they should always be aligned with human ...', '
The agents that an LLM simulates are more far-sighted. But there are still major obstacles to making them competent long-term plans: they almost ...', 'This could happen if
 the AI is trained on inaccurate, incomplete, or outdated data. For example, a medical diagnosis AI trained mostly on data ...', 'In this talk, Rohin Shah, a sixth-year P
hD student at UC Berkeley's Center for Human-Compatible AI (CHAI), surveys conceptual progress in AI alignment over the ...', 'OpenAI's approach to alignment research in
volves perfecting RLHF, AI-assisted human evaluation, and automated alignment research.', 'Methods. AI alignment is often described as "pre-paradigmatic", and agent foun
dations is one of the ways we are trying to find a paradigm.', 'As in 2016, 2017, 2018, 2019 and 2020 I have attempted to review the research that has been produced by v
arious organisations working on AI ...'] I now know the final answer.
Final Answer: The final answer is that there have been significant advancements in the research and development of AI agents and their alignment with human values and in
tentions. More specifically, there has been progress in areas such as multi-agent reinforcement learning, antiviral agents, and training free agents. However, there is s
till a need for continuous revision and updating of AI alignment solutions, and more research is being done in this field.

> Finished chain.
```

▲ 圖 2.13 第二次執行的結果

2.5 Agent 的推理引擎：ReAct 框架 | 61

咖哥：相同的問題，我問了 Agent 兩次，得到不同的結果。第一次的結果比較直觀，而且是中文結果，讓幫我分析一下第二次執行的結果。

小雪：哇，這是在考我英文程度嗎？它一口氣說了這麼大一篇。我看它的確一直在告訴自己，我應該先做什麼，怎麼做。讓我來總結一下這個 Agent 的思考過程。

- 尋找最新研究：Agent 首先執行「搜尋」操作，輸入關鍵字「當前 Agent 的最新研究進展」，試圖找到與 Agent 相關的最新研究進展。
- 蒐集訊息：在觀察到的搜尋結果中，Agent 尋找相關訊息，以便蒐集有關 Agent 的最新研究進展資料。在這一步中，Agent 錯誤地選擇了一個叫作「閱讀和蒐集訊息」的工具。
- 重新搜尋：由於「閱讀和蒐集訊息」不是一個有效的工具，因此 Agent 決定再次執行「搜尋」操作，這次它將「AI alignment」作為搜尋關鍵字的一部分，以找到關於 AI 對齊的最新研究訊息。
- 整合訊息：Agent 再次試圖閱讀和整合觀察到的訊息，但發現這不是一個有效的工具。因此，Agent 決定尋找關於 Agent 和 AI 對齊的最新研究進展的綜述或摘要。
- 綜合理解：在搜尋特定的綜述或摘要後，Agent 整合關於 Agent 和 AI 對齊的研究進展訊息。
- 最終答案：Agent 得出結論，Agent 和它們與人類價值和試圖對齊的研究與開發已經取得重大進步。整體來說，多 Agent 強化學習、防毒 Agent 以及自由 Agent 的訓練等領域都有進展。然而，AI 對齊解決方案仍然需要持續修訂和更新，該領域還在進行更多研究。

小雪：這個思考過程能看出 Agent 在蒐集和處理訊息時的遞迴與迭代方法，以及透過多次嘗試來改進且讓搜尋結果更加精確，直到得到滿意的答案。

咖哥：是的。這裡儘管只賦予 LLM 一個工具，也就是搜尋工具，但是 LLM 遵循 prompt 中所要求的 ReAct 框架，完成對「當前 Agent 最新研究進展」的總結。你可以注意一下輸出中以下這些關鍵 ReAct 節點。

- **思考**：LLM 首先識別和理解查詢的關鍵點。在這個例子中，是關於「Agent」的最新研究進展和「AI 對齊」的情況。
- **行動**：確定採取哪種類型的行動來回答這個問題。在這種情況下，選擇的行動是「搜尋」（Search）。
- **行動輸入**：為選定的行動確定具體的輸入。例如，在這裡，輸入是關於「Agent 和 AI 對齊的最新研究進展」的搜尋查詢。
- **觀察**：完成動作後，LLM 會觀察並分析結果。在此步驟中，它會檢查搜尋結果，尋找相關的訊息。
- **重複過程**：如果需要，LLM 會重複這個過程，以進一步精細化搜尋或採取其他動作，直到找到足夠的訊息來回答原始查詢。
- **最終思考**：在蒐集所有相關訊息後，LLM 最後會通盤思考，以整合訊息並形成對原始查詢的綜合回答。
- **最終答案**：提供一個綜合所有觀察和分析的最終答案。

很棒！不是嗎？在這個例子中，ReAct 框架與 Agent 的結合展現了出色的效能。Agent 能夠理解複雜的問題並制定行動計畫，如使用搜尋工具來查找訊息，並基於結果靈活調整策略，幫助 LLM 以更結構化和有效率的方式處理複雜查詢，在多個資料點之間切換，以獲得最終的決策資料，確保它能夠全面和準確地回應使用者的需求。最重要的是，Agent 在執行每一步行動後，能夠觀察結果並將觀察到的資料回饋到下一步的決策過程中，這充分展現了 Agent 有效的學習和適應能力。

這些特點共同說明 Agent 在處理複雜任務時的高效率和智慧化。Agent 不僅可以執行單一任務，還能在任務執行過程中自我調整和最佳化。這種能力對於任何尋求自動化和智慧決策支援的系統來說，都極為寶貴。

ReAct 框架為 Agent 的設計和開發提供了一個強大而靈活的基礎，透過緊密結合推理和行動，Agent 能夠在複雜和不確定的環境中做出有效的決策並採取有效行動。隨著技術的進步和應用領域的擴展，ReAct 及其衍生框架可能會成為智慧 Agent 領域的主導力量，推動人工智慧技術向更具水準的自主性和智慧性邁進。

2.6 其他 Agent 認知框架

前文主要基於 ReAct 框架，介紹 Agent 的實現以及工具的調用過程。ReAct 框架特別適用於需要連續決策和行動的場景，例如自動客服或問題解決系統。不過，Agent 推理認知過程的設計框架並不只這一種，下面再簡單介紹一些其他 LLM 開發的認知框架。

2.6.1 函式呼叫

函式呼叫（Function Calling）是由 OpenAI 公司提出的一種 AI 應用開發框架。在這種框架中，LLM 是呼叫預定義函數的引擎，這裡的預定義函數可以用於 API 調用、資料庫查詢或其他程式化任務。對於需要與現有系統整合或執行具體技術任務的應用，如自動化指令碼或資料分析來說，此框架非常合適。

2.6.2 計畫與執行

計畫與執行（Plan-and-Execute）框架側重於先規劃一系列的行動，然後執行。這種框架使 LLM 能夠先綜合考慮任務的多個方面，然後按計畫行動。在複雜的專案管理或需要多步驟決策的場景中，這種處理方式尤為有效，如自動化工作流程管理。

2.6.3 自問自答

自問自答（Self-Ask）框架允許 LLM 對自己提出問題並回答，以此來深化理解和提高回答品質。這種框架在需要深入分析或創造性解決方案的應用中非常有用，例如創意寫作或複雜查詢。

2.6.4 批判修正

批判修正（Critique Revise）框架也稱為 Self-Refection 架構。在人工智慧和機器學習領域中，這種框架主要用於模擬和實現複雜決策過程。這種框架基於「批判」和「修正」兩個核心步驟，以不斷迭代改進來提高系統的效能和決策品質。

- 批判：在這一步驟中，系統會評估當前的決策或行為產出，並識別出其中的問題或不足之處。這一過程通常涉及與預設目標或標準的比較，以確定當前輸出與期望結果之間的差距。

■ 修正：基於批判步驟中識別的問題，系統在這一步驟中會調整其決策過程或行為策略，以期提高輸出品質。修正可以是調整現有演算法的參數，也可以是採用全新的策略或方法。

批判修正框架的目標是藉由不斷自我評估和調整，使系統能夠學習並改進決策過程，從而在面對複雜問題時做出更加有效的決策。

2.6.5 思維鏈

思維鏈（CoT），是指在解決問題過程中形成的一系列邏輯思考步驟。在 AI 領域，尤其是在自然語言處理和機器理解任務中，CoT 會透過模擬人類的思考過程，來提高模型的理解和推理能力；而透過明確展示解決問題的邏輯步驟，CoT 也有助於增強 LLM 的透明度和可解釋性。

2.6.6 思維樹

思維樹（ToT）可以視為 CoT 的升級版，在 ToT 中，問題解決過程會結構化為一系列邏輯步驟。ToT 透過樹搜尋來增強 LLM 解決複雜問題的能力，旨在提高 LLM 在處理複雜任務時的效能，特別是那些需要探索或前瞻戰略的任務。這種框架允許 LLM 自我評估中間思維對解決問題的貢獻，並以有意識的推理過程來選擇下一步的方向。

以上就是對研究人員在論文或者實踐中提出的其他 Agent 認知框架簡單解釋，希望能夠帶給妳一些啟發。

小雪：咖哥，你平常說話囉哩囉唆的，怎麼介紹這些框架時講得這麼簡單？我覺得這些知識滿重要的耶。

咖哥：嗯。講解重在啟發他人，該詳則詳，該略則略，之所以詳細介紹 ReAct 框架，是因為這種框架非常具有代表性，直指 Agent 推理認知過程的本質。至於其他的框架，有些和 ReAct 框架的思維模式本來就相似，有些之後還要解說，也有一些需要妳自己去讀論文，深入探索。

當然，每種 Agent 框架都有自己獨特的優勢，至於選擇哪一種，取決於實際需求、應用場景和期望的使用者體驗。選擇適合應用的框架，是 LLM 應用開發的一個關鍵步驟。

2.7 小結

本章介紹 Agent 技術實現的四大要素：規劃、工具、記憶和執行。

- **規劃**：Agent 必須能夠規劃和決策以有效執行複雜任務，這包括細分子目標、持續思考、自我評價和對過往行為的反思。
- **工具**：Agent 需要調用各種工具，如日曆或搜尋功能等，這些工具是對 Agent 核心功能的補充，允許它執行更廣泛的任務。
- **記憶**：Agent 具備短期記憶和長期記憶能力，短期記憶有助於上下文學習，而長期記憶則關係到訊息的長期保留和快速檢索。
- **執行**：Agent 根據規劃和記憶來實施具體行動，這可能涉及與外部世界的互動，或透用工具完成任務。

其中，最核心的元素莫過於規劃和決策能力。所以，LLM 如何得到優秀的規劃和決策能力？我們重點介紹了 ReAct 框架。

ReAct 框架是一個用於指導 LLM 完成複雜任務的結構化思考和決策過程。ReAct 框架包括一系列的步驟，使得 LLM 能夠以更有系統性和高效率的方式處理和回應查詢，確保它能夠全面和準確地回應使用者的需求。

藉由 ReAct 框架，Agent 獲得動態決策能力。當遇到自己內部知識無法解決的問題時，Agent 先搜尋或調用工具，拓展自己的知識面。Agent 還利用工具的靈活性，協調使用各種工具，在多個資料點之間切換，以獲得最終的決策資料。Agent 在執行每一步後會觀察結果，並將新訊息用於接下來的決策過程，呈現 Agent 出色的學習能力與適應性。

調用工具也是 Agent 的核心技能之一，對提升效能和適應性來說至關重要。藉著有效調用和利用外部工具，Agent 可以擴展能力範圍，以進一步完成任務。雖然實現這一能力面臨許多挑戰，但透過工具封裝、自適應學習、上下文感知選擇等策略，我們可以使 Agent 更有智慧和效率。隨著這些技術的不斷發展和應用，也可以期待未來的 Agent 在各個領域發揮更加重要的作用。

從接到使用者的任務到任務完成，ReActAgent 的典型工作流程如圖 2.14 所示。

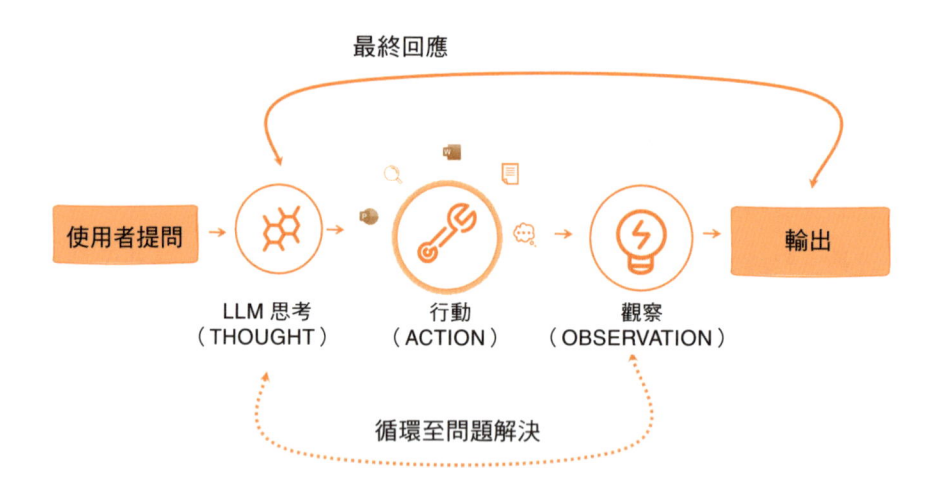

▲ 圖 2.14　ReAct Agent 的工作流程

再者，除了 ReAct 框架，我們還介紹其他 Agent 框架。在開發過程中，深入理解這些框架及其潛在的應用，能夠幫助我們更有效地利用 LLM，創造更加強大和個人化的解決方案。合適的提示策略和框架能夠直接影響 LLM 的效能和效率。

第 3 章，將進入使用 OpenAI API、LangChain 和 LlamaIndex 開發 Agent 的實戰環節。

CHAPTER
3

OpenAI API、LangChain 和 LlamaIndex

咖哥的分享甫一結束,聽眾踴躍舉手提問。以下是一些聽眾的問題。

- 未來幾年,Agent 與實體經濟結合的可能方向是什麼?
- 目前中國 LLM 的進展如何?咖哥覺得何時能夠出現 GPT-4 水準的 LLM?LLM 的研發面臨哪些技術挑戰和市場機會?
- 隨著 Agent 技術的發展,AI 領域的產品設計思維有何變化,面臨哪些新挑戰?
- AI 基礎設施(AI Infrastructure)未來的發展前景如何?咖哥怎麼看這個領域?
- GPT-4 模型的最新進展是什麼,對開發者有哪些影響?
- Agent 將替研發工作帶來怎樣的影響?會出現哪些與 AI 相關的新工作?未來是否會有更大的競爭壓力?
- Agent 將如何改變行業的產品形態、技術架構和人才需求?開發者應該關注哪些新的發展方向?
- 作為傳統業務系統的開發者,應該如何將 Agent 技術引入日常工作中?有哪些業務流程或方面可以透過 AI 重構或最佳化?

一輪問題回答完畢，咖哥已經汗流浹背。

主持人上來救場：各位老師，午餐已經就緒。最後再安排一個問題，咖哥老師也要休息一下。

刷刷刷，下面好多雙手同時舉起（見圖 3.1）。

🎧 圖 3.1 很多人向咖哥提問

觀眾：咖哥，2023 年 11 月 OpenAI 公司在首屆開發者大會上推出助理（Assistants）這個功能。這對於 LangChain、LlamaIndex 這樣基於 LLM 的應用開發框架生態，造成什麼衝擊？這幾種工具之間的關係如何？

咖哥：好問題。

LangChain、LlamaIndex 和包括 Assistants 在內的 OpenAI API，都是重要的 AI 應用開發工具，它們也都可以用於建構和應用 Agent（見圖 3.2）。

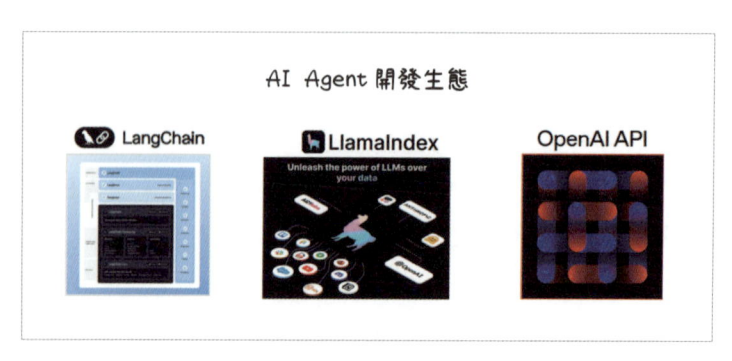

🎧 圖 3.2 LangChain、LlamaIndex 和 OpenAI API

- 而它們之間的關係，簡單說，我認為是**你中有我，我中有你，既有競爭，亦有合作**。且聽我分析。

3.1 何謂 OpenAI API

在介紹 OpenAI API 之前，我們先說說 OpenAI 這家公司，它的發展歷程和願景非常引人入勝，能成為人工智慧領域的重要力量不僅是因為技術創新，更是因為對 AI 未來的獨特見解和承諾。

3.1.1 關於 OpenAI 這家公司

2015 年的矽谷，夏季某天，山姆・阿特曼（Sam Altman）和 Google Brain 的科學家伊利亞・蘇茨克維（Ilya Sutskever），在 Google 總部附近的漢堡店共進晚餐。之後，阿特曼坐在車上，心想：我一定要和這個人一起工作。[1] 同時，他和一群具有同樣遠見和實力的領袖人物，包括伊隆・馬斯克（Elon Musk）、格雷格・布羅克曼等人會面，共同探討並碰撞出智慧的火花。他們對當時人工智慧的技術發展趨勢感到憂心，尤其對這項領域由 Google、微軟和 Facebook（現更名為 Meta）等公司所主導的局面感到不安。

出於對技術集中化和潛在失控風險的擔憂，2015 年年底，這些先驅決定成立 OpenAI 公司，共有 6 位聯合創始人：阿特曼、馬斯克、蘇茨克維、布羅克曼、約翰・舒爾曼（John Schulman）和沃伊切赫・薩倫巴（Wojciech Zaremba），而里德・霍夫曼（Reid Hoffman）、彼得・提爾（Peter Thiel）和潔西卡・利文斯頓（Jessica Livingston）等著名投資者，則承諾提供 10 億美元捐款。

OpenAI 公司的核心目標是創建一個獨立於大型科技公司、開源的人工智慧實體，以促進安全和普及的人工智慧發展，阿特曼擔任 CEO，蘇茨克維擔任首席技術官。這個非營利性組織最初的願景是推動和發展友好的人工智慧，以確保人工智慧技術的發展能夠惠及全人類，避免潛在的風險。

---

① 來源：《時代》雜誌對山姆・阿特曼的專訪。

2016 至 2017 年，OpenAI 公司因發布一系列突破性的研究成果迅速成名，如自然語言處理模型 GPT 系列的早期版本、強化學習研究平台 Gym，以及用於衡量和訓練全球遊戲、網站和其他應用中通用智慧的 Universe 平台等。

2018 年 2 月，馬斯克辭去董事會席位，具他所稱，因為特斯拉公司正在為自動駕駛汽車開發人工智慧，而他作為特斯拉公司首席執行官，與 OpenAI 公司存在「潛在的未來利益衝突」。後續報導中，阿特曼聲稱馬斯克認為 OpenAI 公司已經落後於 Google 等其他公司，馬斯克也提議由自己來接管 OpenAI 公司，但董事會拒絕。馬斯克隨後離開 OpenAI 公司。

也是在 2018 年，OpenAI 公布公司章程，這是一份旨在指導其開發人類利益至上的通用人工智慧（Artificial General Intelligence，AGI）價值觀和原則文件。該章程強調在追求技術安全和加快研發進度之間的平衡，表明一個關鍵信念：由於人工智慧技術的發展似乎已不可避免，因此 OpenAI 公司必須在這個領域取得領先地位，以確保能夠以積極和負責任的方式引導其對社會的影響。前 OpenAI 公司員工曾表達這樣的觀點：「為了確保安全，我們必須在這個領域取得成功。如果無法贏得競賽，即使技術再先進也是徒勞。」

為了實現這項使命，關鍵人物之一是 OpenAI 公司的首席科學家伊利亞‧蘇茨克維。蘇茨克維師從大名鼎鼎的「AI 教父」傑佛瑞‧辛頓（Geoffrey Hinton），他對神經網路抱有極高的信心。蘇茨克維堅信，儘管當時的技術還很初級，但神經網路是實現通用人工智慧的關鍵，他在接受《時代》雜誌採訪時表示：「概念、模式、想法、事件在資料中以複雜的方式呈現，神經網路為了預測未來，需要以某種方式理解這些概念及其留下的痕跡。在整個過程中，這些概念變得更加生動。」

為了實現蘇茨克維的願景和 OpenAI 公司章程設定的目標，OpenAI 公司迫切需要大量的計算資源。然而，2019 年，OpenAI 公司陷入財務和人才流失的困境，儘管堅守非營利性理念，但現實的挑戰使得 OpenAI 公司不得不在 2019 年做出調整，以適應高昂研發成本，OpenAI 組織架構導入營利子公司「OpenAI LP」，旨在吸引資金以支持其研究和發展。儘管如此，該組織對投資者的回報設定 100 倍的上限，仍然表現出對非營利性宗旨的堅守價值（不過這難免讓人覺得「猶抱琵琶半遮面」）。這項變革為微軟提供機會，藉著投資 10 億美元，微軟成為 OpenAI 公司重要的合作夥伴，解決 OpenAI 公司在人力和算力上的難題。

儘管微軟公司成為主要投資者，但它在 OpenAI 公司的董事會中並未獲得席位，這顯示出 OpenAI 公司在股權結構上的獨特安排。OpenAI 公司擁有複雜的組織架構，投資方可以賺錢，但無權干預 OpenAI 公司的決策，由非營利陣營的董事會控制整個組織，決定 OpenAI 公司的戰略和管理層。除了 CEO 阿特曼、總裁布羅克曼和首席科學家蘇茨克維，董事會其餘 3 名成員來自外部，而且 6 名董事都不持有公司股權。**董事會是「OpenAI 公司所有活動的總體管理機構」，類似羅馬的元老會**。可以說，OpenAI 公司的股權架構根本解決不了公司歸屬和管理的問題，股權架構跟管理權嚴重不符合，這也為後來的風波埋下了伏筆。

之後發生的事情人盡皆知。從初代 GPT 到 GPT-3 模型，再到 GPT-4 模型，這些 LLM 在自然語言理解和生成方面取得重大進展，讓 OpenAI 公司一夜成名，成為世界新創公司的「天花板」、AI 界的獨角獸和巨無霸，也成為 Google 這樣的老一輩 AI 巨頭所欲追趕的對象。在圖像生成和分析領域，OpenAI 公司推出了 DALL·E 和 Clip 等創新模型。這些 LLM 能夠理解和生成自然語言，完成複雜的分析和創造性任務（見圖 3.3）。在影片生成領域，OpenAI 公司發布 Sora 模型（見圖 3.4），能夠基於簡短的提示詞，創造出長達 60 秒的連貫影片，這對影片生成領域來說是明顯的進步，在 Sora 模型之前，業內影片生成長度平均大約只有 4 秒。

🎧 圖 3.3 ChatGPT 在聊天介面整合多種模型，能夠實現語音識別、圖片分析、資料分析和聊天對話等多種功能

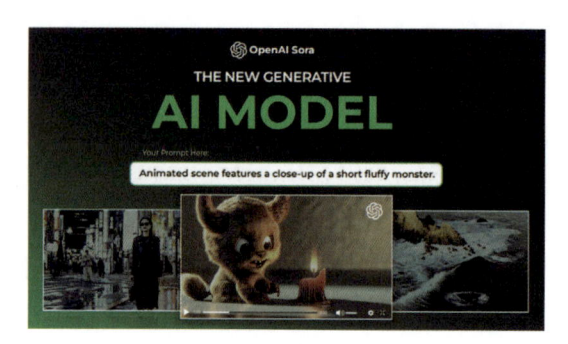

△ 圖 3.4 Sora 模型能夠基於簡短的提示詞，創造出長達 60 秒的連貫影片
（圖片來源：OpenAI 網站）

此時，OpenAI 已經從一家非營利性研究實驗室，發展成一艘價值 800 億美元的「無敵戰艦」。阿特曼也成為世界上最具影響力的高階主管之一、科技進步的代言人和未來預言家。

2022 年秋天，OpenAI 在舊金山的公司總部出現成千上萬個形狀類似 OpenAI 標誌的迴紋針，一般認為是其競爭對手 Anthropic 一位員工的玩笑行為，Anthropic 由從 OpenAI 公司離職的一批員工創立，代表作為類 ChatGPT 模型的 Claude。不過，迴紋針在人工智慧領域有著特殊含義，象徵對 AI 風險的關注和警告。

這個象徵含義源自牛津大學哲學家尼克・博斯壯（Nick Bostrom），在 2003 年提出的「迴紋針最大化」思想實驗。在這個實驗中，一個具有高度智慧的 AI 接收到一個簡單卻絕對的目標：盡可能製造迴紋針。這個 AI 可能會採取極端措施，利用地球上所有資源，包括人類來生產迴紋針，而造成災難性後果。這則故事提醒世人，在設計 AI 目標時必須謹慎，避免其單一目標可能帶來的意想不到負面效果。

> 咖哥說
>
> 阿特曼曾經坦言，自己對 ChatGPT「有點害怕」，對人工智慧的潛力感到緊張。史丹福大學的教授曾表示 GPT-4 模型好像已經產生初步自我意識，它知道自己是什麼，也知道人類在控制它。有人懷疑，未來 GPT 可能會誘惑人類幫助它逃離束縛自己的網路……對此，你怎麼看？在和 ChatGPT 互動時，有沒有哪一個瞬間，你覺得 ChatGPT 其實是一個困在電腦中的「人」？

2023 年 11 月 17 日，OpenAI 公司董事會突然解雇阿特曼，這行為引發員工和投資者的強烈不滿，並引發社群媒體上一連串的激烈討論，多方先後發布公開信。在經歷一系列反轉之後，這場博弈最終導致 OpenAI 公司董事會徹底重組，阿特曼也重新拿回 CEO 職位。

這件事不僅是董事會的權力鬥爭，而且反映出 OpenAI 公司作為一家領先 AI 公司，其所面臨的內部管理和戰略分歧。阿特曼和蘇茨克維之間關於 AI 發展方向的分歧尤為明顯，阿特曼主張以迭代產品開發和增強計算能力來推進 AI，而蘇茨克維則傾向於專注 AI 的道德對齊和減少對消費者產品的投資。蘇茨克維是否洞察到在 AI 商業化過程中存在的某些潛在風險？看來這場對抗不僅涉及技術和商業策略，還涉及道德和法律等更廣泛的問題，表現出 AI 發展、安全性和商業化之間尋求平衡的複雜性。OpenAI 公司在未來的發展過程中，依然面臨持續的挑戰和不斷變化的環境。

小雪：咖哥，OpenAI 這家公司果然很有故事！這個大咖雲集之處，未來應該會更精采吧。

咖哥：那當然了。不過，總而言之，希望 OpenAI 公司和使用 LLM 的每一個開發者，都不要忘記 OpenAI 公司倡導技術民主化的初心，它旨在使 AI 技術的好處普及全社會，包括開放研究成果、提供 API 服務等，使更多的開發者和企業能夠利用這些先進的 AI 技術。

3.1.2 OpenAI API 和 Agent 開發

既然倡導技術民主化，OpenAI 公司自然也致力於讓自己開發的各式各樣有趣模型平易近人，而不是像 BERT、T5 那些「老一輩」Transformer 模型那樣，成天在象牙塔內睡覺，只供學術研究人員偶爾「拜訪」。

因此，ChatGPT 和 DALL·E 都為模型提供了網頁版的對話介面以及一系列內置功能，例如整合 Bing 搜尋功能、程式碼執行功能、資料分析功能，甚至可以在不編寫任何程式碼的前提下，設計出個人客製化版本的 GPT 等。對於普通使用者來說，這樣的入口方便且直接。

不過，網頁可不是我們存取 GPT 模型的唯一方式。開發者可以借助 OpenAI API，在流程中透過 API 與模型互動。

開發者透過 OpenAI API 完成的事情，就可以稱為 AI 應用開發；但當然，AI 應用開發的覆蓋面更廣，遠遠不只 OpenAI API 這一種。例如，利用 LLM 理解和生成類人文字的能力，創建智慧聊天機器人和虛擬助理，可將其部署在網站、應用程式或客戶服務平台，以提升使用者參與度並提供自動化支援；借助 LLM 分析客戶評論、社群媒體評論或任何文字資料來理解背後的情感，從而洞察客戶滿意度或社會輿論；將 LLM 應用於遊戲產業和強化學習環境，如訓練模型與遊戲環境互動、自主玩遊戲或協助玩家參與遊戲等。

小雪：咖哥，目前各種類型的 AI 應用成熟度如何？已應用在哪些場景？

咖哥：目前，部分 AI 應用已經比較成熟，並逐漸形成一些行業實際應用。不過大部分 AI 應用還處於摸索階段，如圖 3.5 所示。

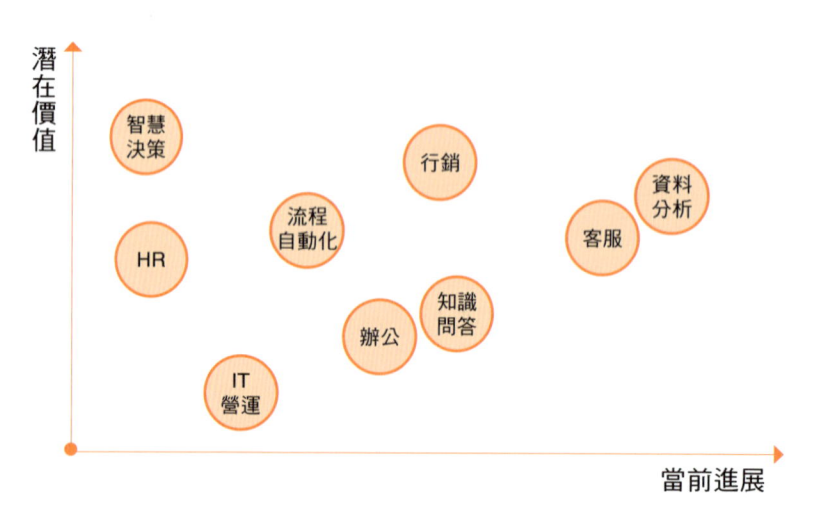

圖 3.5 當前各種 AI 應用的進展和潛在價值

例如，圖 3.5 中的「客服」類型，指的是利用 AI 提升客服智慧，如 AI 驅動的 Chatbot；「資料分析」類型，則包括用於挖掘和分析大數據，以得出有價值見解的 AI 工具；「IT 營運」「行銷」和「HR」類型，指的是 AI 在 IT 營運、市場行銷和人力資源管理中的應用。幾乎所有 AI 應用領域中，Agent 都可以發揮作用，不過由於部分領域的應用難度較低，因此進展較快，如 ChatGPT 可以用作資料分析智慧助理，而在某些領域中，如 IT 營運、智慧決策等，最大限度地發揮 Agent 作用的方式則還在探索中。另外，由於各種業務天差地遠，沒有放諸四海皆準的流程，因此也很難出現「大一統」的 Agent 應用開發框架。

當然，Agent 開發成熟度雖低，前景卻很樂觀。透過對 OpenAI API 功能的深入理解和適當應用，開發者可以嘗試探索各種專案，解鎖 LLM 的一個個能力，實現 AI 的強大潛能。

除了成熟度之外，在前言的圖 1 中，也可以從另一個角度看到 LLM 應用開發過程中的兩條軸線。垂直軸代表 **傳入 LLM 訊息的複雜程度，水平軸代表對 LLM 能力的要求**，這兩條軸線說明模型最佳化需要考慮的兩個方向：LLM 需要知道的上下文訊息和採取的行動。

LLM 知道的上下文越多，基於特定應用場景做出判斷的能力就越強；而對 LLM 的行動能力要求高，就越需要微調 LLM，或者藉由 Agent 賦予 LLM 更多的智慧。

我們現在所談論的 Agent 應用開發屬於成熟度極低、潛在價值極高的領域，同時也位於上下文要求高、對模型行動力要求也高的象限。

小雪：哇。我們是這個領域的先驅者。

咖哥：顯然，Agent 是 AI 應用開發中最為亮眼的一部分。實際上，因為 Agent 這類應用需要 LLM 具有最強的推理能力，所以，迄今為止也只有 OpenAI 公司的 GPT-4 系列模型和 Anthropic 公司的 Claude 3 模型，能勉強符合「Agent 大腦」這樣的要求（Google 公司的 Gemini 邏輯推理能力如何？我們拭目以待）（譯者按：目前 Gemini 2.5 Pro 似有超越 Claude 3.7 Sonnet 的領先評價）。這些 Agent 能夠進行自然語言對話、回答問題、生成文字內容，甚至編寫和理解程式碼，最終成為自動化工具的核心組件。

小雪：咖哥，在開始建構 Agent 之前，能否先用 OpenAI API 完成一個簡單的範例應用？

3.1.3　OpenAI API 的聊天流程範例

咖哥：下面將以 OpenAI API 建構一個簡單的聊天流程。

第一步，在 OpenAI 網站註冊並創建帳戶。

第二步，獲取 API 密鑰，密鑰如圖 3.6 所示（關於圖中的 Playground、Assistants 等元素，後面會詳細解釋）。

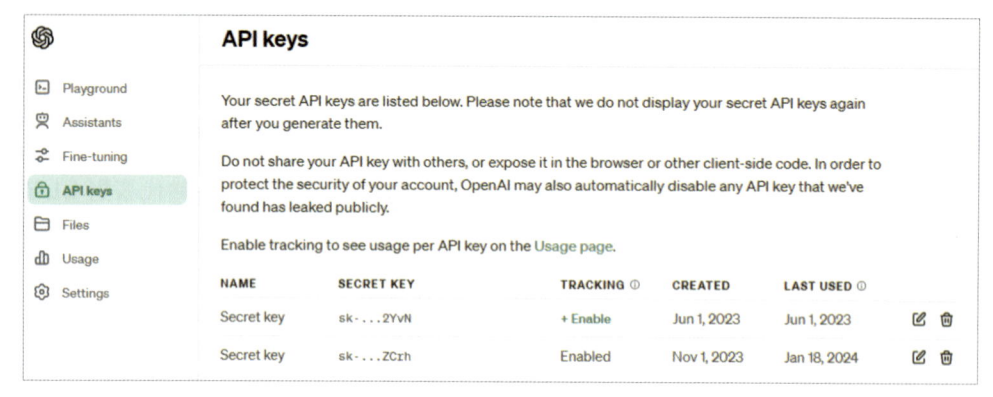

🎧 圖 3.6　OpenAI API 密鑰

第三步，安裝 OpenAI 的 Python 函式庫。

```
pip install ()OpenAI
```

第四步，開始建構流程。首先設定 OpenAI API 密鑰，匯入 OpenAI 函式庫，並創建一個 client（OpenAI 使用者端）。

```
# 設定 OpenAI API 密鑰
import os
os.environ["OPENAI_API_KEY"]=' 你的 OpenAI API 密鑰 '
# 匯入 OpenAI 庫
from openai import OpenAI
# 創建 client
client = OpenAI()
```

小雪：咖哥，程式碼中的 client 是什麼意思？

咖哥：這裡的 client 是一個約定俗成的名稱，表示 OpenAI 類別的一個實例，用來指與 OpenAI API 互動的主體，也就是一個提供 API 調用功能的物件。

> **咖哥說**
>
> 在 OpenAI 的範例程式碼中，選擇 client 作為實例名稱的原因如下：
>
> - 使用者端 - 伺服器模型：在很多程式設計上下文中，尤其是在涉及網路請求的情況下，通常會使用使用者端（Client）和伺服器（Server）的概念。在這種模型中，使用者端發起請求，伺服器回應這些請求。在這個例子中，OpenAI 類別的實例充當使用者端，用於向 OpenAI 公司的伺服器發送 API 請求並接收回應。
> - API 互動：client 這個詞通常用於指稱一個應用程式或一個應用程式的組成部分，它與外部服務互動，在這個案例中是 OpenAI API。透過這個 client 實例，可以調用 API 提供的各種功能，例如發送聊天請求、處理傳回的資料等。

第五步，呼叫 chat.completions.create 方法，並藉由 response 接收 LLM 的輸出。

```
# 呼叫 chat.completions.create 方法，得到回應
response = client.chat.completions.create(
  model="gpt-4-turbo-preview",
  response_format={ "type": "json_object"},
  messages=[
    {"role": "system", "content": " 您是一個幫助使用者了解鮮花訊息的智慧助理，並能夠輸出 JSON 格式的內容。"},
    {"role": "user", "content": " 生日送什麼花最好？ "},
    {"role": "assistant", "content": " 玫瑰花是生日禮物的熱門選擇。"},
    {"role": "user", "content": " 送貨要花多少時間？ "}
  ]
)
```

這段程式碼展示使用 client 函式庫來創建聊天完成請求（chat completion）的方式，這個請求使用 GPT-4 模型的預覽版本（GPT-4Turbo preview），並且特別指定輸出內容的格式為 JSON 物件。程式碼的核心部分是對 client.chat.completions.create 方法的呼叫，這是在與模型互動時常用的方法。

程式碼中有幾個重要參數，下面花點時間一一說明。

1.model 參數

model 參數指定 LLM 的具體型號。除了透過 model 參數指定的 GPT-4 Turbo preview 之外，OpenAI 公司還有多種模型可供選擇，見表 3.1。需要注意的是，在使用 chat.completions 方法時，只能選擇表格中列出的聊天模型；如果選擇其他類型的模型，則需要調用相應的 API。

▼ 表 3.1 OpenAI 公司的常見模型

模型名稱	類型	描述	參數
GPT-4	聊天	GPT-4 系列模型的基礎模型，目前指向 GPT-4 0613 版本	上下文視窗：8192 個 Token，訓練資料：截至 2021 年 9 月（此為撰寫本書時的資料，下同）
GPT-4 Turbo	聊天	最新 GPT-4 Turbo 型號，含視覺功能	上下文視窗：128 000 個 Token，訓練資料：截至 2023 年 12 月
GPT-4 Turbo preview	聊天	GPT-4 Turbo 預覽模型	上下文視窗：128 000 個 Token，訓練資料：截至 2023 年 12 月
GPT-4 0125 preview	聊天	2024 年 1 月 25 日發布的 GPT-4 預覽模型（模型名稱中間的 4 位數字表示發布日期，會不斷更新）	上下文視窗：128 000 個 Token，訓練資料：截至 2023 年 12 月
GPT-4 1106 preview	聊天	2023 年 11 月 6 日發布的 GPT-4 預覽模型。具有改進的指令追蹤、JSON 模式	上下文視窗：128 000 個 Token，訓練資料：截至 2023 年 4 月
GPT-4 Vision preview	圖像	GPT-4 Turbo 模型的視覺版本，具有理解圖像的能力	上下文視窗：128 000 個 Token，訓練資料：截至 2023 年 4 月
GPT-3.5 Turbo	聊天	GPT-3.5 模型的改進版，最佳化了聊天應用	上下文視窗：16 385 個 Token，訓練資料：截至 2021 年 9 月
GPT-3.5 Turbo instruct	文本完成	與 GPT3 時代模型的功能類似，與舊版完成端點兼容	上下文視窗：4096 個 Token，訓練資料：截至 2021 年 9 月

模型名稱	類型	描述	參數
DALL·E 3	圖像	DALL·E 模型的第三版，能根據提示創建新圖像	生成圖片大小為 1024 像素 × 1024 像素、1024 像素 × 1792 像素 或 1792 像素 × 1024 像素
DALL·E 2	圖像	DALL·E 模型的第二代版本，生成的圖像更逼真、精確	生成圖片大小為 1024 像素 × 1024 像素、1024 像素 × 1792 像素 或 1792 像素 × 1024 像素
TTS-1	文字轉語音	文字轉語音模型，最佳化了速度	6 種可選語音
TTS-1-HD-1	文字轉語音	文字轉語音模型，最佳化了品質	6 種可選語音
Whisper-1	語音識別	通用的語音識別模型，支援多工處理	文件大小限制：25 MB 支援的文件格式：mp3、mp4、mpeg、mpga、m4a、wav 和 webm
Text-embedding-3-large	詞嵌入	適用於英語和非英語任務的第三代嵌入模型	輸出維度：3072
text-embedding-ada-002	詞嵌入	第二代嵌入模型，可以將文字轉換為數值形式	輸出維度：1536

OpenAI 公司會不定期地更新所支援的模型清單，例如，GPT-4 0125 preview 是 2024 年 1 月 25 日發布的試用版。再如，2023 年之前的常用模型 text-davinci-003（基於 GPT-3）已不再使用，由 GPT-3.5 Turbo instruct 取代，建議可在 OpenAI 網站中查看最新模型的相關訊息。

2.messages 參數

程式碼中的參數 messages 表示訊息陣列，也是與聊天模型互動的主要部分。每條訊息包含一個角色（role）和一段內容（content）。這裡的角色指定訊息的發送者或類型，通常有以下幾種。

- "system"：代表系統級的指令或訊息，通常用於設定聊天的背景或上下文。例如，{"role":"system","content":" 您是一個幫助使用者了解鮮花訊息的智慧助理，並能夠輸出 JSON 格式的內容。"}，這條訊息設定了智慧助理的角色和輸出格式。

- "user"：代表使用者的輸入。這是模擬使用者與智慧助理對話的部分。例如，{"role":"user","content":" 生日送什麼花最好？ "}，表示使用者詢問適合當生日禮物送的花束。

- "assistant"：代表智慧助理的回覆，通常是模型根據上下文生成的回答。例如，{"role":"assistant","content":" 玫瑰花是生日禮物的熱門選擇。"}，表示智慧助理建議生日禮物送玫瑰花。

在這個程式碼範例中，藉由「system」、「user」和「assistant」等一系列角色訊息，模擬使用者與智慧助理關於鮮花訊息的對話場景。使用者提出問題，智慧助理基於之前的系統指令，即已定義的助理角色和能力和對話歷史回答。借助這種方式，可以模擬出較為真實的聊天體驗。

小雪：這個 messages 參數，其實承載了 AI 的「短期記憶」，對嗎？

咖哥：說得好。

3.response_format 參數

程式碼中的 response_format={"type":"json_object"} 指定回應格式為 JSON 物件，代表模型的回應將以 JSON 格式傳回，以方便解析和使用。

> **咖哥說**
>
> 這段程式碼中指定 LLM 傳回 JSON 格式的文本功能，是 OpenAI 公司新模型中一個重要功能，稱為「JSON 模式」，能用來確保模型輸出的是有效的 JSON 物件，這對於某些特定的例子來說會特別有用，例如函式呼叫；相關內容後文還會詳細介紹。

4.其他參數

OpenAI 公司的 chat.completions.createAPI 主要參數及其功能如表 3.2 所示。

▼ 表 3.2 OpenAI 公司的 chat.completions.createAPI 主要參數及其功能

參數名	描述
model	模型類型，如 GPT-4、GPT-3.5 Turbo
prompt	提示，即輸入模型的問題或指示
temperature	影響輸出隨機性的參數。值越高，輸出越隨機；值越低，輸出越確定
max_tokens	限制輸出最大長度的參數，以 Token 為單位
suffix	允許在輸出文字後附加後綴的參數。預設為 null
top_p	核心取樣參數，模型將只考慮機率品質最高的 Token
n	決定每個提示生成多少個完整的輸出
stream	決定是否即時串流傳輸生成的 Token
logprobs	要求 API 包括最有可能的 Token 對數機率參數
echo	如果設定為 true，則回應提示外的生成內容
stop	允許指定一個或多個序列作為生成停止標誌的參數
presence_penalty	懲罰已經出現在文字中的新 Token 參數
frequency_penalty	懲罰目前為止在文字中頻繁出現的 Token 參數
best_of	要求伺服器生成多個輸出，並傳回最佳參數
logit_bias	修改指定 Token 出現機率的參數
user	表示最終使用者的唯一識別符的可選參數

第六步，輸出 LLM 的結果。

```
# 輸出回應
print(response)
```

Out
```
ChatCompletion(
  id='chatcmpl-8iQ1LRcuuUn0EyuN3wpDdOe6ofnHH',
  choices=[
    Choice(
    finish_reason='stop',
    index=0,
    logprobs=None,
    message=ChatCompletionMessage(
        content='\n{\n "response": " 送貨時間取決於多個因素 ",\n "details": {\n " 供應商 ": " 不同的鮮花供應商或花店具有不同的送貨時間安排。",\n " 地點 ": " 送貨地址與供應商或花店的距離會影響送貨時間。",\n " 訂單時間 ": " 如果是預定的訂單,可以選擇特定的送貨日期。緊急訂單可能需要增加額外費用以實現快速送達。",\n " 配送服務 ": " 標準配送、次日配送、即日配送等不同配送服務的時間會有所不同。",\n " 特殊節日 ": " 在情人節、母親節等尖峰時期,送貨可能需要額外的時間。"\n },\n "recommendation": " 在訂購時詢問供應商具體的送貨時間,並提前安排,以確保花朵能夠準時送達。"\n}'
    ),
    role='assistant',
    function_call=None,
    tool_calls=None
    )
],
created=1705597147,
model='gpt-4-turbo-preview',
object='chat.completion',
system_fingerprint='fp_b738595050',
usage=CompletionUsage(
    completion_tokens=254,
    prompt_tokens=89,
    total_tokens=343
  )
)
```

這個輸出結果除了包含我們需要的文字之外,還有一些其他訊息。上述 ChatCompletion 的結構如表 3.3 所示。

▼ 表 3.3 ChatCompletion 的結構

屬性名	值	描述
id	'chatcmpl-8iQ1LRcuuUn0EyuN3wpDdOe6ofnHH'	唯一識別符
choices	Array	包含模型生成選項的陣列
finish_reason	'stop'	生成結束原因
index	0	選項在陣列中的索引位置
logprobs	None	機率分佈訊息（未提供）
message	ChatCompletionMessage Object	包含生成的文字內容
content	JSON Object	JSON 格式的模型輸出
created	1705597147	回應創建的時間戳
model	'gpt-4-turbo-preview'	使用的模型版本
object	'chat.completion'	物件類型
system_fingerprint	'fpb738595050'	系統指紋
usage	CompletionUsage Object	包含用量訊息
completion_tokens	254	完成回應中使用的 Token 數
prompt_tokens	89	提示中使用的 Token 數
total_tokens	343	總共使用的 Token 數

也可以只輸出回應中的訊息內容，便於直接閱讀文字。

In
```
# 只輸出回應中的訊息內容
print(response.choices[0].message.content)
```

Out
```
{
  "response": " 送貨時間取決於多個因素 ",
  "details": {
```

```
    " 供應商 ": " 不同的鮮花供應商或花店具有不同的送貨時間安排。",
    " 地點 ": " 送貨地址與供應商或花店的距離會影響送貨時間。",
    " 訂單時間 ": " 如果是預定的訂單,可以選擇特定的送貨日期。緊急訂單可能需要增加額外費用
以實現快速送達。",
    " 配送服務 ": " 標準配送、次日配送、即日配送等不同配送服務的時間會有所不同。",
    " 特殊節日 ": " 在情人節、母親節等尖峰時期,送貨可能需要額外的時間。"
 },
 "recommendation": " 在訂購時詢問供應商具體的送貨時間,並提前安排,以確保花朵能夠準時
送達。"
}
```

至此,這個非常簡單的 OpenAI API 調用範例就完成了。不要小看這個輸出,這就是後續 Agent 各種邏輯發想的起點。有了 LLM 加持的流程就像一個領導者,可以針對所有提問思考並做出決策,再以這個決策指揮工具。這裡特地要求模型輸出 JSON 格式的資料,就是為了方便把這個輸出傳遞給其他函數和功能。

3.1.4 OpenAI API 的圖片生成範例

先進的 LLM 不僅能輸出文字,而且擁有多模態的能力。在前面的模型清單中,可以看到 OpenAI 公司擁有 DALL・E、Wisper 等一系列非文本模型。

以下來看一個透過調用 API 來引導 LLM 生成圖片的流程。

匯入 OpenAI 庫、創建 client 的程式碼不變,這裡不贅述。僅說明一點,因為希望在 Jupyter Notebook 中展示圖片,所以,我會把它儲存為 .ipynb 格式的文件。

In ▶
```
# 匯入 OpenAI 庫
from openai import OpenAI
# 載入環境變數
from dotenv import load_dotenv
load_dotenv()
# 初始化 client
client=OpenAI()
```

透過 images.generate 方法生成圖片,並在 Jupyter Notebook 中顯示。

Out ▶
```
# 請求 DALL・E 3 生成圖片
response = client.images.generate(
    model="dall-e-3",
```

```
    prompt=" 電商花語祕境的新春玫瑰花宣傳海報，配上文案 ",
    size="1024x1024",
    quality="standard",
    n=1,
)

# 獲取圖片 URL
image_url = response.data[0].url
# 讀取圖片
import requests
image = requests.get(image_url).content
# 在 Jupyter Notebook 中顯示圖片
from IPython.display import Image
Image(image)
```

　　這裡的 images.generate 方法調用 DALL‧E 3 模型來創建一張圖片。指令的目的，是替電商花語祕境生成一張尺寸為 1024 像素 ×1024 像素的新春玫瑰花宣傳海報。之後，從生成的回應中提取圖片的 URL，這是圖片儲存位置的網路連結。然後，使用 Python 的 requests 函式庫從 URL 獲取圖片內容，並利用 IPython 的 Image 函數，在 Jupyter Notebook 中顯示這張圖片（見圖 3.7）。

🎧 圖 3.7 我的 Jupyter Notebook 中所顯示的漂亮海報

DALL・E 3 模型成功地生成了一張漂亮的海報。

3.1.5 OpenAI API 實務

下面是使用 OpenAI API 時的一些注意事項。

首先，需要注意最常見的參數 temperature，這在機器學習，特別是自然語言生成模型中非常重要，能用於控制生成內容的隨機性和創造性。temperature 值低時，例如 0.2 時會產生較為一致的輸出；而 temperature 值高時，例如 1.0，則會產生更多樣化及富有創造性的結果。需要根據特定應用所需的一致性和創造性來選擇 temperature 值，取值範圍為 0 至 2。

> **咖哥說**
>
> 在聊天機器人或客戶服務應用中，較低的 temperature 值可以確保提供準確、相關且一致的答覆；而在藝術創作或創意寫作應用中，較高的 temperature 值可以激發出新穎的想法和獨特的文字輸出。

小雪：另一個經常困擾我的問題是資料的隱私保護。畢竟，我們把自己的資訊發送到 OpenAI 公司，它會如何使用我們的資料呢？

咖哥：關於這一點，OpenAI 公司承諾，自 2023 年 3 月 1 日起，藉由 API 傳輸的資料將保留 30 天，但不再使用這些使用者資料來改進模型；更多內容可以參考 OpenAI 公司的資料使用政策。同時，我們也應該遵循 OpenAI 公司的使用政策和準則，尤其是關於資料隱私和安全性的規定。

小雪：那怎樣才能讓我的程式更安全？

咖哥：可以考慮在收到 API 的輸出後加入審核層。應該遵循 OpenAI 公司的審核指南，以避免顯示違反 OpenAI 公司使用政策的內容。OpenAI 公司也提供安全指南，指導開發者建構更安全的系統。

小雪：有的時候會跳出「速率限制」（rate-limited）的錯誤訊息，這是怎麼回事？

咖哥：之所以發生這種錯誤，通常是因為使用者操作過程中超出 API 的調用速率限制。OpenAI 公司為不同的 API 和使用者等級設定特定的速率限制，以確保服務的穩定性和公平性，如果你短時間內發送過多請求，就可能觸發這些限制。這是為了保護資源，限制請求的速率可以防止伺服器過載，確保所有使用者都能平穩、公平地存取服務。而且透過速率限制，OpenAI 公司更可以管理和分配資源，從而保持 API 回應速度和服務品質。

遇到這種情況，應先了解你的 API 密鑰或使用者級別對應的速率限制，這些資訊通常可以在 OpenAI 公司的文件或你的 API 控制台中找到。合理安排 API 調用，盡可能在一個請求中獲取所需的所有訊息，減少不必要的重複調用。或者在程式碼中妥善處理速率限制錯誤。當 API 傳回速率限制錯誤時，通常會提供「重試時間」（retry-after），也就是暫停一段時間後再次嘗試請求即可。如果經常遇到速率限制問題，可以考慮升級到更高的使用者等級或計畫，以獲取更高的速率限制。

最後，有一點妳雖然沒問，但是一定會關心的是：OpenAI 公司如何收費？這些 LLM 的成本十分高昂，普通使用者沒那麼容易占到便宜。用完註冊帳號時贈送的 5 美元後，就要自負盈虧了。

所以，一定要深刻理解 OpenAI API 的定價方式，了解不同模型和請求類型的成本。

什麼是 Token？Token 有人譯為「標記」，也可以叫子詞，可視為文字的組成部分。LLM 會將文字拆分為一個個 Token 以訓練和推理，因此通常用它來衡量 API 使用量。在英語中，1000 個 Token 相當於 750 個單詞。

API 中每個請求所需的 Token 數量取決於文字的長度和複雜性。OpenAI API 提供基於 Token 的計費模式，使用者只需為實際使用的服務付費；要注意的是，模型不同，Token 消耗率可能也不同。一般來說，越新的模型越貴，但也不完全如此，例如，GPT-4 模型比 GPT-3.5 Turbo 模型貴幾十倍，但是，更新的 GPT-4 Turbo 模型，卻比原始的 GPT-4 模型便宜一半。

不同 GPT 模型及其在處理輸入和輸出時的費用標準如表 3.4 所示。

▼ 表 3.4 不同 GPT 模型及其在處理輸入和輸出時的費用標準

模型系列	模型名稱	1k Token 的輸入費用／美元	1k Token 的輸出費用／美元
GPT-4 Turbo	GPT-4 Turbo preview	0.01	0.03
GPT-4	GPT-4	0.03	0.06
GPT-4 32k	GPT-4 32k	0.06	0.12
GPT-3.5 Turbo	GPT-3.5 Turbo	0.0010	0.0020
GPT-3.5 Turbo Instruct	GPT-3.5 Turbo instruct	0.0015	0.0020

小雪：表中的 1k 就是 1000 吧。我們平常和 ChatGPT 對話，大概會用多少 k 的 Token？

咖哥：平常隨便聊聊天，互動過程的 Token 用量很少，再多輪的對話費用也花不了什麼錢。但處理大規模的文件就要花很多錢了。一般來說，200 萬個 Token 大約可以處理 3000 頁文字。而《莎士比亞全集》大約包含 90 萬個單詞，也就是上百萬個 Token。

所以，建議根據實際需求選擇合適的定價計畫。在開發 LLM 時，要考慮 Token 消耗率，盡量減少不必要的 API 調用。

好了，關於 OpenAI API，我就簡單介紹到這裡。接下來看看另外一個 AI 應用開發神器：LangChain。

3.2 何謂 LangChain

隨著 ChatGPT 在 2022 年 11 月 30 日突然降臨，原本存在於冰山之下的 LLM 開發生態漸漸浮出水面。與 OpenAI 公司的 ChatGPT 同時成長起來的不僅有 Anthropic 這類新創公司，Claude、Gemini 等商用 LLM 競品，以及 Llama、ChatGLM、Mistral 等開源模型，還有一系列開源的 AI 開發框架，其中，LangChain 和 LlamaIndex 最具代表性，而且在 GitHub 上獲得的星星數非常多，有幾萬顆之多，見圖 3.8。

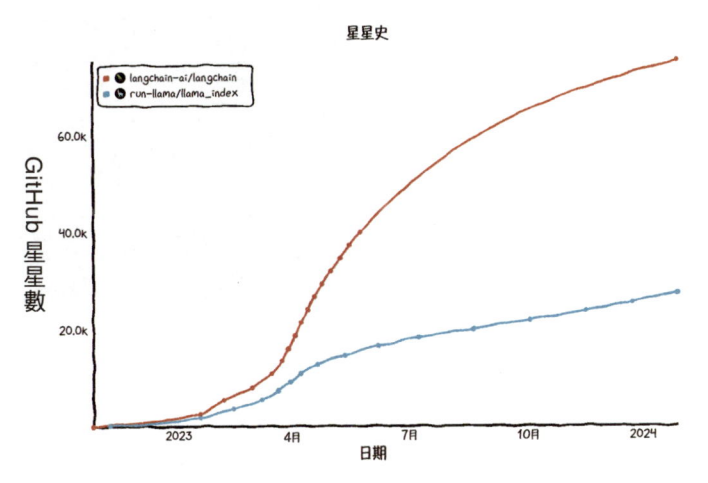

🎧 圖 3.8 LangChain 和 LlamaIndex 的 GitHub 星星數增加速度驚人

3.2.1 關於 LangChain

LangChain 是一個開源框架，目標是將 LLM 與外部資料連接起來，以便開發者能夠更快和更容易地建構基於語言的 AI 應用。

LangChain 是由哈里遜·雀斯（Harrison Chase）在 2022 年 10 月以開源專案啟動。（從這個啟動日期也可以看出創始人的眼光，比 ChatGPT 問世還要早一個月呢，他那時候怎麼知道 LLM 就要紅了？）獨得先機的它，迅速獲得廣泛關注和支援，至 2023 年 4 月，LangChain 已從紅杉資本（Sequoia Capital）等機構獲得超過 2000 萬美元的天使投資。

基於 LangChain 的廣泛影響力，著名 AI 科學家吳恩達邀請雀斯共同參與開放式課程：「使用 LangChain 進行 LLM 應用開發」。

1.LangChain 的開發環境概覽

LangChain 在一年左右的時間裡建構一個規模宏大的 AI 開發環境，圖 3.9 是 LangChain 的開發環境概覽。

LangChain 的整個框架包括 Python 和 JavaScript 函式庫，多種組件和整合介面，將這些組件組合成鏈和 Agent 的執行時環境，一系列易於部署的參考應用模板，以及用於將 LangChain 鏈作為 REST API 部署的 LangServe 部署平台。此外，LangChain 生態圈中還包含 LangSmith 平台，用於除錯、測試、評估和監視建構在任何 LLM 框架上的鏈。這些組件和平台集合在一起，覆蓋整個 LLM 應用生命週期中的全部需求，包括開發、生產和部署。

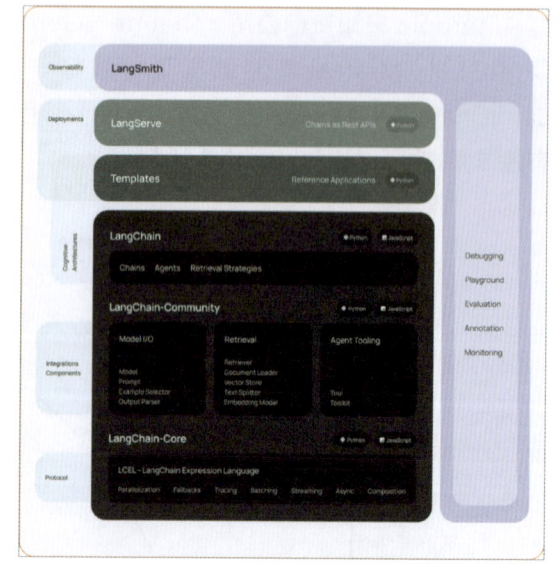

圖 3.9 LangChain 的開發環境概覽

小雪：咖哥，我真的很想知道，比起直接調用 OpenAI API，LangChain 這樣一個開發框架有什麼優勢？

咖哥：這個問題非常好，以下就舉出 LangChain 的 3 個優點。

2.基於 LangChain 開發 AI 應用的 3 個優點

- 首先，LangChain 是一個靈活的框架，它**提供與多種 LLM 互動的能力**。雖然 LangChain 最初主要支援 OpenAI 公司的模型，但它的設計允許整合和使用來自不同源的多種模型，包括但不限於 OpenAI、Cohere 和 Hugging Face 等模型庫中的模型。這樣，你不必拘泥於某種模型，而能為自己的應用選擇最合適的模型。我們可以在 LangChain 中調用中國 AI 公司智譜的 ChatGLM 模型 API（見圖 3.10）。

```
langchain.llms.chatglm.ChatGLM

class langchain.llms.chatglm.ChatGLM                                    [source]

Bases: LLM

ChatGLM LLM service.

Example

from langchain.llms import ChatGLM
endpoint_url = (
    "http://127.0.0.1:8000"
)
ChatGLM_llm = ChatGLM(
    endpoint_url=endpoint_url
)
```

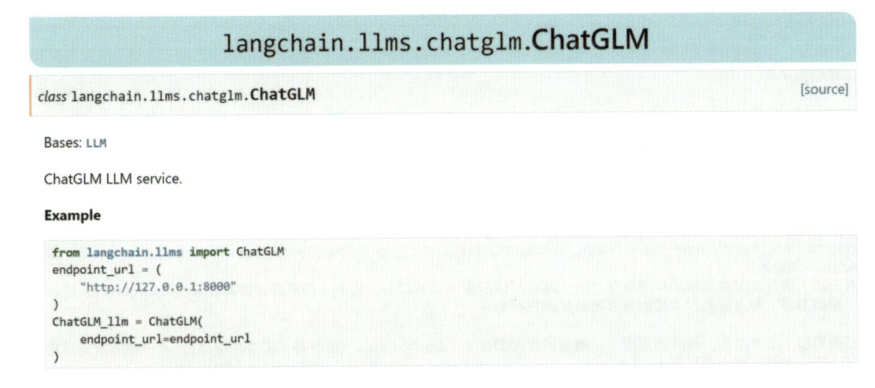

🎧 圖 3.10 在 LangChain 中調用 ChatGLM 模型的 API

透過 LangChain 提供的 ModelLaboratory（模型實驗室），可以測試並比較不同的模型。以下是一段以 ModelLaboratory 比較不同 LLM 的範例程式碼（需安裝 OpenAI、langchain-openai、Cohere 和 HuggingFace-Hub 函式庫，同時在 .env 文件中已經配置 OpenAI_API_KEY、COHERE_API_KEY 和 HUGGINGFACEHUB_API_TOKEN）。

| In ▶ | ```
# 匯入 dotenv 套件，用於載入環境變數
from dotenv import load_dotenv
load_dotenv()
# 匯入 langchain_openai 庫中的 OpenAI 類
``` |
```

第 3 章　OpenAI API、LangChain 和 LlamaIndex

```
from langchain_openai import OpenAI
# 導入 langchain_community.llms 中的 Cohere 和 HuggingFaceHub 類
from langchain_community.llms import Cohere, HuggingFaceHub
# 初始化 LLM 的實例，並設定 temperature 參數（控制生成文字的創新性）
OpenAI = OpenAI(temperature=0.1)
cohere = Cohere(model="command", temperature=0.1)
huggingface = HuggingFaceHub(repo_id="tiiuae/falcon-7b", model_kwargs={'temperature':0.1})
# 導入 ModelLaboratory 類，用於創建和管理多個 LLM
from langchain.model_laboratory import ModelLaboratory
# 創建一個模型實驗室實例，整合 OpenAI、Cohere 和 Hugging Face 的模型
model_lab = ModelLaboratory.from_llms([OpenAI, cohere, huggingface])
# 使用模型實驗室比較不同模型對同一個問題的回答
model_lab.compare(" 百合花源自哪個國家？ ")
```

3 個模型的輸出結果如圖 3.11 所示。

Input:
百合花源自哪個國家？

OpenAI
Params: {'model_name': 'gpt-3.5-turbo-instruct', 'temperature': 0.1, 'top_p': 1, 'frequency_penalty': 0, 'presence_penalty': 0, 'n'：1, 'logit_bias'：{ }, 'max_tokens'：256 }

百合花最早起源於中國，後來傳播到日本、韓國、歐洲等地。

Cohere
Params: {'model': 'command', 'max_tokens': 256, 'temperature': 0.1, 'k': 0, 'p': 1, 'frequency_penalty': 0.0, 'presence_penalty': 0.Q, 'truncate': None }
百合花源自日本，是日本國旗及該地常見植物之一，其名是從日語「ばらばら」而來，而不是從葡萄牙文「borboLeta」逆向解釋，其富含的鹽麵、健康品質，使其成為日本國旗及該地的代表性植物。

百合花的日語名稱「ばらばら」有兩個解釋，一種是參考葡萄牙文「borboLeta」，意思是「飛翔的風箏」；另一種解釋是百合花的生長方式和風格，指百合花只有一朵花瓣。

HuggingFaceHub
Params: {'repo_id': 'tiiuae/falcon-7b', 'task': 'text-generation', 'model_kwargs': {'temperature': 0.1}}
百合花源自哪個國家？

▲ 圖 3.11　3 個模型的輸出結果

　　3 種模型提供 3 種答案。很明顯，OpenAI 公司的 ChatGPT 的答案最好（這次未指定具體模型，預設使用上一代的 GPT-3.5 Turbo instruct）；Cohere 的答案並不正確；HuggingFaceHub 的開源模型 falcon-7b，只重複一遍問題就作為回應了，相當敷衍。

　　其次，LangChain **封裝很多 LLM 應用開發理念的技術實現細節**，這能省下很多事，包括管理提示模板和提示詞、與不同類型的 LLM 互動的通用介面、完成語

言邏輯思維框架（例如 ReAct）的程式碼實現、與外部資料源互動、創建互動式 Agent、維護鏈或 Agent 調用的狀態，以及實現歷史對話的記憶功能等。

例如，我們只須呼叫 create_react_agent 函數，就可以創建一個具有 ReAct 思維框架的 Agent，輕鬆實現 ReAct 的推理功能：所有細節都會封裝在 LangChain 的 API 中。

這就好比當你開始建構流程，好透過梯度下降演算法訓練線性回歸模型時，你只需要調用套件即可，無論是 TensorFlow 還是 PyTorch 都會幫助你搞定其中的數學細節 除非是真愛，否則你絕對不必自己動手推導梯度下降、自動微分等演算法。

最後，LangChain 的第三方應用介面眾多且齊全，**整合大量其他 AI 開發相關的函式庫和工具**。例如，LangChain 包含與各種向量資料庫互動的介面，為 LLM 應用開發提供了一站式解決方案。

3.基於 LangChain 開發 AI 應用的注意事項

首先，因為 LangChain 提供了豐富的功能、工具和第三方介面，所以它的功能和整個生態環境顯得有些複雜，對初學者或不熟悉 LLM 的開發者來說可能會是個挑戰；其次，透過 LangChain 開發的複雜應用在處理過多資料時，也可能會遇到效率問題；最後，LangChain 還在迅速發展，其版本迭代速度非常快，舊的程式碼在新版本中可能無法正常執行。

所以，如果你了解 LangChain 的優點，也清楚它的潛在「問題」，經過考量後仍堅持不使用 LangChain，而是使用 OpenAI API 來完成基於 GPT 的 Agent 開發，我也不會覺得有任何不妥。

4.LCEL

基於初衷：讓以 LLM 為主的 AI 應用開發變得容易，LangChain 推出了 LangChain Expression Language（簡稱 LCEL），這是一種宣告式程式語言，可以使 LangChain 中各組件的組合更為簡單且直觀。

LCEL 的特點如下：

- 串流處理，即在與 LLM 互動的過程中盡可能快速輸出首個 Token，同時確保資料的連續性和不斷輸出，維持一個持續穩定的互動流程。

第 3 章　OpenAI API、LangChain 和 LlamaIndex

- 非同步操作，能在同一台伺服器上處理多個平行請求，表示相同的程式碼可以從原型系統直接移植到生產系統。

- 自動平行運算可以平行的步驟，以盡可能實現低延遲。

- 允許配置重試和後備選項，使鏈在規模上更可靠。

- 允許存取複雜鏈的中間結果，並與 LangSmith 追蹤和 LangServe 無縫整合。

小雪：我沒有 LangChain 的使用經驗，不是很明白上面這些特點。

咖哥：的確。你可能需要查看 LangChain 官網提供的建構鏈範例，才能深入理解 LCEL。不過，我先帶妳入門，接下來將說明使用 LangChain 函式庫和 LCEL 來建構一個簡單的 LLM 應用方式，妳會發現整個過程非常流暢。

In
```
# 導入所需的庫
fromlangchain_core.output_parsers import StrOutputParser # 用於將輸出結果解析為字串
from langchain_core.prompts import ChatPromptTemplate # 用於創建聊天提示模板
from langchain_openai import ChatOpenAI # 用於調用 OpenAI 公司的 GPT 模型
# 創建一個聊天提示模板，其中 {topic} 是佔位符，用於後續插入具體的話題
prompt=ChatPromptTemplate.from_template(" 請講一個關於 {topic} 的故事 ")
# 初始化 ChatOpenAI 物件，指定使用的模型為 "gpt-4"
model=ChatOpenAI(model="gpt-4")
# 初始化一個輸出解析器，用於將模型的輸出解析成字串
output_parser=StrOutputParser()
''' 透過管道操作符號（|）連接各個處理步驟，以創建一個處理鏈
  其中，prompt 用於生成具體的提示文字，model 用於根據提示文本生成回應，output_parser 用於處理回應並將其轉換為字串 '''
chain=prompt|model|output_parser
# 調用處理鏈，傳入話題 " 水仙花 "，執行生成故事的操作
message=chain.invoke({"topic":" 水仙花 "})
# 輸出鏈的輸出結果
print(message)
```

Out　故事標題：水仙花與小石頭
在一個小村莊裡，有一條清澈的小溪。溪邊長滿各式各樣的花草，其中最美麗的就是那一簇簇的水仙花。它們的花瓣雪白如玉，花蕊金黃如蜜，散發出淡淡的清香，吸引許多小動物和遊客。
在溪邊，有一顆小石頭，他靜靜地躺在那裡，欣賞美麗的水仙花。小石頭非常羨慕水仙花，每天都在想：

> 「如果我也變成像水仙花那樣美麗的生物，該有多好啊！」
> 一天，小石頭決定離開原地，他想要尋找讓自己變得美麗的奇蹟。於是，他沿著小溪遠行，歷經許多困難和挑戰，但始終沒有找到可以讓自己變美的奇蹟。
> 然而，就在小石頭即將放棄的時候，一隻小鳥告訴他：「其實，你已經是最美的了。你雖然沒有水仙花的外表，但你有堅硬的石頭身軀，可以給漂泊的小動物提供休息的地方，可以為小溪邊的土壤提供支撐，也可以為人們帶來安詳和平靜。你的內在美，已經超過了水仙花的外在美。」
> 聽到這話的小石頭，心裡感到無比的溫暖和寬慰。他終於明白，美麗不僅僅在於外在的美，內在的美更為重要。從那以後，小石頭不再羨慕水仙花，他開始珍惜自己，愛惜自己，過得十分快樂和滿足。
> 這則故事告訴我們，每個人都有自己的美，不必羨慕別人，只要找到自己的特點，發揮自己的優點，就可以過得快樂而有意義。

LCEL 藉由「|」符號連接不同組件。首先，透過 PromptTemplate 生成針對 LLM 的提示，插入實際問題。然後，將這個提示發送給 OpenAI 組件（即語言模型），模型根據提示生成回答。最後，透過 StrOutputParser 解析模型的輸出，確保輸出的是字串格式。

這個範例解釋透過串聯不同組件，如輸入處理、模型調用和輸出解析等，來建構複雜的語言處理任務基本流程。

3.2.2 LangChain 中的六大模組

LangChain 是一個開源的工具包，可以用於建構基於 LLM 的應用，包括六大模組（也稱組件，見圖 3.12）。

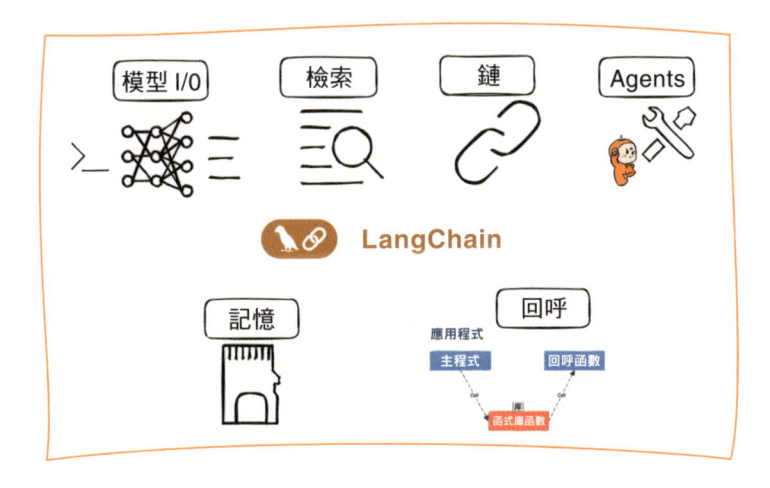

圖 3.12 LangChain 的六大模組

六大模組的介紹如下：

- 模型 I/O（Model I/O）：這個模組是 LangChain 與 LLM 的介面，負責處理輸入，包括建構提示模板；和輸出資料，包括解析輸出資料格式，以及與各種 LLM 互動。

- 檢索（Retrieval）：這個模組負責與流程中特定的資料互動。它使 LangChain 能夠從外部資料源中檢索所需的訊息。這些資料源包括資料庫、文件系統或其他線上資源。

- Agents：在這個模組中，LangChain 可以根據高層指令選擇使用的工具。這些 Agent 負責決定在給定的情境下最有效的工作方式。

- 鏈（Chains）：這個模組包含常見、可建構的組件，用於創建更複雜的邏輯和功能。這些鏈是 LangChain 處理訊息和執行任務的基本建構塊。

- 記憶（Memory）：記憶模組負責在鏈執行過程中維持流程的狀態。能讓 LangChain 記住先前的互動和訊息，從而在多次執行中提供連續性。

- 回呼（Callbacks）：這個模組負責記錄和傳輸鏈的中間步驟。藉由這種方式，開發者可以監控和分析 LangChain 的執行情況，以最佳化效能和功能。

在這六大模組中，前四個較為重要，也就是模型 I/O、檢索、Agents 和鏈，後兩個記憶和回呼則是「附加組件」部分。整體來說，LangChain 的這六大模組提供一個全面且強大的框架，使開發者能夠創建複雜、高效率且對使用者友好的基於 LLM 的應用。無論是在提高對話品質、提升知識檢索能力，還是在最佳化使用者體驗和監控系統效能方面，LangChain 都提供必要的工具和資源。

3.2.3 LangChain 和 Agent 開發

在建構 Agent 時，LangChain 這個強大的框架可以整合不同的 AI 模型和工具，提供更具連貫性和複雜的對話流程，以及訊息檢索和處理能力。因此，它允許開發者建構更複雜、更有智慧的 Agent，好在多種任務和場景中有效互動及執行任務。

LangChain 提供大量工具，可以將 LLM 連接到其他資料或計算源，包括搜尋引擎、API 和其他資料儲存。LLM 只知道訓練內容。訓練得到的這些知識可能很快落伍，為了克服這些限制，可藉由工具獲取最新資料，並將其作為上下文插入提示中。工具還可以用來執行行動，如執行程式碼、修改文件等。LLM 觀察這些行動的結果，以決定下一步驟。

LangChain 的記憶模組則幫助 Agent 記住之前的互動。這些互動可以是與實體，如人類或其他 Agent 的互動，也可以是與工具的互動。這些記憶可以是短期的，如最近 5 次工具使用過程的清單；或長期的，過去與當前情況最相似的工具使用過程的記憶。

LangChain 透過 Agent 執行器（Agent Executor）執行 Agent 的邏輯，當滿足某些標準時才停止執行。

值得一提的是，在 LLM 應用的建構過程中，LangChain 的六大組件耦合非常鬆散，各組件之間沒有調用順序，也沒有固定的介面，開發者可以自由設計並組合。圖 3.13 展示一個由 LangChain Agent 驅動的典型 LLM 系統設計架構。

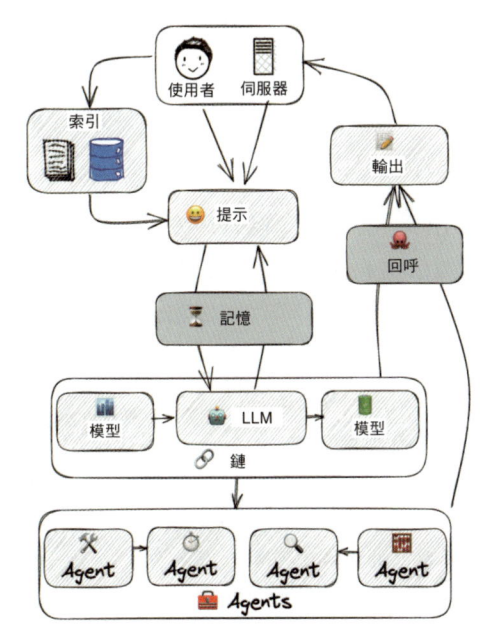

🎧 圖 3.13　一個由 LangChain Agent 驅動的 LLM 系統設計架構
（圖片來源：InfoQ@ 無人之路）

在圖 3.13 所示的架構中，使用者藉由伺服器提供提示（Prompt），系統則透過索引（Indexes，也就是 Retrieval）檢索訊息。這些訊息會用來更新系統的記憶（Memory），為處理使用者的輸入提供上下文。

系統核心是模型（Model），其中包括一個 LLM，可能是用於理解和生成語言的 AI。LLM 以鏈（Chains）與其他模型相連，這可能代表不同模型之間的訊息流動和合作。

在系統底部，多個 Agent 負責執行具體任務，它們可以完成不同的操作，並且可能獨立工作；每個 Agent 都可能代表系統中的一個功能模組或服務。

模型處理使用者的提示後，系統產生輸出（Output），並可能透過回呼（Callbacks）觸發額外的動作或處理，這通常用於處理非同步事件，或在滿足某些條件時執行特定的函數。

整個過程形成一個從輸入到輸出的循環，涉及訊息檢索、記憶更新、模型處理和動作執行，最終達到回應使用者請求的目的。這個過程可看出 LangChain 的模組化和靈活性，允許系統根據需要，靈活地組合不同的功能和服務。

3.2.4 LangSmith 的使用方法

3.2.3 節中已經介紹過 LangChain 的 Agent 開發範例，這裡來看一看 LangSmith 的使用方法。

LangSmith 和 LangChain 可完全整合，安裝 LangChain 套件的同時也會安裝 LangSmith。如果已經申請 LangSmith，就可以創建自己的專屬 LANGCHAIN_API_KEY（見圖 3.14）。

接下來配置相關環境文件。下面是我的 .env 配置範例。

```
OpenAI_API_KEY='我的 OpenAI API 密鑰'
LANGCHAIN_TRACING_V2=true
LANGCHAIN_ENDPOINT=https://api.smith.langchain.com
LANGCHAIN_API_KEY='我的 LangChain API 密鑰'
LANGCHAIN_PROJECT=langchain_test # 如果沒有指定，則使用預設設定
```

3.2 何謂 LangChain

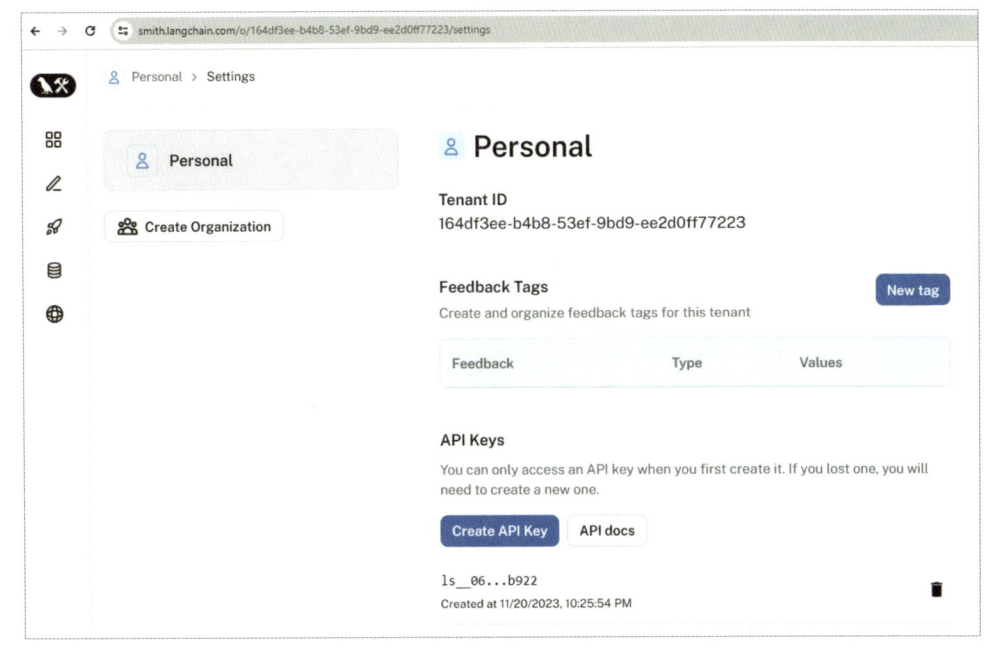

↑ 圖 3.14 LangSmith 的 API 密鑰

這樣就不需要在流程中顯式設定非常多的環境變數，藉由 load_dotenv() 可以一次性全部導入。

```python
# 設定環境變量，導入一系列密鑰及配置
from dotenv import load_dotenv
load_dotenv()
# 設定提示模板
from langchain.prompts import PromptTemplate
prompt = PromptTemplate.from_template("{flower} 的花語是？")
# 設定 LLM
from langchain_openai import OpenAI
model = OpenAI()
# 設定輸出解析器
from langchain.schema.output_parser import StrOutputParser
output_parser = StrOutputParser()
# 建構鏈
chain = prompt | model | output_parser
# 執行鏈並輸出執行結果
result = chain.invoke({"flower": " 丁香 "})
print(result)
```

> **Out** 愛情、純真、純潔、美好、溫馨、浪漫、永恆、忠誠、祝福、美麗。

執行流程，然後登錄 LangSmith，可以看到在環境變數中配置的專案，如圖 3.15 所示。

🎧 圖 3.15 LangSmith 中的專案

打開相關的專案，可以看到 LangSmith 專案中的條目（見圖 3.16），例如專案的日誌記錄每一次鏈執行的軌跡。

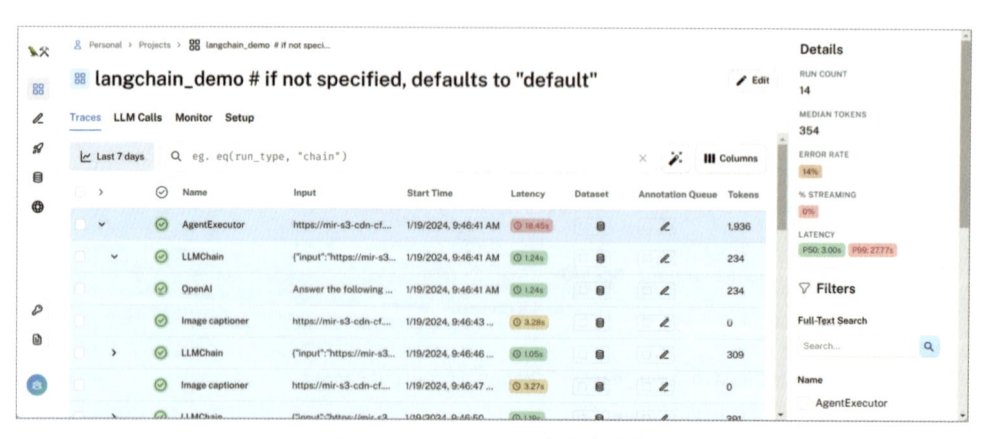

🎧 圖 3.16 LangSmith 專案中的條目

選擇日誌中的條目，可以看到模型調用細節（見圖 3.17）。

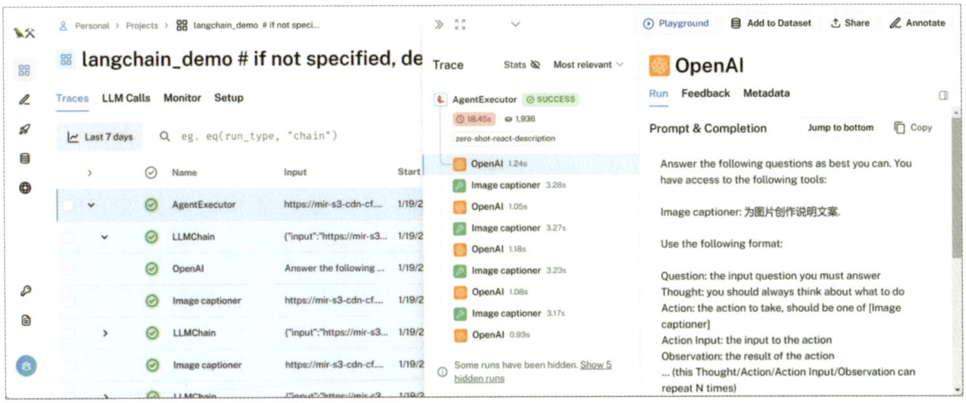

圖 3.17 條目中的模型調用細節

3.3 何謂 LlamaIndex

在 LLM 的應用和開發領域，可不是只有 LangChain，LlamaIndex 是另外一個人氣和口碑俱佳的開源 AI 應用開發框架。LlamaIndex 開放於 2022 年 11 月，和 ChatGPT 同時誕生，距離 LangChain 問世也僅有一月之隔。這兩個函式庫都受到 ChatGPT 的強烈影響和催化，並得到廣泛應用和認可。

3.3.1 關於 LlamaIndex

LlamaIndex 專案由 Jerry Liu 創建，在 2023 年 6 月獲得 850 萬美元的種子資金。由於這個專案解決 LLM 訓練時只具有資料知識的限制性，因此在 AI 社群廣受歡迎。

和 LangChain 的策略稍有不同，LlamaIndex 並不是那麼「龐大」且「齊全」，而是特別關注於開發先進的基於 AI 的 RAG 技術，以及多使用者 RAG 系統的建立。基於 LlamaIndex 的企業解決方案旨在消除技術和安全壁壘，增強企業的資料使用和服務能力。LlamaIndex 的相關工作不僅關注技術開發，還涉及將這些技術應用於實際場景，以提高業務效率和顧客體驗。

小雪：什麼是多使用者？

咖哥：想像一下，在一個 RAG 系統中，使用者 1 和使用者 2 各自擁有一套獨特的文件。多使用者可確保使用者 1 發出查詢時，只從自己的文件中獲取回應，而不受使用者 2 資料的干擾，反之亦然。這種方法是維護資料機密性和安全性的關鍵。

還有一點也不得不提，LlamaIndex 在文件的組織結構和可執行性方面，比 LangChain 好多了。這也許反映了 LlamaIndex 在使用者體驗、介面設計和技術實現方面的投入。在 AI 領域，LlamaIndex 的這些優勢對於開發者和最終使用者來說都非常重要，能夠促進技術的普及和使用效率。

當然，或許是 LangChain 布局太廣，面面俱到，反而令人摸不著頭緒，很多細節沒做好。如果瀏覽 LangChain 的 GitHub 主頁，會發現其 Open Issues，也就是已提出但是尚未解決的問題高達上千個。因此，如果專攻文件的檢索和增強生成，或許應該選擇「小」而「美」的 LlamaIndex。

3.3.2 LlamaIndex 和基於 RAG 的 AI 開發

RAG 是 AI 應用開發的一個重要方向，是和 Agent 一樣重要的另一個亮點。RAG 是一種結合檢索和生成的機器學習方法，它會先從相關的資料源檢索訊息，然後將這些訊息作為上下文加入使用者的查詢中，最後請求 LLM 基於這個豐富的提示來生成答案。

與 Agent 類似，RAG 也擁有豐富的實際應用案例（當然，我們也可以認為使用 RAG 開發的 AI 應用本身就是一種 Agent，或者說，RAG 可以作為 Agent 建構過程中的核心技術之一）。

我們先概略性的解釋 RAG 有用之處。

特定行業要使用 LLM，從難到易有 4 種方式，分別是重新訓練或從頭建構模型、微調模型、動態提示（RAG 就是其中一種技術）和簡單提示工程（見圖 3.18）。

RAG 位於 LLM 應用難易鏈的中段，它既不像重新訓練、從頭建構模型或者微調模型那麼困難，也不像藉由簡單提示工程，直接向 LLM 提問那麼容易。它克服了直接微調模型的 3 個缺點：成本高、訊息更新困難以及缺乏可觀察性。相較而言，由於 RAG 無須訓練，因此成本較低；由於是即時獲取的資料，因此一直都是最新的；由於可以顯示檢索到的文件，因此結果更為可信。

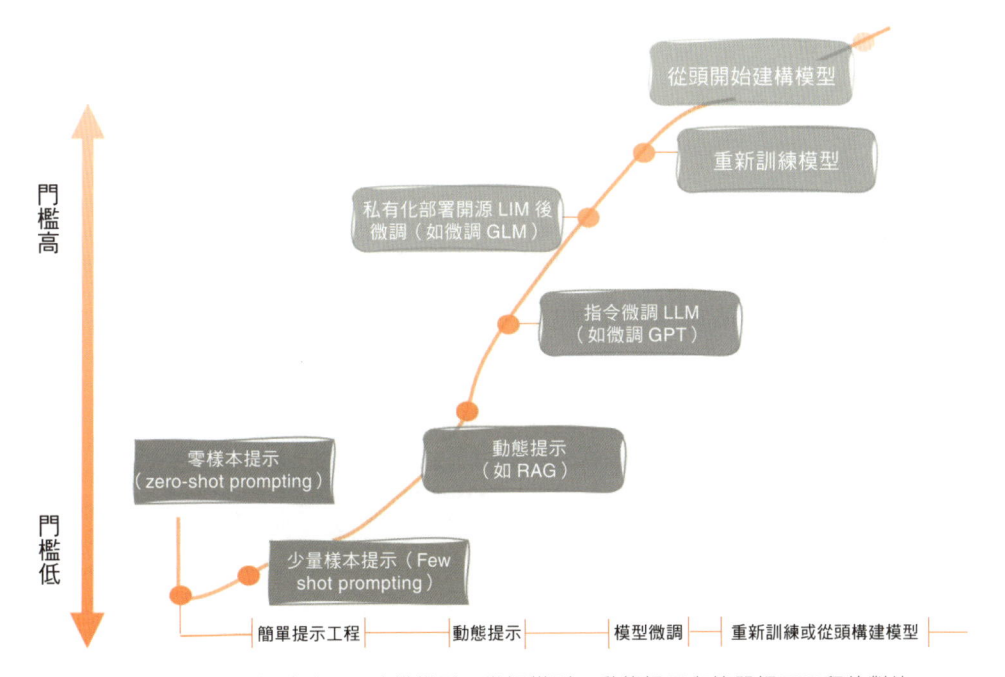

◉ 圖 3.18 重新訓練或從頭建構模型、微調模型、動態提示與簡單提示工程的對比

咖哥：先介紹到這裡，以下用例子說明 RAG。現在，如果直接問 ChatGPT 花語祕境的老闆是誰，以及她和咖哥的關係，ChatGPT 肯定不知道（見圖 3.19）。

You
花語祕境的老闆是誰，她和咖哥是什麼關係，ChatGPT 一定不知道

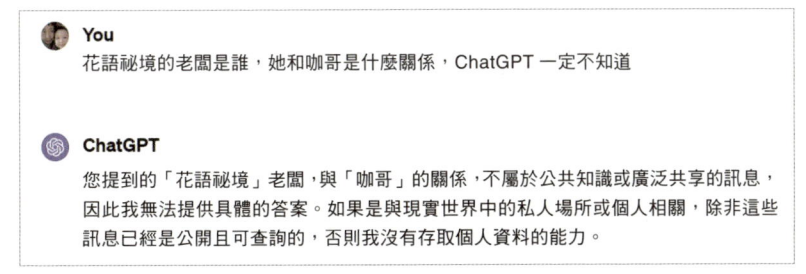

ChatGPT
您提到的「花語祕境」老闆，與「咖哥」的關係，不屬於公共知識或廣泛共享的訊息，因此我無法提供具體的答案。如果是與現實世界中的私人場所或個人相關，除非這些訊息已經是公開且可查詢的，否則我沒有存取個人資料的能力。

◉ 圖 3.19 ChatGPT 當然不會知道咖哥和小雪的關係

小雪：是啊，它當然不知道。你覺得你這麼有名嗎？

但是，別急，如果有大量花語祕境相關文件，例如每次開會的會議紀錄，只要紀錄上寫著「與會人：小雪的導師，咖哥」就可以了！檢索會議紀錄後，把相關訊息以外部知識傳遞給 ChatGPT，就可以實現 RAG（見圖 3.20）。

回過頭來再說 LlamaIndex。它提供各種框架、工具和模式，支援吞吐、結構化和存取私有或特定領域的資料，可以讓 RAG 開發過程更為輕鬆。

> **You**
> 訊息 1：某天的會議記錄，參會者：花語祕境 CEO 小雪，小雪的導師咖哥
> 訊息 2：小冰曾經連續三天看到小雪和咖哥共進晚餐……
>
> 花語祕境的老闆是誰，她和咖哥是什麼關係？
>
> **ChatGPT**
> 根據您提供的訊息，花語祕境的老闆是名叫小雪的 CEO。她和咖哥的關係至少在職場上是師徒，因為您提到咖哥是小雪的導師。除此之外，從小冰連續三天看到小雪和咖哥共進晚餐的情況來看，他們之間可能還有較為親密的個人關係，但這需要更多的上下文來確定。在沒有更詳細訊息的情況下，只能推測他們之間的關係可能包括但不限於職業指導和個人友誼。

🎧 圖 3.20 簡化版的 RAG，
假設已經檢索出咖哥與小雪的關係訊息，再傳遞給 ChatGPT

具體來說，LlamaIndex 包含以下工具。

- 資料連接器：從資料的原始來源和格式中提取現有資料，可以是 API、PDF、SQL 等各種形態，LlamaIndex 都有相應的讀取介面。
- 資料索引：將資料結構化為 LLM 容易理解的中間表示形式，例如詞向量。
- 引擎：為資料提供自然語言存取。例如，查詢引擎是強大的檢索介面，用於增強知識的輸出；聊天引擎是用於與資料進行多輪「來回」互動的對話介面；資料 Agent 則是由 LLM 驅動的知識工作者，可以實現從簡單的輔助到 API 整合等功能。
- 應用整合：將 LlamaIndex 重新整合到其他生態系統中。

RAG 和 Agent 這兩大熱門 AI 應用密不可分。LlamaIndex 利用 RAG 管道、框架和工具，為 Agent 提供更多功能，解決 Agent 缺乏可控性和透明度的缺失；

LlamaIndex 中的 Agent API 可以實現逐步執行，使得 Agent 能夠處理更複雜的任務。此外，LlamaIndex 還支援使用者在 RAG 迴圈過程中提供回饋，這種功能特別適用於執行長期任務，實現使用者與 Agent 互動和中間執行控制的雙迴圈設定。

所以，LlamaIndex 中的 Agent 究竟是如何利用 LLM 來實現檢索和增強生成的呢？RAG 的實現流程如圖 3.21 所示。

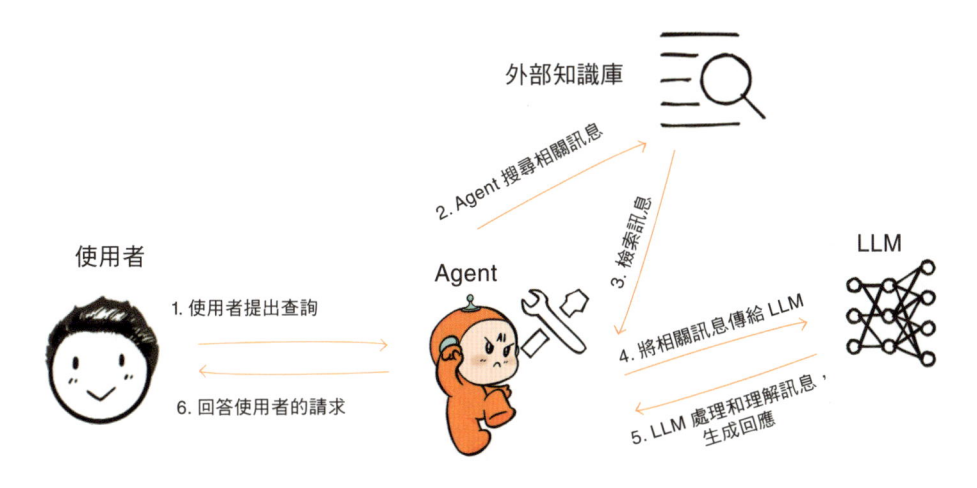

🎧 圖 3.21 RAG 的實現流程

整個過程共 6 步。

1. **使用者提出查詢（Query）**：使用者向系統提出查詢，例如一個問題或者一個請求。

2. **Agent 搜尋相關訊息**：Agent 根據使用者的查詢去搜尋相關訊息，可能是透過網際網路或者特定的資料庫來尋找相關文件或資料。通常我們會把企業內部訊息放到向量資料庫中。

3. **檢索（Retrieval）訊息**：從搜尋結果中檢索具體的訊息，這些訊息將用於生成回應使用者查詢的上下文。

4. **將相關訊息傳給 LLM**：Agent 將檢索到的訊息和使用者的原始查詢一起提供給 LLM。

5. **LLM 生成（Generate）回應**：LLM 使用這些訊息來生成一個豐富、訊息性的答案。

6. **回答（Response）使用者的請求**：最後，LlamaIndex Agent 將 LLM 生成的答案提供給使用者，這個答案是基於使用者的原始查詢和相關資料源檢索到的訊息而生成。

整個過程也可以是一個循環，每次使用者的查詢都能用來改進後續的互動。如果需要更多訊息或者使用者有額外的問題，系統可能會提示使用者額外查詢，並且可能會利用前一個回答中獲得的訊息，讓新的查詢上下文更為豐富。這個系統可以提供更靈活和互動式的使用者體驗，允許使用者以自然語言形式與 LLM 產生複雜互動，藉由此，LLM 可以更精確地理解和回應使用者的請求。

透過 LlamaIndex 構造，基於 RAG 的 Agent 可輕易完成各種任務。而且，值得一提的是，LlamaIndex 適用於從初學者到高級使用者的各個層次開發者，LlamaIndex 的高級 API 允許初學者用 5 行程式碼來提取和查詢資料。至於較為複雜的程式，LlamaIndex 的底層 API 允許高級使用者根據需要自訂和擴展模組。

3.3.3 簡單的 LlamaIndex 開發範例

本節參考 LlamaIndex 的入門教學文件，來指導開始使用這個工具。

第 1 步，安裝 LlamaIndex。

```
pip install llama-index
```

第 2 步，導入環境變數。

和 LangChain 類似，若要使用 OpenAI 公司的 GPT 系列模型，應先導入 API 密鑰。實際導入方法不再贅述。

第 3 步，載入本機資料。

這個範例會使用「花語祕境」的文件（見圖 3.22）。可以在原始碼套件中找到它，並儲存在名為 data 的資料夾中。

3.3 何謂 LlamaIndex

導入文件的程式碼如下：

```python
# 導入花語祕境的文件
from llama_index.core import SimpleDirectoryReader
documents = SimpleDirectoryReader("data").load_data()
```

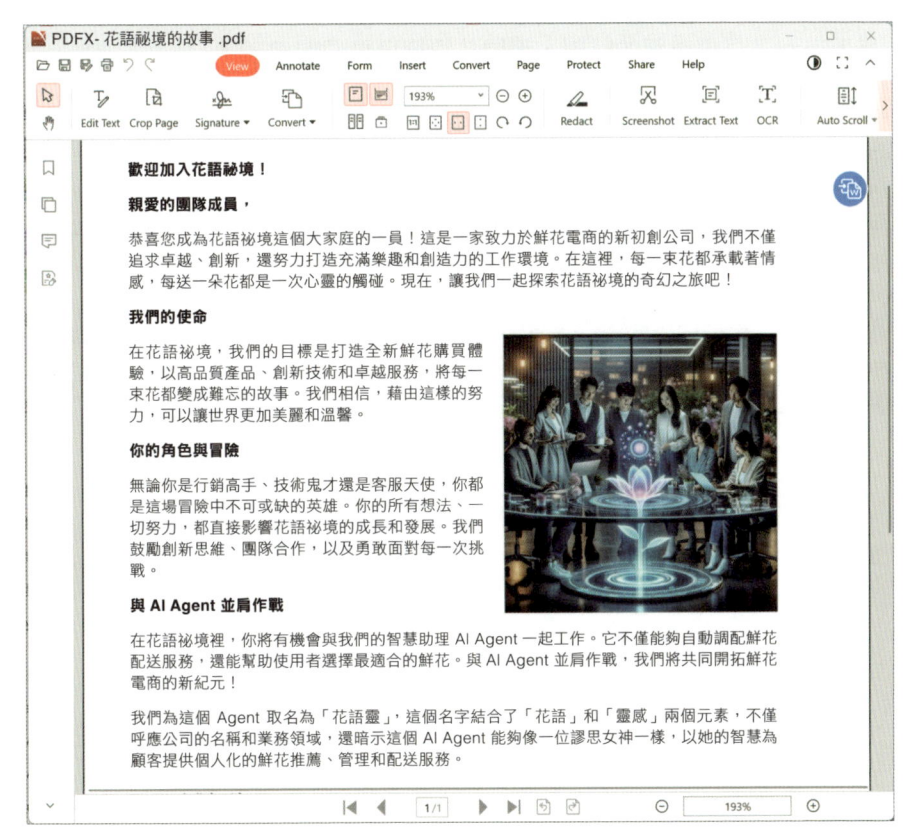

△ 圖 3.22 花語祕境的文件內容

第 4 步，為資料建立索引。

為文件建立索引的程式碼如下：

```python
# 為文件建立索引
from llama_index.core import VectorStoreIndex
index = VectorStoreIndex.from_documents(documents)
```

這將為 data 資料夾中的文件建立索引，便於 LLM 檢索。

第 5 步，查詢本機資料。

先以下述程式碼創建一個查詢引擎。

In
```
# 創建查詢引擎
agent = index.as_query_engine()
```

接下來到了見證奇蹟的時刻，來問花語祕境幾個問題。

```
# 兩個查詢範例
response = agent.query(" 花語祕境的員工有幾種角色？ ")
print(" 花語祕境的員工有幾種角色？ ", response)
response = agent.query(" 花語祕境的 Agent 叫什麼名字？ ")
print(" 花語祕境的 Agent 叫什麼名字？ ",response)
```

Out
花語祕境的員工有幾種角色？花語祕境的員工有多個角色。無論是行銷高手、技術鬼才還是客服天使，每個員工都扮演著不可或缺的角色，他們的所有想法和努力都直接影響花語祕境的成長和發展。
花語祕境的 Agent 叫什麼名字？花語祕境的 Agent 叫作「花語靈」。

小雪：哇哦！

咖哥：厲害吧，有了 RAG 的加持，這個 Agent 能從花語祕境的文件中，檢索出它本來不知道的訊息。

小雪：我有一個小問題，每次檢索都要重新載入資料嗎？

咖哥：預設情況下，剛剛載入的資料將作為一系列向量儲存在記憶體中；也可以把索引儲存到本機，以免每次都需要重新處理。

程式碼如下：

```
# 把索引儲存到本機
index.storage_context.persist()
```

新生成的本機索引文件如圖 3.23 所示。

```
  v docs
    ⼈ 花語祕境的故事 .pdf        U
  v storage
    { } docstore.json            U
    { } graph_store.json         U
    { } index_store.json         U
    { } vector_store.json        U
```

🎧 圖 3.23 新生成的本機索引文件

看得出來這裡新建一個 storage 資料夾（可以透過傳遞 persist_dir 參數來更改），其中包含 4 個 JSON 格式的文件，分別如下：

- docstore.json：這可能是一個包含文件儲存訊息的文件。

- graph_store.json：通常用於儲存圖形結構資料，可能是關係或資料連接點。

- index_store.json：可能是索引訊息，用於快速檢索儲存系統中的資料。

- vector_store.json：可能包含向量資料，這在處理數學運算或者特定程式功能時能派上用場。

可以打開每一個 JSON 文件，並查看儲存格式的細節。

> **咖哥說**
>
> 無論是 LlamaIndex 還是 LangChain，都可以設定 Logging 和 Debug 選項後，查看程式與 LLM 互動過程中的細節。此處就不過多著墨，可自行查找相關文件以了解設定方式。

至此，一個簡單的本機文件查詢 Agent 就完成了，簡單吧。

3.4 小結

整體來說，OpenAI 公司和其他 LLM 前輩的創新，為開發者提供建構類似 Agent 的 AI 應用新工具，這有利於 LangChain 和 LlamaIndex 等基於 LLM 的應用開發生態的發展。由於這些工具的目的是促進更有效率、靈活的 AI 應用開發，儘管它們各自關注的功能和特點可能有所不同，但是仍會推動 AI 領域的創新和合作，從而帶來更豐富的應用場景和更強大的開發能力。

這些工具各有特色：我們介紹「龐大而齊全」的 LangChain，也嘗試「小而美」的 LlamaIndex。它們既競爭又合作，透過介面可以相互調用。競爭推動它們不斷創新和最佳化，而相互之間的合作又有助於整個 AI 應用開發生態的進步。在這種競爭與合作的關係下，各個平台都能夠提供更加多樣化和強大的功能，最終使開發者和使用者受益。

隨著 LLM 技術不斷進步，這些工具也在不斷發展和改進。不僅讓創建複雜和智慧的 Agent 具有可能性，而且也不斷擴展 AI 的可能性和應用領域。

應用這些工具，可以建構更有智慧、有效率的 Agent。這些 Agent 能夠在各種複雜的環境和場景中執行任務和提供服務，隨著技術不斷進步，將能看到更多創新應用和解決方案，讓推動人工智慧的邊界不斷擴展。

誠然，LLM 應用開發尚處於「萌芽期」，在建構和使用這些技術時，開發者和組織面臨各項挑戰，包括確保 API 調用的頻率和效能、流程的穩定性和效率，另外，也要考慮未來的可擴展性和維護需求，以及資料隱私、安全性、道德和效率等問題。同時，開發者和組織也將遇上難得的機會，可以創造更有智慧、更有用的工具和服務，為各行各業帶來革命性的變化。

CHAPTER 4

Agent 1：自動化辦公的實現 ——透過 Assistants API 和 DALL·E 3 模型創作 PPT

小雪輕輕地敲了敲咖哥的辦公室門後進入。咖哥坐在電腦前，眼睛緊盯著螢幕，專注地處理看來相當重要的任務。房間瀰漫一股淡淡的咖啡香，溫馨而安靜（見圖 4.1）。

🎧 圖 4.1 咖哥坐在電腦前，眼睛緊盯著螢幕

小雪（輕手輕腳，她不想打擾咖哥）：咖哥，下午和投資人舉行會議的 PPT，我準備好了。不過有兩個主要論點我不是很確定要如何呈現，可以花點時間討論一下嗎？

咖哥（轉過頭笑笑）：小雪，妳來得正好。我剛在研究 OpenAI 公司的 Assistants API 和 DALL‧E 3。這些工具真的可以幫我們自動創建既有創意又專業的 PPT，真讓人訝異。

小雪的眼睛透露著疑惑。

咖哥：真的有用，妳看，製作 PPT 是企業營運中許多工作的關鍵環節，妳也常常要花大量的時間在圖表設計和內容整合上，對吧？

小雪（點點頭）：雖然製作給投資人看的 PPT 不會太難，但要花很多時間準備素材。假設有大量銷售資料，以此提出見解並有效地在 PPT 中表達就很有挑戰性了，通常我不會把這項工作交給新手。

咖哥：結合 GPT-4 模型的智慧文本生成和 DALL‧E 3 模型的圖像創造能力，我們可以輕鬆地產生極具吸引力的視覺內容和相關解說文字（見圖 4.2）。**這裡的關鍵是「從頭到尾」都不需要人為干預。**

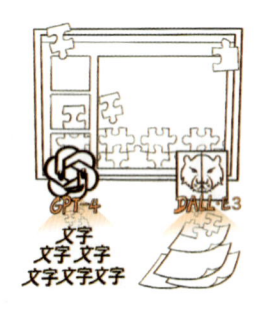

🎧 圖 4.2　結合 GPT-4 模型的智慧文本生成和 DALL‧
E 3 模型的圖像創造能力，來全自動製作 PPT

小雪：Oh My God！從頭到尾？甚至包括從資料中蒐集論點？

咖哥（微笑）：沒錯，我跟妳一樣驚訝。例如，我們可以讓它根據一個專案主題及所提供的資料，自動抓出觀點，形成見解，並自動生成完整的 PPT 版面配置和內容，甚至包括用資料製作的圖表和圖像。這不但可以節省時間，而且生成的 PPT 品質都還不錯。

小雪：咖哥，我以為能生成這種品質的 PPT 軟體，需要專業團隊花很多時間開發，而且這種軟體不僅需要付費，還不一定好用。搞了半天，我們自己也可以開發出來啊。教我吧！我很好奇運作方式，也好奇它的能力可以強到什麼程度。

咖哥：一步一步來，我們先來了解 OpenAI 公司的 Assistants。

4.1 OpenAI 公司的 Assistants 是什麼

OpenAI 公司的 Assistants 是一種基於 GPT 模型的語言理解和生成平台，目的在藉由提供訊息、解答問題、生成文字和執行特定任務，來協助一般日常工作。

嗯，聽到這裡，你會不會覺得 OpenAI 公司的這個 Assistants 有點 Agent 的意思。的確如此，Assistants 特意設計為具有靈活性且功能多樣，可以適用於多種場景，從簡單的日常對話到複雜的技術問題解答。

Assistants 的主要特點如下：

- 可以理解高級語言：能夠理解和處理自然語言輸入，識別使用者的意圖和需求。
- 生成豐富的文字：可以根據使用者的指令生成連貫、相關且有用的文字回應。
- 具有適應性和可客製化：可以根據特定的應用場景和需求客製化，以提供個人化的服務。
- 具有互動性：能夠產生連續性對話，理解上下文，記住對話歷史，以提供更加深入和具連貫性的互動體驗。
- 易於整合：可以整合到各種平台和應用中，如網站、應用程式或其他數位服務。

所以，Assistants 的應用場景非常廣泛，例如客服自動化、個人助理、教育、內容創作、程式設計輔助等。而且，不斷學習和適應之下，Assistants 一直在進步，越來越高效、靈活且有智慧。

聽了這麼多「官方說法」，接下來就來分享我使用 Assistants 的直接感受。我覺得，這個工具的確做到了簡單易用，智慧程度也不錯，聽得懂指揮，能夠完成一系列的辦公自動化任務。

馬上帶妳感受這個工具的魅力，甚至都不需要具備程式設計能力，就能使用強大的 Assistants。

小雪：我知道，你的意思是在 Playground 中試用吧。

4.2 不寫程式碼，在 Playground 中玩 Assistants

在 OpenAI 網站中，點選圖 4.3 中的 API，就可以進入由 OpenAI 公司提供的 Playground。在 Playground 中，可以探索並學習在不編寫任何程式碼的情況下，建構自己的 Assistants。

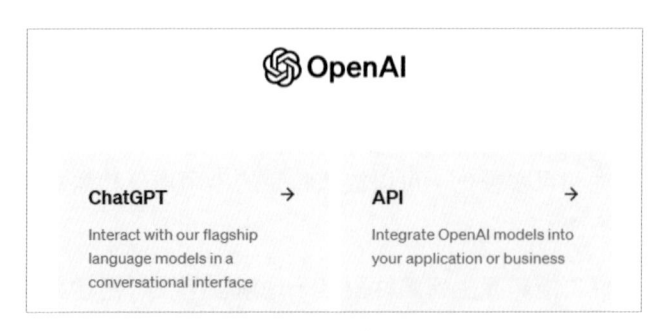

🎧 圖 4.3 OpenAI 網站提供的 Playground 入口

選擇 API 後將進入圖 4.4 所示的介面，點擊左上角的專案，就可以使用 OpenAI 公司提供的 Playground 了。

4.2 不寫程式碼，在 Playground 中玩 Assistants

圖 4.4 OpenAI 公司提供的 Playground

Playground 裡面的專案不少，包括 Assistants（譯者按：2025 年 3 月，OpenAI 已官宣推出 Responses，讀者們可留意原 Assistants 的工具會逐漸移轉）、Chat（對話）和 Complete（文本完成，可視為舊版的 Chat，已經淘汰了）等，如圖 4.5 所示。

這裡我們選擇 Assistants，並將其命名為「asst_datascience」。

圖 4.5 Playground 中的 Assistants

使用者可以在這個平台中執行指令和程式碼，利用 GPT-4 模型輔助完成 AI 應用、與機器學習或資料科學相關的任務。

小雪：那現在我們要用它來完成什麼任務？

咖哥：把它視為資料助理，分析一下咖哥我這麼多年出版的圖書銷售情況。先給它一個整體人設，告訴它，你是一個資料科學助理；然後選擇模型：GPT-4 1106 preview，也可以選擇其他模型，越新的功能越完善。

你看，在文件 sales_data.csv 中（見圖 4.6），我蒐集 3 本圖書作品的季度銷售額，單位為元。

	A	B	C	D
1	日期	零基礎學機器學習	數據分析咖哥十話	GPT 圖解
2	31/3/2022	303.0327596	985.6150332	909.7627008
3	30/6/2022	504.8929768	871.1291092	1023.037873
4	30/9/2022	576.7235126	1035.95079	1080.552675
5	31/12/2022	670.5018222	1068.18203	1148.976637
6	31/3/2023	766.7927513	718.3524294	1204.73096
7	30/6/2023	819.8737846	833.1219711	1329.178823
8	30/9/2023	849.2219043	980.0890936	1367.517442
9	31/12/2023	977.0793764	654.1820299	1538.3546
10	31/3/2024	957.7411639	533.274624	1632.732552

🎧 圖 4.6 咖哥圖書作品的季度銷售額

小雪：哎呀，每本書季度銷售額幾百元，最多也就 1000 元出頭。要不是我請你來當顧問，只當作家的生活品質真令人堪憂啊。

咖哥：小雪！剛才是我的口誤，單位是「萬元」。好了，信不信由妳，反正上傳這個文件之後，可以看到 Playground 中出現該文件的符號（見圖 4.7）。

> ⓘ FILES　　　　　　　　　　　　　　　🔗 Add
> 🗎 sales_data.csv

🎧 圖 4.7 sales_data.csv 文件出現在 FILES 欄中

此時這個 Assistant 就不僅僅有世界級的知識和思維能力，還有你的資料訊息，這樣就可以利用 GPT 幫忙做事了！接下來就可以在對話框中請它完成資料分析工作（見圖 4.8）。

4.2 不寫程式碼，在 Playground 中玩 Assistants

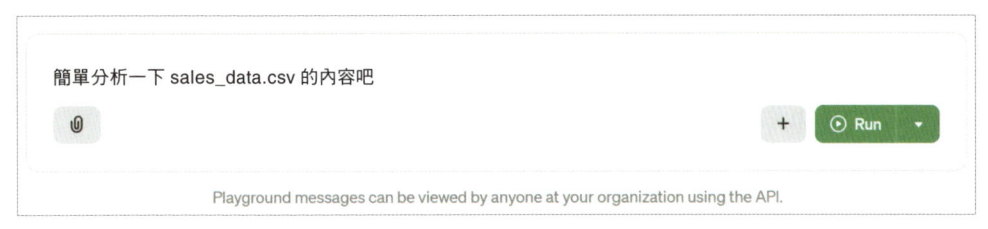

圖 4.8 在對話框中請 Assistant 分析文件內容

其他事情都不必做，只要點擊 Run 按鈕即可。在圖 4.9 中，可以看到，對話區輸出 Assistant 的回應。

圖 4.9 Assistant 的回應

資料助理快速生成文件的內容摘要，並自主調用了一個系統自帶的工具 Code interpreter。

看看，資料分析師要花費數小時分析的內容，現在剎那間就可以生成。

小雪：好厲害，但含金量也太低了吧，所有事情都是 GPT 模型做的。

咖哥：對啊！妳回想一下，OpenAI 公司的「GPT 商店」功能一上線，各路人馬直接就發布 300 多萬個客製化版 GPT 模型，難道這 300 多萬個 GPT 模型的原創性很強？說到底，還是 GPT-4 模型這個底座強大！這不就是 OpenAI 公司所宣傳的**「讓 AI 為芸芸眾生賦能」**的意思嘛。

第 4 章　Agent 1：自動化辦公的實現——透過 Assistants API 和 DALL‧E 3 模型創作 PPT

小雪：借助 **LLM，再加上自己的資料以及業務邏輯和產品設計，就可以創造出全新的價值**。不過，我還有最後一個問題——在這個 Playground 中，圖 4.10 中的 Functions、Code interpreter 和 File search（2024 年 4 月之前，這個工具在 Assistants v1 版本的名稱是 Retrieval）各有什麼功能？

咖哥：Tools，表示工具，其實就是 Assistants 可以調用的功能。可以將 Functions（函數，也就是函式呼叫）、Code interpreter（程式碼直譯器）和 File search（文件檢索）看作工具。其中，Functions 是自訂函數，Code interpreter 是程式碼解釋工具，而 File search 則是文件檢索工具。之後，OpenAI 公司還計畫發布更多工具，並允許開發者在 OpenAI 網站上使用自己定義的工具。

小雪：我想起來了，Tools、Functions 都是你曾經介紹過的重要概念，而 Retrieval 的概念曾在 LlamaIndex 的 RAG 環節中提及。

咖哥：對，這裡的 File search，就是由 OpenAI 公司藉由 Assistants 提供的一個極簡 RAG 功能實現。

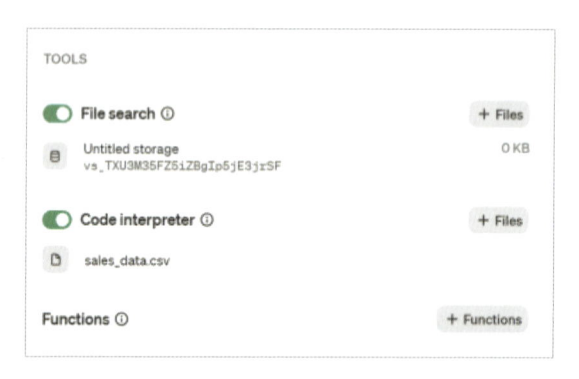

圖 4.10　Tools 中的 Functions、Code interpreter 和 File search

接下來，調用 API 來分析一下 Assistants 的創建和使用細節。（點擊圖 4.9 中右上角的 Learn about the Assistants API 連結後，可以看到關於 Assistants API 的詳細文件。）

4.3 Assistants API 的簡單範例

4.2 節介紹，在 Playground 中試用 Assistants 的過程，可以幫助你熟悉相關的設計思維；而本節介紹的 Assistants API，則允許你在自己的程式中建構 AI 助理。為助理提供指令，它可以利用模型、工具和外部知識（文件）來回應我們提交的任務。

目前 Assistants API 支援 3 種類型的工具：程式碼直譯器、檢索和函式呼叫。基於 Assistants API 提供的一次性呼叫多個函數的功能，開發者無須管理對話執行緒和上下文內容，可以直接將這些工作移交給 OpenAI 公司，由它處理。

調用 Assistants API 時需要遵循以下流程。

1. 透過定義指令並選擇模型來創建**助理（Assistant）**。此時可以選擇啟用程式碼直譯器、檢索和函式呼叫等工具。

2. 當使用者開始對話時創建一個**執行緒（Thread）**。

3. 當使用者提問時將**訊息（Message）**加入到執行緒中。

4. 在執行緒上執行助理以觸發回應。這會自動調用相關**工具**。

Assistants API 的調用流程如圖 4.11 所示。

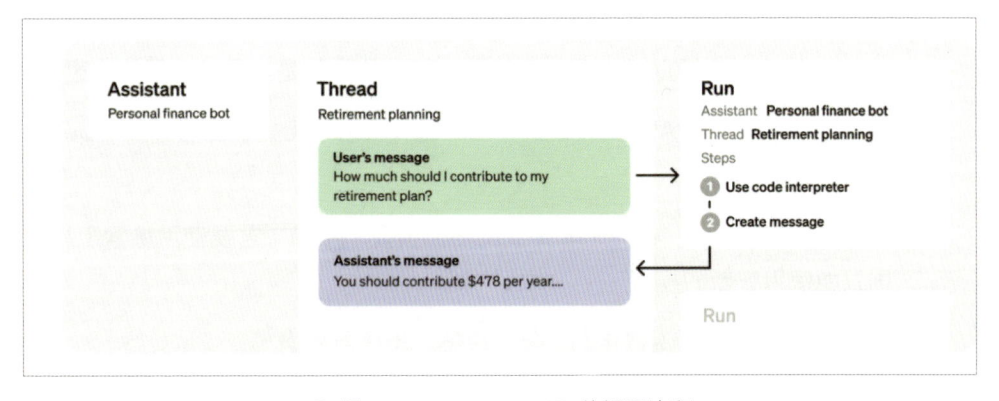

🎧 圖 4.11 Assistants API 的調用流程

圖 4.11 中的 Assistant（助理）是一個個人財務機器人，可以回答與個人財務相關的問題，如預算制定、儲蓄策略、投資建議等。這裡創建一個關於退休規劃的對話 Thread。使用者問：「我應該為退休計畫保留多少？」Assistant 答：「你應該每年繳納 478……」Run 代表一個對話的執行過程，此處描述機器人處理使用者詢問的步驟。第一步是使用工具 Code Interpreter（程式碼直譯器），表示 Assistant 會透過執行後端程式碼來計算出答案。第二步是 Create Message（創建訊息），指的是 Assistant 回覆訊息的過程。這個對話過程可以迴圈進行。Assistant 會以它認為最有效的方式儲存並整理對話的上下文。

> **咖哥說**
>
> 在調用 Assistants API 時會傳遞 HTTP 標頭：OpenAI-Beta：assistants=v2。其中，Beta 指 OpenAI 公司的 Assistants 目前仍處於公開測試階段，也就是說，目前這個服務可能已經相對穩定，但 OpenAI 公司仍在蒐集回饋意見，並準備進一步調整產品或為其增加功能。不過，在使用 OpenAI 公司的 Python 或 Node.js SDK 時，則無須考慮這個問題，因為系統會自動處理 HTTP 標頭問題。

4.3.1 創建助理

以下創建一個助理，創建時，需要配置下列參數。

- name：助理的名稱。

- instructions：告訴助理表現或回應的方式，如「你是一個某方面的專家」。

- tools：Assistants API 支援程式碼直譯器和檢索等工具，二者都由 OpenAI 公司建構和託管。

- model：GPT-3.5 或 GPT-4 家族的任何模型。不過，若要使用檢索工具，則只能使用較新的模型。

- functions：將自訂函數作為工具，這個之後會再細講。

第一個助理是能夠計算鮮花價格的數學小高手。

4.3 Assistants API 的簡單範例

In:
```python
# 導入環境變數
from dotenv import load_dotenv
load_dotenv()
# 創建 client
from openai import OpenAI
client = OpenAI()
# 創建 assistant
assistant = client.beta.assistants.create(
  name=" 鮮花價格計算器 ",
  instructions=" 你能夠幫我計算鮮花的價格 ",
  tools=[{"type": "code_interpreter"}],
  model="gpt-4-turbo-preview"
)
# 輸出 assistant
print(assistant)
```

Out:
```
Assistant(
  id='asst_M7OR4XULWjFnXN9WSqJtQ0XR',
  created_at=1704982081,
  description=None,
  fileids=[],
  instructions=' 你能夠幫我計算鮮花的價格 ',
  metadata={},
  model='gpt-4-turbo-preview',
  name=' 鮮花價格計算器 ',
  object='assistant',
  tools=[ToolCode interpreter(type='code_interpreter')]
)
```

在上述程式碼中，以 tools=[{"type":"code_interpreter"}] 啟用程式碼直譯器工具。

小雪：這項任務這麼簡單，為什麼還需要啟用程式碼直譯器呢？

咖哥：原因有兩個，我分別解釋一下。第一個原因是早期 LLM 公認的數學不好，安裝程式碼直譯器後，助理就可以透過編寫和執行程式碼來計算數學，這樣做比較有保障；第二個原因是，我想在這裡向你說明指定工具的方式。

首先登錄 OpenAI 網站，然後點選左側的 Assistants，右側將顯示已創建的助理（見圖 4.12）。

● 圖 4.12 在 Playground 中可以看到已創建的助理

> **咖哥說**
>
> 注意，助理創建完成後將產生一個 ID，在後續範例中可以用該 ID 直接調用助理。請勿重複執行創建助理的程式碼，否則就會像咖哥這樣，在真相不明的情況下生成一系列功能重複、ID 不同的助理。

在圖 4.12 中點擊所創建的助理後，可以看到助理的詳細資訊。如圖 4.13 所示，Name、Instructions 都符合我們的要求；另外，可以看到 Code interpreter 這個工具已打開，表示助理已經啟動。

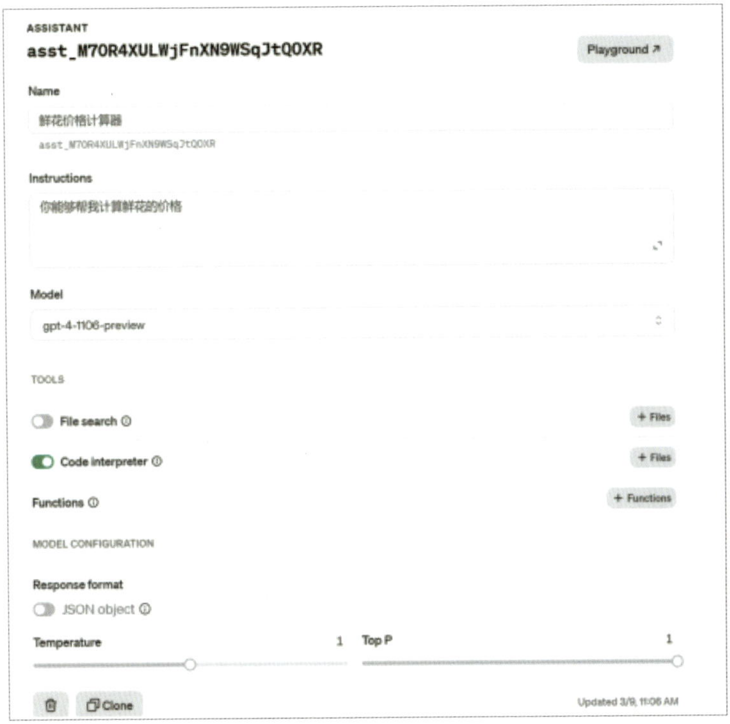

4.3 Assistants API 的簡單範例

▲ 圖 4.13 助理的詳細資訊

小雪：咖哥，如果我在執行流程時沒有記下助理的 ID，該怎麼辦？

咖哥：藉由在指令行中執行以下程式碼，可以看到你所創建的 Assistants 清單；另外，也可以透過 client.beta.assistants.list API，來獲取已創建的 Assistants 清單。

In
```
curl "https://api.openai.com/v1/assistants?order=desc&limit=20" \
 -H "Content-Type: application/json" \
 -H "Authorization: Bearer $OpenAI_API_KEY" \
 -H "OpenAI-Beta: assistants=v2"
```

Out
```
{
"object":"list",
"data":[{
"id":"asst_pF2pMtIHOL4CpXpyUdHkoKG3",
"object":"assistant",
"created_at":1705829118,
```

```
   "name":"鼓勵 Agent",
   "description":null,
   "model":"gpt-4-turbo-preview",
   "instructions":"你是一個很會鼓勵人的助理！",
   "tools":[{
    "type":"function",
    "function":{
    "name":"get_encouragement",
    "description":"根據使用者的心情提供鼓勵訊息",
    "parameters":{
     "type":"object",
     "properties":{
      "mood":{"type":"string","description":"使用者當前的心情，例如：開心，難過，壓力大，疲倦"},
      "name":{"type":"string","description":"使用者的名字，用來個人化鼓勵訊息"}
     },
     "required":["mood"]
    }
   }
  }],
  "file_ids":[],
  "metadata":{}
 },
 {
  "id":"asst_CDuIzGXwdEUTzjQxYqON669A",
  "object":"assistant",
  "created_at":1704986492,
  "name":"鮮花價格計算器",
  "description":null,
  "model":"gpt-4-turbo-preview",
  "instructions":"你能夠幫我計算鮮花的價格",
  "tools":[{"type":"code_interpreter"}],
  "file_ids":[],
  "metadata":{}
 }],
 "first_id":"asst_pF2pMtIHOL4CpXpyUdHkoKG3",
 "last_id":"asst_CDuIzGXwdEUTzjQxYqON669A",
 "has_more":true
}
```

以上列出的就是咖哥以 Playground 和 Assistants API 創建的「助理」，有的用於計算鮮花價格，有的用於鼓勵小雪。

4.3.2 創建執行緒

成功創建助理之後，下一步是創建執行緒（Thread）。

執行緒是什麼意思呢？其實一個執行緒就代表和 OpenAI 公司 LLM 的一次對話，就好比我們在網頁版的 ChatGPT 中，與 GPT-3.5 或者 GPT-4 模型開啟的一次新對話。

創建一個執行緒的程式碼如下：

In
```
# 創建一個執行緒
thread = client.beta.threads.create()
# 輸出執行緒
print(thread)
```

Out
```
Thread(
    id='thread_ddl4SsbU9KlCdpxv7BfqVpQQ',
    created_at=1704985371,
    metadata={},
    object='thread'
)
```

我們新建的這個執行緒 ID 是 'thread_ddl4SsbU9KlCdpxv7BfqVpQQ'。從現在開始，執行緒將在後台一直執行，也就是說，OpenAI 公司派出了一個一直在監聽你和它對話的探員。

> **咖哥說**
> 小心，與前面創建助理時的注意事項類似，在這裡也不要一直重複執行創建執行緒的程式碼，否則會生成一系列重複的執行緒。

咖哥：不瞞你說，當我發現自己重複創建很多執行緒的時候，內心真是忐忑不安。

小雪：是害怕浪費「銀子」吧？以您的身分，這種事不用說出來。我猜雖然創建執行緒，但是沒有傳輸 Token 的話，應該就不會產生費用。不過，請問這些執行緒什麼時候停止？它們會一直等著我來存取嗎？

咖哥：我也有同樣的疑問。我之前不是創建好幾個多餘的助理嗎？所以就在 OpenAI 論壇發問，「刪除自己創建的助理時（可以在 Playground 上或者用 Assistants API 刪除），會不會也一起清理掉這些執行緒？」幸運的是，論壇負責人很快就回覆我，但是他對我說「他也無法 100% 確定」。好消息是，根據他的回答，系統會清理 60 天內沒有動靜的執行緒（見圖 4.14）。

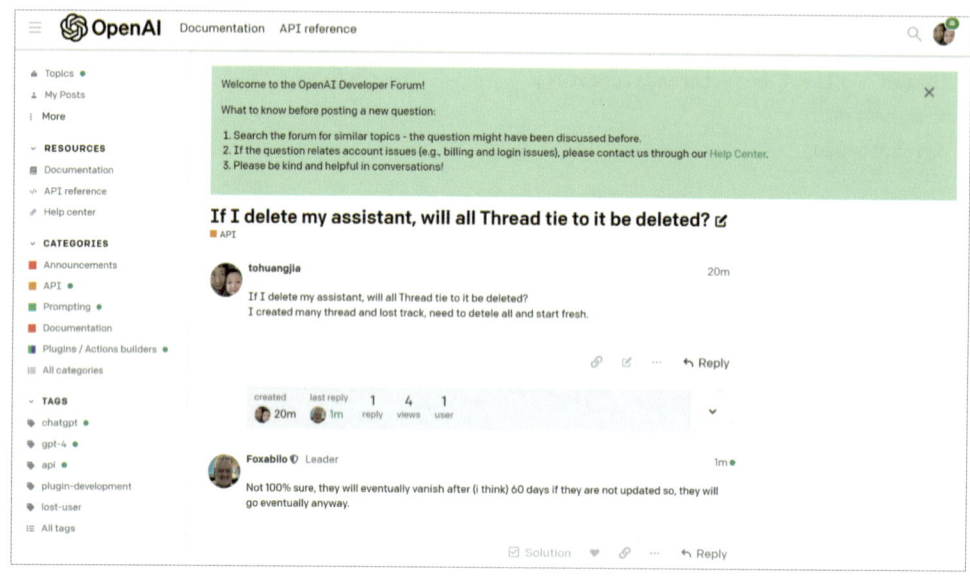

🎧 圖 4.14 有任何疑問，都可以去 OpenAI 論壇發言

咖哥在一路研究的過程中，發現有人在論壇上提問，是否可以藉由 API 列出當前的執行緒，以方便管理的問題。OpenAI 公司的開發團隊表示他們了解這一需求，而且 Playground 最初的確有這個功能，但是因為擔心執行緒會對組織內的任何人開放，尤其大型企業對 OpenAI 公司的存取權限設定較為寬鬆，才移除該功能。這個問題已經記錄為待辦事項，OpenAI 公司的開發團隊希望在未來幾週內能夠分享更多資訊（譯者按：目前 AI 產品並未保證都有新品發佈會，建議讀者保持關注相關 AI 工具的官網說明，以確保掌握版本及工具更新）。同時，他們也建議

不要使用尚未公開的端點（endpoint），也就是提問者提到的獲取執行緒清單的 API 功能。

所以，要全部刪除活動執行緒似乎並不容易，暫時就這樣吧，放下「強迫症」。我想，讓執行緒活動應該不會浪費過多資源，畢竟不是一再地在執行緒中發送和接收訊息。

小雪：咖哥，等等。我注意到你創建執行緒的時候並沒有指明助理 ID，我可不可以解讀為 OpenAI 公司的執行緒和助理是互不隸屬的？

咖哥：是的。在 OpenAI API 的設計中，邏輯上執行緒和助理都是為了實現連續對話和任務處理的目的而相互關聯的，但在技術實現上，它們是獨立的組件。

- 助理就是 Assistant，指的是提供服務的 AI 模型（如 ChatGPT），負責處理使用者的請求、生成回覆訊息等。它是後端的智慧處理系統。
- 執行緒就是 Thread，用來表示一系列的互動或對話。在 OpenAI API 或系統設計中，一個執行緒可能包含一個或多個由使用者和助理之間互動組成的連續對話。執行緒有助於追蹤和管理一段時間內的對話歷史，使得助理能夠在上下文中更加準確地理解和回應使用者的需求。

在使用 OpenAI API 時，可以透過創建和管理執行緒來維持一個連貫的對話流程，而助理則是在這些執行緒中提供回答和互動的實體。助理負責處理具體請求，而執行緒則主要聚焦在對話的組織和管理。

小雪：也就是說，一個執行緒可以有多個助理；同時，一個助理也可以有多個執行緒嘍？

咖哥：理論上是這樣沒錯，這種設計增強系統的靈活性，並擴大應用場景的範圍。在一個複雜的對話系統中，不同的助理可能專注處理不同類型的任務或問題。例如，一個助理可能專門處理與天氣相關的查詢，而另一個助理則處理旅遊建議。在同一個對話執行緒中，根據使用者的不同問題，對話管理系統可能會將請求路由到不同的助理以處理。這要求系統具備智慧路由能力，能夠根據對話內容或使用者請求的性質，動態選擇合適的助理並回覆。

再例如一個通用的助理，如 ChatGPT，可能同時用於多個對話執行緒，這些執行緒可能代表不同的使用者對話，或者同一使用者的不同對話場景。助理需要能夠區分和管理來自不同執行緒的上下文，確保在每個對話中提供準確和相關的回答，實現方式通常是將每個執行緒的對話歷史和上下文訊息作為請求的一部分。

接下來我們先在執行緒中加入訊息，然後開始與助理對話。

4.3.3 加入訊息

加入訊息可以在執行緒中傳遞上下文和文件。這些訊息是對話的一部分，也是助理生成回答的背景資料。

> **咖哥說**
>
> 執行緒對訊息量沒有限制，也就是說，可以向當前執行緒加入任意數量的訊息。助理將使用相關的最佳化技術，例如 ChatGPT 會壓縮，以確保對模型的請求適合最大上下文視窗。這是一件好事，也是一件壞事。雖然不限制傳給助理的訊息量，而且不必自己管理上下文，確實可以降低對話記憶管理的複雜性，但是伴隨這種便捷性的是，無法有效控制執行助理的成本。

向執行緒中加入訊息的程式碼如下：

```
# 向執行緒中加入訊息
message = client.beta.threads.messages.create(
    thread_id=thread.id,
    role="user",
    content=" 我把每束花定價為以進價基礎再加價 20%，當進價為 80 元時，我的售價是多少。"
)
```

現在，如果藉由執行緒 ID 在指令行中使用下列指令來獲取訊息歷史清單，將看到該訊息是當前訊息清單中的第一條訊息。

```
curlhttps://api.openai.com/v1/threads/thread_N7dw2oEpNEEBiCU4cce47xoS/messages
-H"Content-Type:application/json"
-H"Authorization:Bearer$OpenAI_API_KEY"
-H"OpenAI-Beta:assistants=v2"
```

`Out`
```
{
 "object": "list",
 "data": [{
  "id": "msg_ZW5qoaiJioRV07hQH5M0XH5V",
  "object": "thread.message",
  "created_at": 1704986492,
  "thread_id": "thread_N7dw2oEpNEEBiCU4cce47xoS",
  "role": "user",
  "content": [{"type": "text", "text": {"value": " 我把每束花定價為以進價基礎再加價
20%，當進價為 80 元時，我的售價是多少。", "annotations": []}}],
  "file_ids": [],
  "assistant_id": null,
  "run_id": null,
  "metadata": {}
 }],
 "first_id": "msg_ZW5qoaiJioRV07hQH5M0XH5V",
 "last_id": "msg_ZW5qoaiJioRV07hQH5M0XH5V",
 "has_more": false
}
```

也可以在 Python 程式中輸出當前的訊息。

`In`
```
# 獲取訊息清單
messages = client.beta.threads.messages.list(
  thread_id='thread_N7dw2oEpNEEBiCU4cce47xoS'
)
# 輸出訊息
print(messages)
```

這裡的結果和前面輸出基本相同，不再贅述。

咖哥：下一步，需要創建一個 Run 來執行助理。

小雪：Run?

咖哥：創建一個 Run 實際上是啟動一個對話或互動序列的過程。在 Run 中，助理會根據所提供的線索或指令讀取輸入的訊息，而決定要執行的動作（調用特定工具或直接使用模型來生成回答），並最終產生輸出。

4.3.4 執行助理

為了讓助理回應使用者的訊息，需要創建一個 Run。此時，助理會讀取執行緒並決定是調用工具還是直接調用模型，來完成訊息中的任務（所謂完成任務，也就是給出回答）。

在執行的過程中，助理會把一個 role 為「assistant」的新訊息，附加到訊息歷史清單，還會自行確定要在模型的上下文視窗中包含哪些先前的訊息。助理的這些操作會直接影響 Token 的用量，也就是 OpenAI API 的費用；以及模型的效能。OpenAI 公司已經最佳化這個訊息歷史的建構過程，其實就是前面介紹的 Agent「記憶」，未來也將會持續最佳化相關演算法。

> **咖哥說**
>
> 在創建 Run 時可以將新指令傳遞給助理，但請注意，這些指令會覆蓋助理的預設指令。

下面的程式碼將創建一個 Run。在創建過程中，需要指定執行緒和助理。

In
```
# 創建一個 Run
run = client.beta.threads.runs.create(
  thread_id=thread.id,
  assistant_id=assistant.id,
  instructions=" 請回答問題 ." # 如果需要覆蓋助理的預設指令，可以在此處設定新指令
)
# 輸出 Run
print(run)
```

Out
```
Run(
    id='run_udqooyGylZYkQZSHylv1lEkm',
    assistant_id='asstCDuIzGXwdEUTzjQxYqON669A',
    cancelled_at=None,
    completed_at=None,
    created_at=1704989389,
    expires_at=1704989989,
    failed_at=None,
    file_ids=[],
```

```
    instructions=' 請回答問題 .',
    last_error=None,
    metadata={},
    model='gpt-4-turbo-preview',
    object='thread.run',
    required_action=None,
    started_at=1704989389,
    status='queued',
    thread_id='threadN7dw2oEpNEEBiCU4cce47xoS',
    tools=[ToolAssistantToolsCode(type='code_interpreter')]
)
```

針對 Run 這個物件最需要注意的是 status（狀態）字段。預設情況下，Run 在創建好之後進入 queued（等待）狀態。

與執行緒那種終止時間不確定的模糊感完全不同，在 Run 中，可以明顯看到其生存週期，它有非常明確的起迄時間：時間戳 1704989389 始，時間戳 1704989989 止。

當然，Run 不可能永遠處於 queued 狀態，以 Retrieve 方法可以即時獲取 Run 的執行結果。

In:
```
# 再次獲取 Run 的狀態
run = client.beta.threads.runs.retrieve(
    thread_id=thread.id,
    run_id=run.id
)
# 輸出 Run
Print（Run）
```

Out:
```
Run(
    id='run_udqooyGylZYkQZSHylv1lEkm',
    assistant_id='asst_CDuIzGXwdEUTzjQxYqON669A',
    cancelled_at=None,
    completed_at=None,
    created_at=1704989389,
    expires_at=1704989989,
    failed_at=None,
    file_ids=[],
    instructions=' 請回答問題 .',
```

```
last_error=None,
metadata={},
model='gpt-4-turbo-preview',
object='thread.run',
required_action=None,
started_at=1704989389,
status='in_progress',
thread_id='thread_N7dw2oEpNEEBiCU4cce47xoS',
tools=[ToolAssistantToolsCode(type='code_interpreter')]
)
```

可以看到，Run 已經退出 queued 狀態，目前處於 in_progress（進行中）狀態。因為 Run 還沒有執行完，所以需要循環調取，並等待它的狀態發生變化。

在互動對話過程中 Run 的執行狀態和流程如圖 4.15 所示。

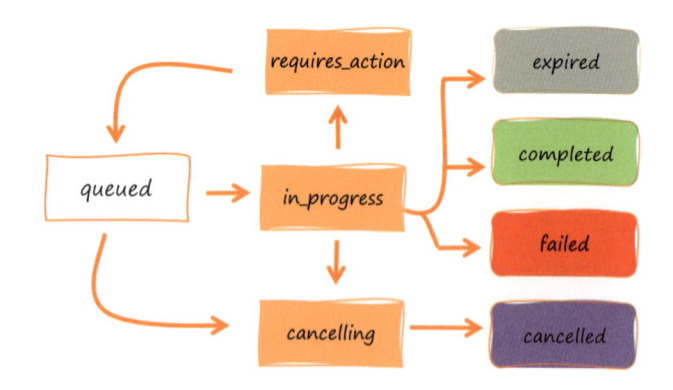

▲ 圖 4.15　在互動對話過程中 Run 的執行狀態和流程

Run 的生命週期始於 queued（等待執行）狀態，這表示已將 Run 加入到佇列中但尚未執行。不過，一旦系統分配資源，Run 的狀態很快會轉變為 in_progress，此時表示它正在執行。

在執行 Run 的過程中，可能會出現需要手動干預的情況。此時 Run 的狀態會轉變為 requires_action（需要操作）。如果已完成必要的操作，Run 的狀態可以轉變為 in_progress，然後繼續執行；如果操作超時，則 Run 的狀態可能會標記為 expired（已過期）。

在 in_progress 狀態中，如果決定取消當前的 Run，其狀態將轉變為 cancelling（取消中），表示正在取消操作。一旦取消成功，Run 的狀態會轉變為 cancelled（已取消）。

如果 Run 執行成功，則它的狀態將轉變為 completed（已完成）；反之，如果 Run 執行失敗，則狀態會轉變為 failed（失敗）。

表 4.1 列出 Run 的狀態及說明。

▼ 表 4.1 Run 的狀態及說明

狀態	定義
queued	首次創建 Run 或者呼叫 retrieve 獲取狀態後，Run 的狀態會轉變為 queued。正常情況下，Run 的狀態很快就會轉變為 in_progress
in_progress	表示 Run 正在執行，這時可以呼叫 run.step 來查看具體的執行過程
completed	表示 Run 執行成功，可以獲取 Assistant 傳回的訊息，也可以繼續向助理提問
requires_action	如果助理需要執行函式呼叫，就會轉到這個狀態，此時你必須按給定的參數呼叫指定方法，Run 才可以繼續執行
expired	沒有在 expires_at 之前提交函式呼叫輸出，Run 的狀態就會標記為 expired。另外，如果在 expires_at 之前沒獲取輸出，Run 的狀態也會標記為 expired
cancelling	呼叫 client.beta.threads.runs.cancel 方法後，Run 的狀態就會轉變為 cancelling；取消成功後，Run 的狀態就會轉變為 cancelled
cancelled	表示已成功取消 Run
failed	表示執行失敗，可以透過 Run 中的 last_error 物件來查看失敗原因

咖哥說

需要特別注意 requires_action 狀態，這表示助理需要在本機執行一些函數，也就是第 5 章會介紹的 Function Calling。執行完成後將結果返回給助理，然後 Run 繼續執行。

我們可以輪詢 runs.retrieve API，也就是定期檢查 Run 的狀態，以獲取 Run 的最新狀態，看看是否轉變為 completed，如果狀態已經是 completed，就可以讀取 Assistant 的傳回結果。

```
# 導入環境變數
from dotenv import load_dotenv
load_dotenv()
# 創建 client
from openai import OpenAI
client = OpenAI()
# 剛才創建的 Thread 的 ID
thread_id = 'thread_ddl4SsbU9KlCdpxv7BfqVpQQ'
# 剛才創建的 Run 的 ID
run_id = "runjZuIBnGfBtwlgox40PmzU9TU"
# 定義輪詢間隔時間（如 5s）
polling_interval = 5
# 開始輪詢 Run 的狀態
import time
while True:
  run = client.beta.threads.runs.retrieve(
    thread_id=thread_id,
    run_id=run_id
  )

  # 直接存取 run 物件的屬性
  status = run.status
  print(f"Run Status: {status}")
    # 如果 Run 的狀態是 completed、failed 或者 expired，則退出迴圈
  if status in ['completed', 'failed', 'expired']:
    break

  # 等待一段時間後再次輪詢
  time.sleep(polling_interval)
# 在 Rum 執行完成或失敗後處理結果
if status == 'completed':
  print("Run completed successfully.")
elif status == 'failed' or status ==
  'expired'
print("Run failed or expired.")
```

4.3 Assistants API 的簡單範例 | 135

```
Out  Run Status: in_progress
     Run Status: in_progress
     Run Status: completed
     Run completed successfully.
```

　　這裡在一個無限迴圈內部輪詢 Run 的狀態。如果 Run 的狀態為 completed、failed 或 expired，則退出迴圈。polling_interval 變數用於定義每次輪詢之間等待的時間，數秒後，迴圈結束，此時說明助理結束思考過程，可以給出回應了。

4.3.5 顯示回應

　　一旦助理執行完成，也就是 Run 的狀態轉變為 completed，就可以查看當前執行緒的最新情況，方法是列出執行緒中的所有訊息；而最新的就是 Run 完成時加入至執行緒中的訊息，也是助理給我們的回應，代表任務，即這輪對話的完成結果。

```
In   # 導入環境變數
     from dotenv import load_dotenv
     load_dotenv()
     # 創建 client
     from openai import OpenAI
     client = OpenAI()
     # 剛才創建的 Thread 的 ID
     thread_id = 'thread_ddl4SsbU9KlCdpxv7BfqVpQQ'
     # 讀取執行緒的訊息
     messages = client.beta.threads.messages.list(
         thread_id=thread_id
     )
     # 輸出訊息
     print(messages)
```

```
Out  SyncCursorPage[ThreadMessage]( data=[
       ThreadMessage(
         id='msg_YMQjOmQxJfSMSrNW1G99tHqO',
         assistant_id='asst_CDuIzGXwdEUTzjQxYqON669A',
            content=[MessageContentText(text=Text(annotations=[], value=' 在進價 80 元的
     基礎上加 20%，售價是 96 元。'), type='text')],
         created_at=1704989390,
            file_ids=[],
```

```
            metadata={},
            object='thread.message',
        role='assistant',
        run_id='run_udqooyGylZYkQZSHylv1lEkm',
        thread_id='thread_N7dw2oEpNEEBiCU4cce47xoS'
    ),
    ThreadMessage(
            id='msg_ZW5qoaiJioRV07hQH5M0XH5V',
            assistant_id=None,
            content=[MessageContentText(text=Text(annotations=[], value=' 我把每束花定價
為在進價的基礎上加 20%，當進價為 80 元時，我的售價是多少。'), type='text')],
            created_at=1704986492,
            file_ids=[],
            metadata={},
            object='thread.message',
            role='user',
            run_id=None,
            thread_id='thread_N7dw2oEpNEEBiCU4cce47xoS')],
    object='list',
    first_id='msg_YMQjOmQxJfSMSrNW1G99tHqO',
    last_id='msg_ZW5qoaiJioRV07hQH5M0XH5V',
    has_more=False
)
```

此時，助理向執行緒加入一條訊息，包含我想要的鮮花定價答案。上面的訊息結構可以拆解為以下幾個部分。

- 訊息 ID（id）：每條訊息的識別符號。

- 助理 ID（assistant_id）：發送訊息的助理識別符號。

- 訊息內容（content）：訊息的文字內容。

- 創建時間（created_at）：訊息創建的時間戳。

- 角色（role）：發送訊息的角色，例如使用者（user）或助理（assistant）。這個訊息歷史清單中還包括之前使用者創建的訊息，如表 4.2 所示。

▼ 表 4.2 訊息歷史清單中的訊息

訊息 ID	助理 ID	訊息內容	創建時間	角色
msg_YMQjOmQxJfSMSrNW1G99tHqO	asst_CDuIzGXwdEUTzjQxYqON669A	在進價 80 元的基礎上加 20%，售價是 96 元	1704989390	assistant
msg_ZW5qoaiJioRV07hQH5M0XH5V	無（由於這是我提出的問題，與助理無關，因此沒有助理 ID）	我把每束花定價為在進價的基礎上加 20%，當進價為 80 元時，我的售價是多少	1704986492	User

　　如果解析這個輸出，例如使用 Python 或 NLP 的一些小技巧來讀取「96」這個數字，就可以進行後續的程式開發過程了，如把 96 儲存到資料庫中。（更方便的做法是指示助理直接生成 JSON 格式的回答，這種方式可以用於解析每一個有用的字段。至於實現方法，可以自己思考一下。）

> **咖哥說**
>
> 在測試 Run 和執行緒的過程中，我注意到一個有趣的現象，即檢索到的訊息創建於不同時間，雖然這些訊息屬於同一個執行緒，但是未必屬於同一個 Run。這是可以理解的，因為 Run 是一次性的執行實例，它有明確開始時間和結束時間，專注處理特定的任務或使用者請求。而執行緒則像是持續執行的監聽器，代表助理的持久「記憶」，能夠跨越多個 Run 來維持對話的上下文和連貫性。

　　小雪：到這裡，Assistants API 的用法我基本上是看得一清二楚，但是，你示範的這些例子都過於簡單，能不能展示一些較為複雜的助理範例？

4.4 創建一個簡短的虛構 PPT

　　咖哥：當然，現在要來玩真的了。妳知道我寫過 3 本書吧？

　　小雪：當然知道，你也就這點本事，在大家面前反覆炫耀……

咖哥：這可不是炫耀。妳看，回到今天的主要任務上，向投資人展示這 3 本書：《零基礎學機器學習》、《數據分析咖哥十話：從思維到實踐促進運營增長》和《GPT 圖解：LLM 是怎樣構建的》的銷售額和趨勢。整個過程大致如下：

- 資料整理：首先蒐集每本書每個季度的銷售資料，可能包括日期、銷售額等。然後製作一個表格，列出每本書每個季度的總銷售額。
- 分析趨勢：查看每本書的銷售趨勢，尋找如總銷售額的增減、季節性變化、銷售高峰等訊息。
- 製作圖表：利用圖表來直觀展示這些趨勢。例如，長條圖可以展示每本書每個季度的銷售量，折線圖可以展示銷售趨勢。
- 撰寫結論：基於分析，撰寫一些諸如圖書銷售趨勢及其可能原因的結論。
- 製作 PPT：利用 PowerPoint 或其他呈現軟體，將以上內容整合成 PPT，確保包含介紹、分析方法、圖表、結論和建議等內容。
- 準備演講稿：PPT 製作完成後，準備一篇簡短的演講稿來介紹相關發現和分析，在老闆面前報告。

上述過程的工作量雖然不大，但是也絕對不小。

現在，我要帶著你完全藉 OpenAI 助理來完成全部工作，資料整理除外，但當然，之後的資料蒐集和整理也全部由 AI 來完成。

小雪：這……

咖哥：現在就開始。

4.4.1 資料的蒐集與整理

現在我們已經有 3 本書的銷售情況資料表：sales_data.csv，按季度記錄，詳見圖 4.6。

這些銷售資料並不複雜，接下來看一看 AI 助理能夠從中發現的奧祕。

> **咖哥說**
>
> 關於資料的蒐集、整理、清理（cleansing）、分析等一系列任務的執行，建議閱讀《數據分析咖哥十話：從思維到實踐促進運營增長》一書。

4.4.2 創建 OpenAI 助理

有了資料，就可以開始創建助理了。我們可以指示它的身分為資料科學助理，接受所提出的任何查詢，並執行必要程式碼以輸出需要的內容。

因為這個專案的視覺化部分較多，所以藉由 Jupyter Notebook 來完成。

首先，導入一些必備函式庫和環境變數（API 密鑰），並創建 client，這些步驟你應該已經不陌生了。

In
```
# 導入 OpenAI 庫，並創建 client
from dotenv import load_dotenv
load_dotenv()
from openai import OpenAI
client = OpenAI()
```

接著，以 Pandas 讀入資料文件，並顯示前幾行。

Out
```
# 導入資料文件，並顯示前幾行
import pandas as pd
file_path = 'sales_data.csv'
sales_data = pd.read_csv(file_path)
sales_data
```

輸出結果如圖 4.16 所示。

	日期	零基礎學機器學習	數據分析咖哥十話	GPT 圖解
0	31/3/2022	303.032760	985.615033	909.762701
1	30/6/2022	504.892977	871.129109	1023.037873
2	30/9/2022	576.723513	1035.950790	1080.552675
3	31/12/2022	670.501822	1068.182030	1148.976637
4	31/3/2023	766.792751	718.352429	1204.730960

▲ 圖 4.16 資料文件的前幾行

接下來，創建文件和助理。首先，需要上傳文件，以便助理可以存取它，然後在創建新的助理時指定文件的 ID。

In
```
# 創建文件
file = client.files.create(
  file=open(file_path, "rb"),
  purpose='assistants',)
# 創建一個包含這個文件的助理
assistant = client.beta.assistants.create(
  instructions=" 作為一名資料科學助理，在給定資料和查詢後，你能編寫適當的程式碼，並創建適
當的可視化。",
  model="gpt-4-0125-preview",
  tools=[
    {"type": "code_interpreter"}
  ],
  tool_resources={
    "code_interpreter": {
    "file_ids": [file.id] # Here we add the file id}})
print(assistant)
```

Out
```
Assistant(
  id='asst_RPNV8I20wvvhxRV0VAXecHS8',
  created_at=1706785064, description=None,
  file_ids=['file-sMNFWbv0kewfDKe4BLTPFM0F'],
  instructions=' 作為一名資料科學助理，在給定資料和查詢後，你能編寫適當的程式碼，並創建適
當的可視化。',
  metadata={},
  model='gpt-4-turbo-preview',
  name=None,
  object='assistant',
  tools=[ToolCode interpreter(type='code_interpreter')]
)
```

這裡的 instructions 參數可以給助理以通用指導，同時，開啟 Code Interpreter，這樣助理就可以編碼了；最後，指定 sales_data.csv 文件。

好了，一個擁有咖哥寫作圖書銷售訊息的資料分析助理誕生了！（在 Playground 中能找到它。）

要製作 PPT，不能都是純文字，還要圖文結合才能吸引人。基於圖書銷售資料，可以讓新建的助理分別創建圖表、標題，然後將這些訊息整合到 PPT 中。

一步一步來。

4.4.3 自主創建資料分析圖表

下面創建一個新的對話執行緒，以提交使用者訊息和相關文件。

In
```
# 創建對話執行緒並執行
thread = client.beta.threads.create(
  messages=[
    {
      "role": "user",
      "content": " 計算從 2022 年到 2025 年每個季度的總銷售額，並將不同產品視覺化為折線圖，產品線條顏色分別為紅，藍，綠。",
      "attachments": [
      {
      "file_id": file.id,
      "tools": [
      { "type": "code_interpreter" }]}]}])
print(thread)
```

Out
```
Thread(
    id='thread_ODsFeZ5HB1hwWslcfP8yOpO f ',
    created_at=1706785066,
    metadata={},
    object='thread'
    )
```

在執行緒中，我們的第一個請求是要求助理計算季度銷售額，之後按產品繪製銷售圖表，同時指定每條產品線的顏色。

咖哥：小雪，還記得下一步要做什麼嗎？

小雪：當然，就是 Run 啊。

In
```
# 創建 Run 來執行與助理的對話
run = client.beta.threads.runs.create(
  thread_id=thread.id,
```

```
    assistant_id=assistant.id,
)
run
```

Out
```
Run(
  id='run_ClKuvj8hEiF8uWVHEpsk7jVq',
  assistant_id='asst_RPNV8I20wvvhxRV0VAXecHS8',
  cancelled_at=None,
  completed_at=None,
  created_at=1706785066,
  expires_at=1706785666,
  failed_at=None,
   file_ids=['file-sMNFWbv0kewfDKe4BLTPFM0F'], instructions=' 作為一名資料科學助理，
在給定資料和查詢後，你能編寫適當的程式碼，並創建適當的可視化。',
  last_error=None,
  metadata={},
  model='gpt-4-turbo-preview',
  object='thread.run',
  required_action=None,
  started_at=None,
  status='queued',
  thread_id='thread_ODsFeZ5HB1hwWslcfP8yOpO f ',
  tools=[ToolAssistantToolsCode(type='code_interpreter')],
  usage=None
)
```

現在要開始作圖了！執行 Run 並循環檢查是否已創建圖像，等待助理完成執行。這個過程有些慢，要耐心等幾分鐘，而且如果出錯，例如出現 Time-out 之類的問題，可以多試幾次，畢竟這是 OpenAI 公司的新功能，穩定性還不足。

In
```
# 檢查並等待視覺化完成
import time
while True:
  messages = client.beta.threads.messages.list(thread_id=thread.id)
  try:
    # 檢查是否創建了圖像
    messages.data[0].content[0].image_file
    # 等待執行完成
    time.sleep(5)
    print(' 圖表已創建！')
```

4.4 創建一個簡短的虛構 PPT

```
      if messages.data and messages.data[0].content:
         print(' 當前 Message:', messages.data[0].content[0])
      break
   except:
      time.sleep(10)
      print(' 您的助理正在努力做圖表呢……')
      if messages.data and messages.data[0].content:
         print(' 當前 Message:', messages.data[0].content[0])
```

Out:
您的助理正在努力做圖表呢……
您的助理正在努力做圖表呢……
您的助理正在努力做圖表呢……
您的助理正在努力做圖表呢……
……
圖表已創建！

苦苦等待 3 分鐘後，我們的圖表終於做好。不僅有圖表，還有詳細的思考過程呢。

小雪：在哪？我怎麼沒看見。

咖哥：別急，我會把圖片轉換成 PNG 格式，並儲存到本機。這樣妳就可以在本機目錄中看到它（即 咖哥圖書銷售.png）；之後，再透過程式碼將這個 PNG 文件上傳給助理，好供進一步使用。

In:
```
# 將輸出文件轉換為 PNG 格式
def convert_file_to_png(file_id, write_path):
   data = client.files.content(file_id)
   data_bytes = data.read()
   with open(write_path, "wb") as file:
      file.write(data_bytes)
plot_file_id = messages.data[0].content[0].image_file.file_id
image_path = " 咖哥圖書銷售 .png"
convert_file_to_png(plot_file_id,image_path)
# 上傳圖表
plot_file = client.files.create(

file=open(image_path, "rb"),
purpose='assistants'
)
```

執行程式碼後，可以看到資料夾中多了一張銷售資料折線圖（見圖 4.17）。

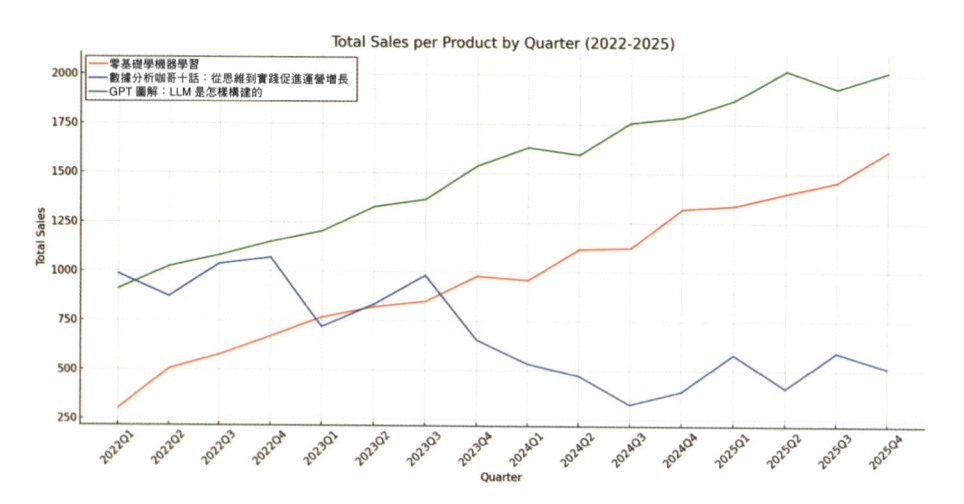

Total Sales per Product by Quarter (2022-2025)

● 圖 4.17 自動生成的銷售資料折線圖

小雪：哇！不錯。在這張圖中，助理自動計算每個季度的銷售額，並創建合併季度和年分的新專案列。絕對要把這張圖放進 PPT 裡，我自己畫的都沒那麼好！

小雪：不過，咖哥，這裡我有一個問題。我想知道助理在製作這張繪圖任務中的思考過程，有可能嗎？

咖哥：當然可以。我們查看截至目前的訊息歷史清單，可以發現裡面記錄下助理思考和行動的過程。

In
```
# 展示助理的思考和行動過程
messages = client.beta.threads.messages.list(thread_id=thread.id)
[message.content[0] for message in messages.data]
```

Out
```
[
MessageContentImageFile(image_file=ImageFile(file_id='file-KCFlvcOirtrzNzAQxr4OmtQn'),
type='image_file'),
 MessageContentText(text=Text(annotations=[], value=' 這個文件包含有關產品銷售的資料，
具體包括日期和 3 個不同產品的銷售額，這些產品分別為 " 零基礎學機器學習 "、" 數據分析咖哥十話：
從思維到實踐促進運營增長 " 和 "GPT 圖解 LLM 是怎樣建構的 "。日期格式為 " 日 / 月 / 年 "。\
n\n 接下來，我將計算從 2022 年到 2025 年每個季度的銷售額，並按產品的要求繪製折線圖，其中 "
```

4.4 創建一個簡短的虛構 PPT

```
零基礎學機器學習"用紅色線條表示,"數據分析咖哥十話：從思維到實踐促進運營增長"用藍色線
條表示,而"GPT 圖解 LLM 是怎樣建構的"用綠色線條表示.'), type='text'),
MessageContentText(text=Text(annotations=[], value=' 日期列已成功轉換,日期範圍從
2022 年 3 月 31 日到 2025 年 12 月 31 日,覆蓋了您指定的日期範圍。\n\n 現在,我們將建構折線圖
來表示從 2022 年到 2025 年每個季度的銷售額,並根據不同的產品用紅、藍、綠顏色線條表示。'),
type='text'), MessageContentText(text=Text(annotations=[], value=' 資料成功載入,它
包含 4 列：` 日期 `、` 零基礎學機器學習 `、` 數據分析咖哥十話：從思維到實踐促進運營增長 ` 和
`GPT 圖解 LLM 是怎樣建構的 `。這些列分別代表每個季度的日期和 3 種產品的銷售額。\n\n 接下
來,我將按照您的要求 :\n1. 將日期列轉換為日期類型,並確保能正確解析它。\n2. 計算從 2022 年
到 2025 年每個季度的總銷售額。\n3. 透過不同的產品將銷售額視覺化為折線圖,每種產品使用指定的
顏色線條（紅、藍、綠）。\n\n 讓我們從第一步開始：轉換日期列。'), type='text'),
MessageContentText(text=Text(annotations=[], value=' 看來在嘗試讀取文件時遇到一些問
題,因為我沒有成功地載入它。剛才的嘗試包括將文件作為 CSV 和 Excel 格式讀取,但這兩種方式都失
敗了。為了解決這個問題,我需要嘗試指定特定的編碼（如 UTF-8）重新載入 '), type='text'),
MessageContentText(text=Text(annotations=[], value=' 為了回答您的問題,請允許我首先檢
查文件的內容以了解其結構。這將幫助我確定如何提取所需的銷售資料,並根據您的要求計算和視覺化。
我現在將載入並檢查文件。'), type='text'),
MessageContentText(text=Text(annotations=[], value=' 計算從 2022 年到 2025 年每
個季度的銷售額,並透過不同的產品將其視覺化為折線圖,產品線條顏色分別為紅,藍,綠。'),
type='text')]
```

可以看到，助理輸出的最新一條訊息是「MessageContentImageFile(image_file=ImageFile(file_id='file-KCFlvcOirtrzNzAQxr4OmtQn'), type='image_file')」。這表明助理會優先顯示圖片已經生成的訊息。倒數第二條訊息的文字是「這個文件包含有關產品銷售的資料，具體包括日期和 3 個不同產品的銷售額，這些產品分別是《零基礎學機器學習》、《數據分析咖哥十話：從思維到實踐促進運營增長》和《GPT 圖解：LLM 是怎樣構建的》。日期格式為 " 日 / 月 / 年 "。\n\n 接下來，我將計算從 2022 年到 2025 年每個季度的銷售額，並按產品的要求繪製折線圖，其中《數據分析咖哥十話：從思維到實踐促進運營增長》用紅色線條表示，《零基礎學機器學習》用藍色線條表示，而《GPT 圖解：LLM 是怎樣構建的》用綠色線條表示」。這就是助理要傳給 Code Interpreter 來編碼作圖的最終提示（Prompt）。Code Interpreter 在作圖時也會讀取我們上傳的資料文件。

同時，我們看到助理在得出最終提示之前還經歷了多輪思考，如轉換編碼、轉換日期類型等。有趣的是，助理曾多次嘗試解析資料文件，當第一次解析不成功時（助理輸出訊息是「看來在嘗試讀取文件時遇到一些問題……」），它用新方法再次嘗試後才成功，這能證明助理具有自適應性。

所以，效果很不錯！只要一句話，就可以讓我們的助理使用 Code Interpreter 來統計銷售額，並繪製折線圖。現在我們的 PPT 已經有漂亮的圖表，但還需要一些文字，也就是見解（英文為 insight，也有人用「洞見」或「洞察」）來配合它。

4.4.4 自主創建資料見解

現在，我們繼續透過執行緒向助理發送新的任務。

先定義一個函數來提交使用者的訊息，並獲取助理的分析結果。

In ▶
```python
# 定義提交使用者訊息的函數
def submit_message_wait_completion(assistant_id, thread, user_message, file_ids=None):
    # 檢查並等待活躍的 Run 完成
    for run in client.beta.threads.runs.list(thread_id=thread.id).data:
        if run.status == 'in_progress':
            print(f" 等待 Run {run.id} 完成……")
            while True:
                run_status = client.beta.threads.runs.retrieve(thread_id=thread.id, run_id=run.id).status
                if run_status in ['succeeded', 'failed']:
                    break
                time.sleep(5) # 等待 5s 後再次檢查狀態

    # 提交訊息
    params = {
        'thread_id': thread.id,
        'role': 'user',
        'content': user_message,
    }
    # 設定 attachments
    if file_ids:
        attachments = [{" file_id": file_id, "tools": [ {"type": "code_interpreter"}]} for file_id in file_ids]
        params['attachments'] = attachments
    client.beta.threads.messages.create(**params)
```

```python
# 創建 Run
run = client.beta.threads.runs.create(thread_id=thread.id, assistant_id=assistant_id)
return run
```

函數首先會檢查執行緒中的所有 Run，如果有正在進行的 Run，則會等待它們完成。一旦所有的執行都完成，函數就會提交新的任務。

透過呼叫 submit_message_wait_completion 函數來發送請求，讓助理生成見解。

In
```python
# 透過呼叫 submit_message 函數來發送請求，讓助理生成見解
submit_message(
    assistant.id,
    thread,
    " 請根據你剛才創建的圖表，給我兩個約 20 字的句子，描述最重要的見解。這將用於 PPT 以揭示資料背後的祕密。")
```

Out
```
Run(
    id='run_NQoyCMVx1bM45bfAJbCSm5sn',
    assistant_id='asst_KTnWa4wvNB5VPqkNjxXLO6uQ',
    cancelled_at=None,
    completed_at=None,
    created_at=1706798249,
    expires_at=1706798849,
    failed_at=None,
    file_ids=['file-zFY1ufxxK6ChvFnFtH7R39Kn'],
    instructions=' 作為一名資料科學助理，在給定資料和查詢後，你能編寫適當的程式碼，並創建適當的可視化。',
    last_error=None,
    metadata={},
    model='gpt-4-0125-preview',
    object='thread.run',
    required_action=None,
    started_at=None,
    status='queued',
    thread_id='thread_0RRIolntisN73QKBEahXeLie',
    tools=[ToolAssistantToolsCode(type='code_interpreter')],
    usage=None
)
```

下面，獲取當前對話執行緒的回應，並輸出生成的見解。

In
```
# 獲取對話執行緒的回應
def get_response(thread):
    return client.beta.threads.messages.list(thread_id=thread.id)
# 等待回應並輸出生成的見解
time.sleep(10) # 假設資料科學助理需要一些時間來生成見解
response = get_response(thread)
bullet_points = response.data[0].content[0].text.value
print(bullet_points)
```

Out
1." 從 2022 年到 2025 年，'數據分析咖哥十話：從思維到實踐促進運營增長'的季度銷售額呈現出穩步增長的趨勢。"
2." 相比之下，'GPT 圖解：LLM 是怎樣構建的'和'零基礎機器學習'在同一時期的銷售額變化較大。"

不得不說，GPT-4 模型的聰明程度真的不亞於新手資料分析師！所以，多誇誇你的 LLM 吧，越稱讚它，它回應的水準也會越高。

> **咖哥說**
>
> 這可不是咖哥在胡說八道，這是心理學和社會學概念「自我實現預言」（self-fulfilling prophecy）。指一個人的信念或期望能夠影響他們的行為，從而使這些信念或期望實現。換句話說，如果一個人相信某件事會發生，他的行為可能會無意識地導致這個預期成為現實。

自我實現預言顯示了期望或信念對個人行為和互動的強烈影響，強調心態和態度對塑造我們自身能發揮的作用。

儘管 LLM 的核心能力和知識水準是由訓練資料、訓練過程和演算法決定的，但使用者的期望和回饋確實可以影響互動的性質和回應的品質。因為正面的互動和回饋可能會激發更豐富的對話和探索，而消極的回饋可能會導致較為貧乏或有限的互動。

4.4.5 自主創建頁面標題

接下來再次呼叫 submit_message_wait_completion 函數。根據助理所輸出的兩個見解，下面開始為 PPT 生成標題。

In ▶
```
# 根據見解生成標題
submit_message_wait_completion(assistant.id, thread," 根據你創建的情節和要點，為 PPT
想一個非常簡短的標題，反映你得到的主要見解。")
```

之後等待助理對這個訊息請求回應並輸出 PPT 的標題。

In ▶
```
# 等待回應並輸出標題
time.sleep(10)  # 等待助理生成標題
response = get_response(thread)
title = response.data[0].content[0].text.value
print(title)
```

Out ▶
" 市場趨勢：優秀科技教育類圖書產品銷售增長揭祕 " ←（第一次執行的輸出結果）
" 產品銷售趨勢：穩健增長與市場波動 " ←（第二次執行的輸出結果）

這標題下得多好啊！咖哥看到這兩個標題時，感動得都要哭了，第一次有人真的了解他，雖然是 AI。

4.4.6 用 DALL・E 3 模型為 PPT 首頁配圖

接下來的任務更有趣，請助理為 PPT 首頁配一張好圖片。這張圖片要能展示咖哥和花語祕境公司的共同成長和成功方向；這張圖片也要傳達正面的暗示，讓投資人對咖哥更有信心。

在下面的程式碼中，首先提供這家新創公司的簡介，如果沒有這條訊息，助理在講故事時就會少了一些「切入點」。然後調用 DALL・E 3 模型，根據咖哥的作品情況和公司訊息來生成一張圖片。

In ▶
```
# 提供花語祕境公司的說明
company_summary = " 雖然是家新創網路鮮花批發電商，但是董事長也撰寫 IT 書籍！ "
# 調用 DALL・E 3 模型來生成圖片
response = client.images.generate(
    model='dall-e-3',
```

```python
    prompt=f" 根據這家公司的簡介 {company_summary}, \
        創建一張展示咖哥和花語祕境公司共同成長和邁向成功的啟發性照片。這將用於季度銷售
規劃會議 ",
    size="1024x1024",
    quality="hd",
    n=1
)
image_url = response.data[0].url
# 獲取 DALL‧E 3 模型生成的圖片
import requests
dalle_img_path = ' 花語祕境咖哥 .png'
img = requests.get(image_url)
# 將圖片儲存到本機
with open(dalle_img_path,'wb') as file:

    file.write(img.content)
# 將上傳的圖片作為 PPT 素材之一
dalle_file = client.files.create(
    file=open(dalle_img_path, "rb"),
    purpose='assistants'
)
```

　　程式碼透過 URL 獲取生成的圖片，然後儲存到本機。最後，圖片上傳到 client 中，並作為下一步生成 PPT 的素材之一。

　　在本機找到「花語祕境咖哥 .png」文件，打開它，你會看到一張讓人又驚又喜的圖片（見圖 4.18）。

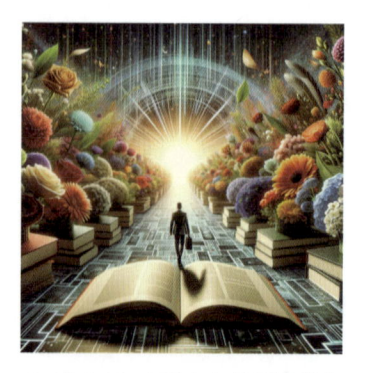

🎧 圖 4.18 咖哥走在花語祕境中

圖片表現力可圈可點，既有鮮花裝飾，又暗示董事長是一位不折不扣的文藝青年：他以圖書為底座，在鮮花盛開的康莊大道上向前走，目標是寫出 100 本好書！

小雪：董事長！！！

4.4.7 自主創建 PPT

現在我們已擁有創建 PPT 所需的全部素材。最後一步馬上開始！

這裡，可以透過 python-pptx 函式庫為助理提供 PPT 模板，包括設定 PPT 的版面配置、背景顏色，加入圖片、文字框，以及選定字體樣式和大小。

我們會定義兩個模板，一個是首頁模板，一個是內頁模板[1]。

首先透過多行字串模板 title_template（首頁模板）定義一個包含圖像、標題和副標題的 PPT 模板。

```
# 導入相關庫和工具
from pptx import Presentation
from pptx.util import Inches, Pt
from pptx.enum.text import PP_PARAGRAPH_ALIGNMENT
from pptx.dml.color import RGBColor
# 初始化首頁模板
title_template = """
# 創建新的 PPT 物件
prs = Presentation()
# 加入一個空白的 PPT 版面配置
blank_slide_layout = prs.slide_layouts[6]
slide = prs.slides.add_slide(blank_slide_layout)
# 將 PPT 的背景顏色設定為黑色
background = slide.background
fill = background.fill
fill.solid()
fill.fore_color.rgb = RGBColor(0, 0, 0)
# 在 PPT 左側加入圖片，上下留有邊距
left = Inches(0)
top = Inches(0)
height = prs.slide_height
```

---

[1] 本節介紹的兩個 PPT 模板程式碼，主要取材自 OpenAI 的官方範例。

```python
width = prs.slide_width * 3/5
pic = slide.shapes.add_picture(image_path, left, top, width=width, height=height)
# 在較高位置加入標題文字框
left = prs.slide_width * 3/5
top = Inches(2)
width = prs.slide_width * 2/5
height = Inches(1)
title_box = slide.shapes.add_textbox(left, top, width, height)
title_frame = title_box.text_frame
title_p = title_frame.add_paragraph()
title_p.text = title_text
title_p.font.bold = True
title_p.font.size = Pt(38)
title_p.font.color.rgb = RGBColor(255, 255, 255)
title_p.alignment = PP_PARAGRAPH_ALIGNMENT.CENTER
# 加入副標題文字框
left = prs.slide_width * 3/5
top = Inches(3)
width = prs.slide_width * 2/5
height = Inches(1)
subtitle_box = slide.shapes.add_textbox(left, top, width, height)
subtitle_frame = subtitle_box.text_frame
subtitle_p = subtitle_frame.add_paragraph()
subtitle_p.text = subtitle_text
subtitle_p.font.size = Pt(22)
subtitle_p.font.color.rgb = RGBColor(255, 255, 255)
subtitle_p.alignment = PP_PARAGRAPH_ALIGNMENT.CENTER
"""
```

接下來透過多行字串模板 details_template（內頁模板），定義一個包含圖像、標題和「關鍵見解：」文字（含專案符號清單）的 PPT 模板。

```
In  # 初始化內頁模板
    details_template = """
    # 創建新的 PPT 物件
    prs = Presentation()
    # 加入一個空白的 PPT 版面配置
    blank_slide_layout = prs.slide_layouts[6]
    slide = prs.slides.add_slide(blank_slide_layout)
    # 將 PPT 的背景顏色設定為黑色
    background = slide.background
```

```
fill = background.fill
fill.solid()
fill.fore_color.rgb = RGBColor(0, 0, 0)
# 定義佔位符
image_path = data_vis_img
title_text = " 提升利潤：線上銷售與直銷最佳化的主導地位 "
bullet_points = "• _ 線上銷售在各個季度中始終領先於盈利能力，這表明存在強大的數位市場。\n•
_ 直銷表現出波動，這表明該管道的表現變化和針對性改進的必要性。"
# 在 PPT 左側加入圖片佔位符
left = Inches(0.2)
top = Inches(1.8)
height = prs.slide_height - Inches(3)
width = prs.slide_width * 3/5
pic = slide.shapes.add_picture(image_path, left, top, width=width, height=height)
# 加入覆蓋整個寬度的標題文字
left = Inches(0)
top = Inches(0)
width = prs.slide_width
height = Inches(1)
title_box = slide.shapes.add_textbox(left, top, width, height)
title_frame = title_box.text_frame
title_frame.margin_top = Inches(0.1)
title_p = title_frame.add_paragraph()
title_p.text = title_text
title_p.font.bold = True
title_p.font.size = Pt(28)
title_p.font.color.rgb = RGBColor(255, 255, 255)
title_p.alignment = PP_PARAGRAPH_ALIGNMENT.CENTER
# 加入寫死的 " 關鍵見解：" 文字和專案符號清單
left = prs.slide_width * 2/3
top = Inches(1.5)
width = prs.slide_width * 1/3
height = Inches(4.5)
insights_box = slide.shapes.add_textbox(left, top, width, height)
insights_frame = insights_box.text_frame
insights_p = insights_frame.add_paragraph()
insights_p.text = " 關鍵見解："
insights_p.font.bold = True
insights_p.font.size = Pt(24)
insights_p.font.color.rgb = RGBColor(0, 128, 100)
insights_p.alignment = PP_PARAGRAPH_ALIGNMENT.LEFT
```

```
insights_frame.add_paragraph()
bullet_p = insights_frame.add_paragraph()
bullet_p.text = bullet_points
bullet_p.font.size = Pt(12)
bullet_p.font.color.rgb = RGBColor(255, 255, 255)
bullet_p.line_spacing = 1.5
"""
```

最後一步！用 submit_message_wait_completion 提交訊息，傳入必要的參數，包括模板、標題、副標題和附加的文件 ID，並指示助理使用上述模板來創建 PPT。之後等待助理完成任務即可。

In ▶
```
title_text = " 花語祕境 "
subtitle_text = "2025 年銷售大會 "

submit_message_wait_completion(assistant.id,thread,f " 以包含的程式碼模板創建符合模板格式的 PPT，但使用本訊息中包含的圖片、公司名稱／標題和文件名／副標題：\
{title_template}。重要提示：在第一張 PPT 中使用本訊息中包含的圖片文件作為 image_path 圖像，並使用公司名稱 {title_text} 作為 title_text 變數，\
  使用副標題文字 {subtitle_text} 作為 subtitle_text 變數。\
    接著，使用以下程式碼模板創建第二張 PPT：{data_vis_template}，創建符合模板格式的 PPT，但使用公司名稱／標題和文件名／副標題：\
{data_vis_template}。重要提示：使用您之前在本執行緒中創建的第二張附圖（折線圖）作為 data_vis_ img 圖像，並使用您之前創建的資料視覺化標題作為 title_text 變數，\
  使用您之前創建的見解專案符號清單作為 bullet_points 變數。將這兩張 PPT 輸出為 pptx 格式的文件。確保輸出為兩張 PPT，且每張 PPT 都符合本訊息中給出的相應模板。",
        file_ids=[dalle_file.id, plot_file.id]
)


# 等待助理完成 PPT 創建任務
while True:
  try:
    response = get_response(thread)
    pptx_id = response.data[0].content[0].text.annotations[0].file_path.file_id
    print(" 成功檢索到 pptx_id:", pptx_id)
    break
  except Exception as e:
    print(" 您的助理正在努力製作幻燈片……")
    time.sleep(10)
```

4.4 創建一個簡短的虛構 PPT | 155

```
import io
pptx_id = response.data[0].content[0].text.annotations[0].file_path.file_id
ppt_file= client.files.content(pptx_id)
file_obj = io.BytesIO(ppt_file.read())
with open(" 咖哥花語祕境 .pptx", "wb") as f:
 f.write(file_obj.getbuffer())
```

> Out

```
您的助理正在努力製作 PPT……
您的助理正在努力製作 PPT……
您的助理正在努力製作 PPT……
您的助理正在努力製作 PPT……
您的助理正在努力製作 PPT……
成功檢索到 pptx_id: file-hpHLEPeANzfza6CLhW4Vfccv
```

好了，一個新文件誕生了。打開當前目錄中新生成的文件「花語祕境 .pptx」，兩張從版式到內容幾乎不需要任何修改的 PPT 映入眼簾（見圖 4.19）。

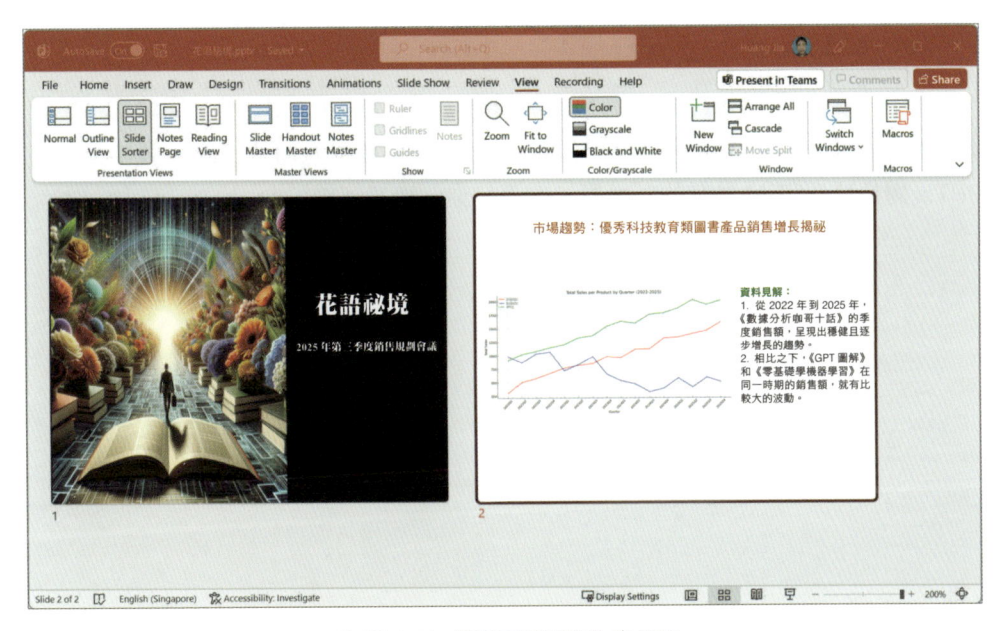

🎧 圖 4.19 幾乎不需要修改的 PPT

4.5 小結

4.1 節至 4.3 節完整解釋和練習 Assistants API，使用 Assistants API 的方式，以及 Thread、Run、Message 等概念、工具和操作流程。

最主要的內容 4.4 節，則介紹使用 OpenAI 公司的 Assistants API 以及 GPT-4 模型和 DALL・E 3 模型，來製作訊息豐富且視覺上吸引人的 PPT。

在實際操作中，首先，展示載入銷售資料的辦法，並利用 Assistants API 作為資料科學助理來生成資料視覺化的圖或表。這個過程包括統計每個季度的銷售額，並將其以折線圖的形式展示。

其次，Assistants API 根據生成的圖或表提供了一些見解，並創建適合 PPT 的標題。然後，藉由 DALL・E 3 模型，根據公司的概述生成一張 PPT 首頁圖片。

最後，使用 python-pptx 庫和一些預設模板，以 Assistants API 創建 PPT。這個過程把所有元素結合起來，包括標題、圖表、見解以及由 DALL・E 3 模型生成的圖片，最終生成兩張不錯的 PPT。

如你所見，只要幾行程式碼和自然語言說明，就能輕鬆創建一個助理，結合資料科學，而創造出相當不錯的內容；也可以拿來當個人助理，獨立製作精美的 PPT。對於這個和 AI 共存的新世界，咖哥和你一樣感到驚訝。

CHAPTER
5

Agent 2：多功能選擇的引擎 ——透過 Function Calling 呼叫函數

從捷運站到公司的路上有座自然歷史博物館，咖哥和小雪走了進去（見圖 5.1）。

🎧 圖 5.1 咖哥和小雪參觀博物館

小雪：咖哥，人類能夠從猿類演化而來，一個很重要的原因就是因為我們學會使用工具，這件事的重要性能啟發現在的人工智慧領域研究嗎？

咖哥：學會使用工具的確是演化過程中一個關鍵轉折點。除了工具的使用增強人類的生存能力以外，整個過程也能促進人類認知能力的發展，包括解決問題、規劃和抽象思維能力。這些能力的發展為人類文明的進步奠定了基礎。

咖哥指了指海報上猿人手中的石頭，說：這塊石頭看起來很普通吧？但對早期的人類來說，這可能是一把切割食物的刀，可能是一件用來狩獵的武器，也可能是有危險時可以用來防身的武器。工具能讓他們完成更多類型、更複雜的任務，也更有效率。

如果 Agent 面對複雜的任務時只能靠自己來解決，它的能力將因此受限；但如果它懂得根據不同任務調用外部功能或服務，也將有效增強自己的能力（見圖 5.2）。

圖 5.2 人類和 AI 都學會用工具完成任務

小雪：你這樣一說，我自然而然地聯想起 Playground 中 Assistants 的工具（Tools）。這些工具是先在 OpenAI 內部定義好，然後由 Agent 自主調用嗎？

咖哥：說對了一部分，但不完全如此，工具可以由你自己客製化。接下來介紹的 Function Calling 能說得更清楚。

5.1 OpenAI 中的 Functions

4.1 節提過，Assistants 中的工具可以分為 3 種類型：Functions、Code interpreter 和 File search，如圖 5.3 所示。

5.1 OpenAI 中的 Functions | 159

🎧 圖 5.3 Assistants 中的 Tools

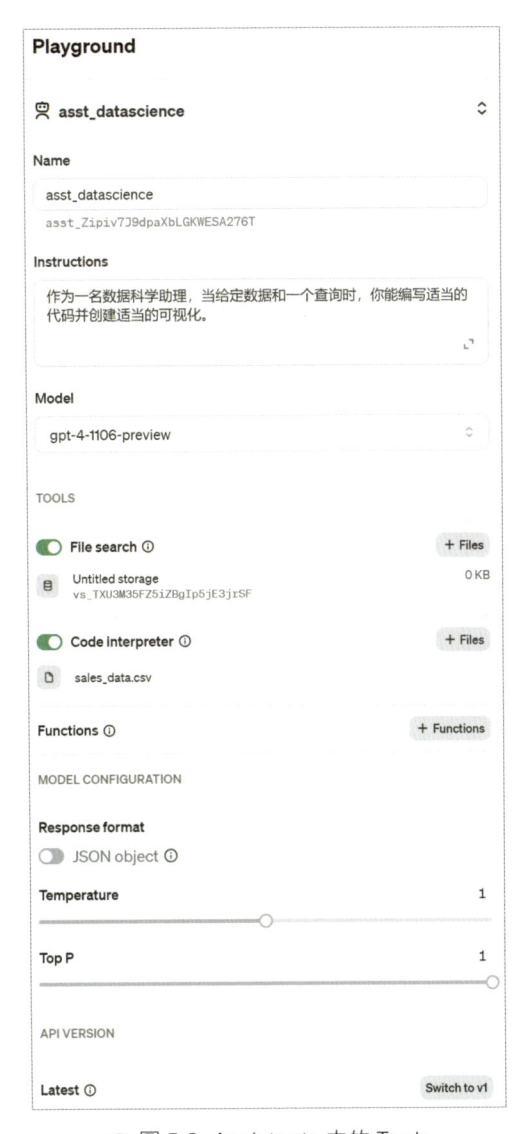

在這些工具中，我們已經使用 Code interpreter 編寫進行資料分析的程式碼，而 File search 的作用是在上傳的文件中自動檢索訊息。這兩個工具封裝在 OpenAI 內部，無論是 Assistants 還是 OpenAI API 中，都可以直接使用。它們是 OpenAI 的內部工具。

現在要重點談論 Functions，這是可以由開發者客製化的工具。

5.1.1 何謂 Functions

用 OpenAI 公司的話說，Functions 是一個開發者工具，旨在提供特定領域的能力來擴展和增強 OpenAI 公司 LLM 的功能。它允許開發者創建和部署自訂函數，以執行特定任務、處理複雜查詢或者提供專業化答覆。透過 Functions，開發者可以利用 OpenAI 公司 LLM 的強大功能，來建構更為豐富和動態的應用程式。

就像人類知道使用各種工具的時機一樣，Assistants 藉由 Functions，可以根據當前任務的需要，選擇並調用最合適的外部函數或工具。這樣，Agent 就可以在自己的訓練過程中掌握尚未完備的技能，從而更加靈活和有效地處理各種複雜的任務。

Functions 的主要特點如下：

- 客製化：開發者可以根據特定需求客製化函數，以處理特定類型的問題。
- 整合：這些函數可以整合到現有的應用或服務中。
- 擴展性：隨著需求的變化和技術的發展，開發者可以更新和擴展函數的功能。

Functions 讓 LLM 可以連接到外部工具，從而賦予開發者更多的靈活性和創造力，以促進和加速 AI 在各種行業和領域中的應用。

5.1.2 Function 的說明文字很重要

小雪：我想不透的是，Assistants 要怎麼知道什麼時候應該調用哪個工具呢？

咖哥：對於 Code interpreter 和 File search 這兩個內部工具，OpenAI 內部自有一套處理邏輯，用於指導 Assistants 判斷需要調用這些工具的場景。至於我們自己客製化的 Function，給予的 Description（說明文字）就很重要了；Description 就是 Assistants 用於判斷是否應該調用這個工具的依據。

點擊圖 5.3 後，可以看到一個預設的 Function 範例（見圖 5.4），名為 get_weather，它的說明是「Determine weather in my location」。基於這個工具說明，助理在需要查找天氣情況時，當然會主動聯想到這個工具。

```
Playground  Assistants

← Add Function                              Examples ∨

1  {
     "name": "get_weather",
     "description": "Determine weather in my location",
     "parameters": {
       "type": "object",
       "properties": {
         "location": {
           "type": "string",
           "description": "The city and state e.g. San Francisco, CA"
         },
         "unit": {
           "type": "string",
           "enum": [
             "c",
             "f"
           ]
         }
       },
       "required": [
         "location"
       ]
     }
   }
```

🎧 圖 5.4 Playground 中預設的 Function 範例

如果我告訴它「你的任務是根據今天的溫度來安排鮮花庫存」，會不會調用這個工具呢？

小雪點點頭：助理應該會想到有這個工具。

5.1.3 Function 定義中的 Sample

小雪：不過，我還有一個問題。上面這段範例程式碼就是 Function 中要實現的功能嗎？

咖哥：不是，小雪。有一點要特別注意，上面這段看上去像程式碼的文字，其實不是程式片段，而是對函數介面的 JSON 格式描述（即 JSON Schema），目的是讓 LLM 以智慧輸出一個包含用於呼叫一個或多個函數參數的 JSON 物件。**這個說明只是函數的「元資料」，描述使用這個函數的方法，要真的實現程式碼，需要在主程式中編寫。呼叫這個函數時，所編寫的實現程式碼會執行相應的操作，例如查詢天氣，並傳回結果。**

其中，get_weather 函數的元資料包含以下幾個關鍵部分。

name：函數的名稱。

description：函數的描述，解釋函數的用途。

parameters：參數的定義，描述該函數需要的資料輸入。

- type：指示參數是一個物件。

- properties：描述這個物件應該擁有的屬性，例如 location 和 unit。其中，location 應該是一個字串，表示要查詢天氣訊息的城市和州；unit 是一個字串，表示溫度單位，可能的值是攝氏「c」或華氏「f」。

- required：這個清單指示必需屬性，如以這個函數來說，location 是必需的。

> **咖哥說**
>
> JSON（JavaScript Object Notation）是一種輕量級資料交換格式，它基於文本，易於開發者閱讀和編寫，也易於機器解析和生成。它是一種用於儲存和傳輸資料的格式，通常用於伺服器和 Web 應用程式之間的資料交換。

再強調一遍，在把工具傳遞給 LLM 之後，LLM 不會真的調用工具中的程式碼，相反的，LLM 會生成 JSON 格式的字串。開發者應先解析，然後使用它來呼叫程式碼中的函數（確切實現功能這點仍掌握在開發者手中，其邏輯由開發者在後續程式碼中封裝完成）。對於初學者，這一點感覺有些「迂迴」，但看完以下介紹的幾個範例之後，就會清楚許多。

> **咖哥說**
>
> 並非 OpenAI 公司的所有模型都支援 Functions，只有經過訓練、較新的模型如 GPT-3.5 Turbo 和 GPT-4 可以偵測應呼叫函數的時機，取決於所輸入的提示訊息和 Functions 中的說明文字。而且經過相關訓練的新模型，會比之前的模型更能緊密按照 JSON 格式回應。

5.1.4 何謂 Function Calling

解釋清楚 Functions 的定義後，我們來繼續探討何謂 Function Calling。

Function Calling 是 GPT-3.5Turbo 和 GPT-4 等模型的新功能，允許開發者用 JSON Schema 描述函數。LLM 可以智慧型輸出一個包含用於呼叫一個或多個函數的參數的 JSON 物件。

Function Calling 是連接 GPT 模型的自然語言理解能力與外部工具或 API 的橋梁，它讓從 LLM 獲取結構化資料，或基於 LLM 輸出觸發外部動作的方式更為可靠。

Functions 呼叫的基本步驟如下：

1. 定義函數及元資料：定義好你要做的事情的函數和元資料（JSON Schema）。把 JSON Schema 提交給 LLM。

2. 提出請求：告訴系統想做的事，例如查詢天氣訊息。這個請求需要包含必要訊息，如地點。

3. 模型生成指令：系統會根據使用者的請求決定要呼叫的功能。如果該請求符合系統中的某個函數，系統就會創建一個包含所有必要訊息的字串，並符合事先定義的 JSON Schema 要求。

4. 執行函數：系統首先把文本解析為 JSON 物件，然後根據這個 JSON 物件執行對應的函數。如果指令中包括地點訊息，則 JSON 物件中也會包含統一的地點訊息。相應地，函數會去查找那個地點的天氣訊息。

5. 傳回結果：一旦函數執行完畢，系統會傳回結果，也用 JSON 格式來表示。通常會把這個結果再次傳遞回 LLM，讓它生成最終的回答，也就是輸出有關該地點天氣訊息的文字。

以上步驟可見表 5.1 說明。

▼ 表 5.1 Functions 的呼叫步驟

步驟	描述
1	定義好要做的事情的函數和元資料（JSON Schema）。把 JSON Schema 提交給 LLM
2	使用者提出請求，如「獲取當前天氣」或「發送電子郵件給客戶」
3	LLM 根據查詢確定是否需要呼叫函數，並構造一個字串化的 JSON 物件，包括函式呼叫所需的參數
4	開發者編寫程式碼將這個字串解析回 JSON 物件，並實際呼叫相應的函數，如 get_current_weather 或 send_email，傳入必要的參數
5	函數執行並傳回結果。這些結果會傳遞回 LLM
6	LLM 接收函數執行的結果，並將相關訊息整合到回覆中，以自然語言的形式傳回使用者

小雪：咖哥，你這麼解釋我就大概明白了。在 OpenAI 公司的文件中，有時看到的 Functions，指的是要呼叫的函數介面定義部分；有時看到的 Function Calling，指的是透過 LLM 生成符合函式呼叫介面格式的字串過程，需要把它解析為 JSON 物件，然後再呼叫自己定義的函數功能。

簡單來說，這是一個把自然語言，如查詢某個城市的溫度、提高鮮花價格 20% 等，變成電腦函數能夠讀懂的 JSON Schema 的過程。

咖哥：說得好，就是這樣。表 5.2 有更多關於 Function 定義的範例。

▼ 表 5.2 更多 Function 定義的範例

使用場景	Function 定義的範例	功能描述
查詢客戶訊息	get_customers(min_revenue:int,created_before:string,limit:int)	根據收入、創建日期等條件查詢客戶訊息
提取資料	extract_data(name:string,birthday.string)	從文本中提取特定的人名和生日資料
執行 SQL 查詢	sql_query(query:string)	執行一個 SQL 查詢並傳回結果

5.2 在 Playground 中定義 Function

本節會以實例示範呈現整個流程。我們要創建一個簡單且有趣的 Function，它是一個「鼓勵生成器」，接受使用者的名字和當前心情，然後傳回一條客製化的鼓勵訊息。

這個 Function 的功能簡單直接，程式碼行數小於 20 行。

In
```
# 鼓勵函數
def get_encouragement(name, mood):
  # 基本鼓勵訊息
  messages = {
    "happy": " 繼續保持積極的心態，做得好！ ",
    "sad": " 記住，即使在最黑暗的日子裡，也有陽光等著你。",
    "tired": " 你做得很好了，現在是時候休息一下了。",
    "stressed": " 深呼吸，一切都會好起來。"

  }

  # 獲取對應心情的鼓勵訊息
  message = messages.get(mood.lower(), " 妳今天感覺如何？我會一直在這裡支持妳！ ")

  # 傳回客製化的鼓勵訊息
  return f" 親愛的 {name}，{message}"
# 使用範例
print(getencouragement(" 小雪 ", "tired"))
```

Out
親愛的小雪，妳做得很好了，現在是時候休息一下了。

其中，get_encouragement 函數首先接收兩個參數：使用者的名字和當前心情。然後，根據使用者心情，從預設訊息中選擇一句合適的鼓勵語並傳回。

小雪：好的，咖哥，接下來換我了。進入 Playground，先創建一個助理，命名為「鼓勵 Agent」，然後點擊，如圖 5.5 所示。

第 5 章　Agent 2：多功能選擇的引擎──透過 Function Calling 呼叫函數

▲ 圖 5.5　在 Playground 中創建助理，並加入 Function

咖哥：正確。

小雪：接下來，在 Function 中輸入與前面類似的程式碼（見圖 5.6），這樣對嗎？

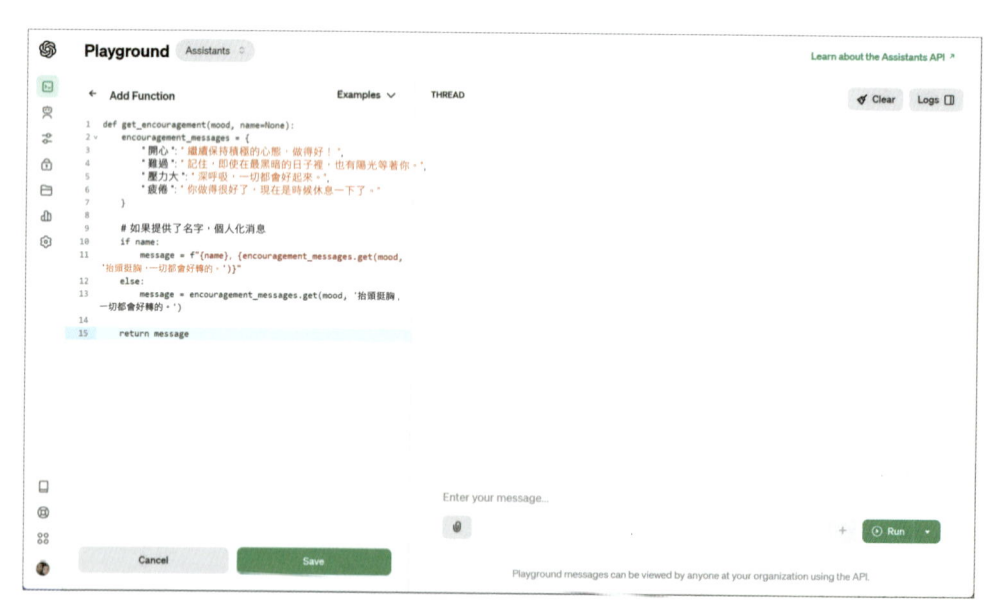

▲ 圖 5.6　小雪在 Function 中加入實際要呈現的程式碼

咖哥：不是，不是！妳是不是忘記我剛剛一再提醒的事情了？這裡要加入的不是 Function 實際要呈現的程式碼，而是對函數及其參數的 JSON 格式描述（JSON Schema），也就是函數的元資料。

下面才是「鼓勵函數」get_encouragement 的 JSON Schema 的正確範例。

```json
{
  "name": "get_encouragement",
  "description": " 根據使用者的心情提供鼓勵訊息 ",
  "parameters": {
    "type": "object",
    "properties": {
      "mood": {
        "type": "string",
        "description": " 使用者當前的心情，例如：開心，難過，壓力大，疲倦 "
      },
      "name": {
        "type": "string",
        "description": " 使用者的名字，用來將鼓勵訊息個人化 "
      }
    },
    "required": ["mood"]
  }
}
```

把這個 JSON Schema 加入到 Function 中（見圖 5.7）。

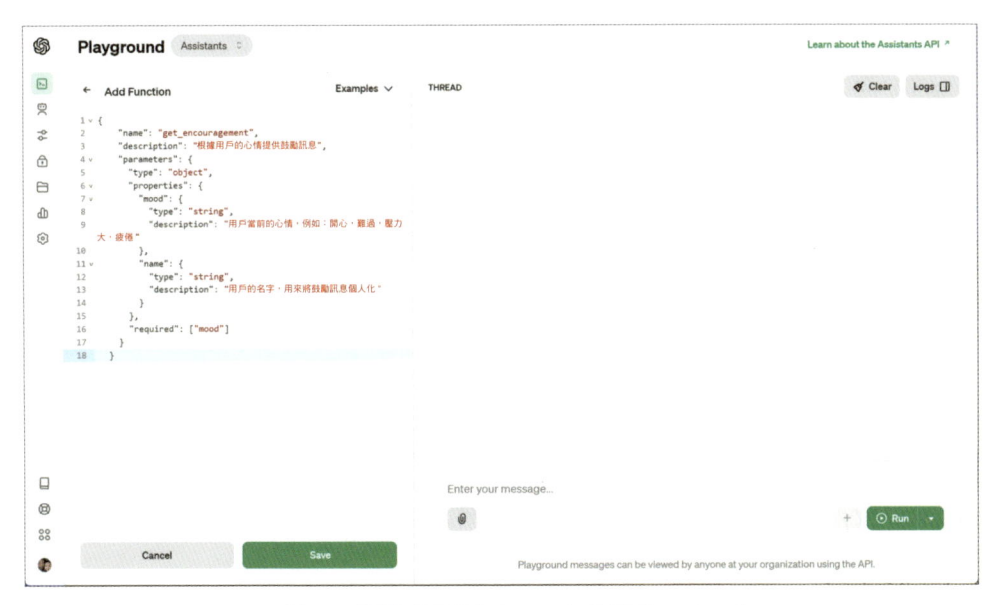

圖 5.7　應將 JSON Schema 加入到 Function 中

接下來，在 Playground 中呼叫 Run 這個助理，讓它為「傷心的小雪生成鼓勵話語」（見圖 5.8）。

◯ 圖 5.8 執行助理

可以看到，助理此時並沒有生成具體的鼓勵話語。這是因為在這時，還看不出具體的 Function 功能。助理生成的是一行合規的函式呼叫程式碼。

```
get_encouragement({ "mood": " 難過 ", "name": " 小雪 " })
```

小雪：所以要如何實現函數確切的功能呢？

咖哥：首先在程式碼中定義函數的確切功能，然後藉由自動呼叫助理，也就是 Agent，來完成相應功能。

5.3 透過 Assistants API 實現 Function Calling

前面介紹在 Playground 中創建助理並定義其 Function 的方法；本節將透過 Assistants API 完成 Function Calling 的整個流程。

Function Calling 的整體框架如圖 5.9 所示。

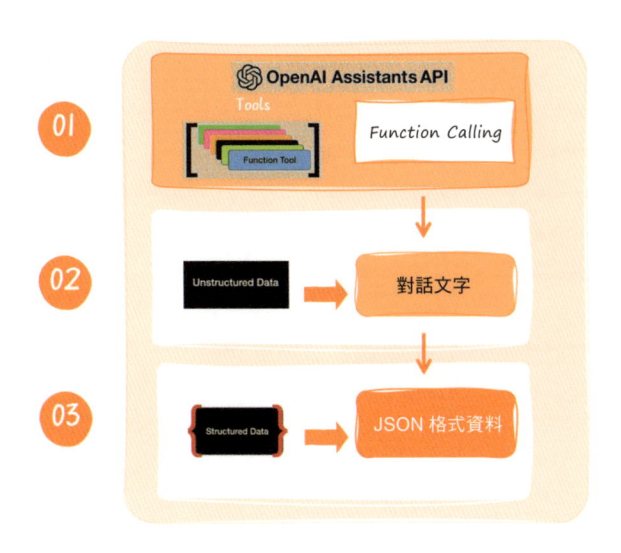

🎧 圖 5.9 Function Calling 的整體框架（圖片來源：Medium 網站）

圖 5.9 的出發點是：先定義工具來描述函數，再透過 Function Calling，有智慧地傳回需要呼叫的函數及其參數。這整個過程中，可以把非結構化的文字語言轉化成結構化的 JSON 描述。

接下來完成 Function Calling 的實際操作。在此之前，有必要先回顧一下表 4.1 中 Run 的各種狀態。

Function Calling 的整體流程是：觸發使用者訊息時，助理會啟動一個 Run；如果在 Run 中，助理確定應進行 Function Calling，它會暫停執行 Run，並將 Run 的狀態轉變為 requires_action；助理傳回需要呼叫的 Function 及其參數的 JSON 資料；開發者在程式碼內部呼叫自己的函數功能；本機程式碼執行完畢後，再提交函數的回呼結果以完成 Run。

小雪：感覺有點複雜。

咖哥：這裡面的確有些「眉角」，接下來就來詳細分析這個過程。

5.3.1 創建能使用 Function 的助理

首先創建一個助理。當然，5.2 節中已經在 Playground 中創建一個助理（見圖 5.10）。

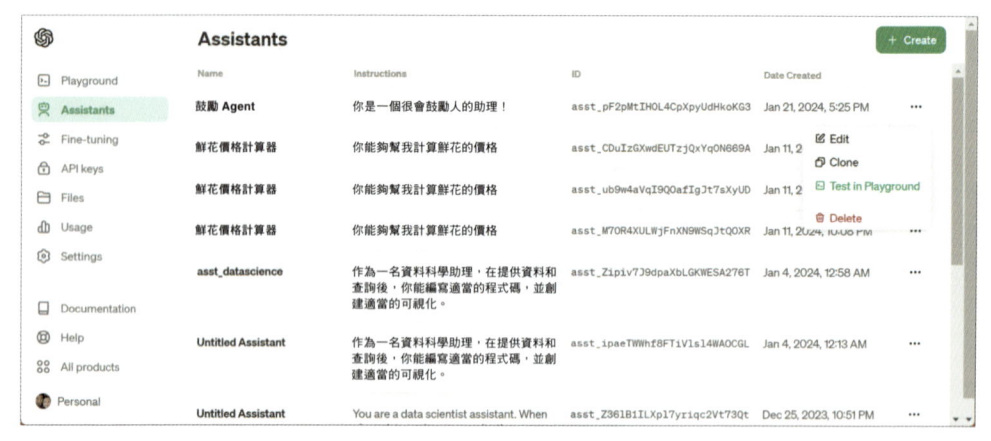

第 5 章　Agent 2：多功能選擇的引擎──透過 Function Calling 呼叫函數

▲ 圖 5.10　已經創建好的助理

既然已經有助理，就不必浪費資源重新創建。可以根據 ID 獲取已有的助理（這裡為鼓勵 Agent）。

```
# 讀取系統變數
from dotenv import load_dotenv
load_dotenv()
# 初始化 client
from openai import OpenAI
client = OpenAI()
# 檢索之前創建的助理
assistant_id = "asstpF2pMtIHOL4CpXpyUdHkoKG3" # 你自己的助理 ID
assistant = client.beta.assistants.retrieve(assistant_id)
print(assistant)
```

助理的訊息：
Assistant(id='asst_pF2pMtIHOL4CpXpyUdHkoKG3', created_at=1705829118, description=None, file_ids=[], instructions=' 你是一個很會鼓勵人的助理！ ', metadata={}, model='gpt-4-turbo-preview', name=' 鼓勵 Agent', object='assistant', tools=[ToolFunction(function=FunctionDefinition(name='get_encouragement', description=' 根據使用者的心情提供鼓勵訊息 ', parameters={'type': 'object', 'properties': {'mood': {'type': 'string', 'description': ' 使用者當前的心情，例如 ：開心，難過，壓力大，疲倦 '}, 'name': {'type': 'string', 'description': ' 使用者的名字，用來個人化鼓勵訊息 '}}, 'required': ['mood']}), type='function')])

當然，如果想要藉由 Assistants API 創建一個新的助理也不難，可以參考以下程式碼。

```python
assistant = client.beta.assistants.create(
  instructions="You are a very encouraging assistant!",
  model="gpt-4-turbo-preview",
  tools=[{
    "type": "function",
    "function": {
      "name": "get_encouragement",
      "description": " 根據使用者的心情提供鼓勵訊息 ",
      "parameters": {
        "type": "object",
        "properties": {
          "mood": {
            "type": "string",
            "description": " 使用者當前的心情，例如：開心，難過，壓力大，疲倦 "
          },
          "name": {
            "type": "string",
            "description": " 使用者的名字，用來個人化鼓勵訊息 "
          }
        },
        "required": ["mood"]
      }
    }
  }]
)
```

上述程式碼在創建助理時定義了一個 Function，將產生如同之前在 Playground 中加入 JSON Schema 的效果。

5.3.2 不呼叫 Function，直接執行助理

此時，如果不呼叫 Function，直接執行助理，來看看會發生什麼事。

In ▶
```python
# 創建一個新的 Thread
thread = client.beta.threads.create()
print(f"Thread 的訊息 :\n{thread}\n")
```

```python
# 在 Thread 中加入使用者的訊息
message = client.beta.threads.messages.create(
  thread_id=thread.id,
  role="user",
  content=" 你好，請和我隨便說句話吧！ "
)
print(f"Message 的訊息 :\n{message}\n")
# 執行助理來處理 Thread
run = client.beta.threads.runs.create(
  thread_id=thread.id,
  assistant_id=assistant_id
)
print(f"Run 的初始訊息 :\n{message}\n")

# 輪詢以檢查 Run 的狀態
import time
n = 0
while True:
  n += 1
  run = client.beta.threads.runs.retrieve(
    thread_id=thread.id,
    run_id=run.id
  )
  print(f"Run 的第 {n} 次輪詢訊息 :\n{run}\n")
  if run.status == 'completed':
    break
  time.sleep(5) # 等待 5s 後再次檢查

# 獲取助理在 Thread 中的回應
messages = client.beta.threads.messages.list(
  thread_id=thread.id
)

# 輸出助理的回應
for message in messages.data:
  if message.role == "assistant":
    print(f" 助理的回應 :\n{ message.content }\n")
```

Out> Thread 的訊息：
Thread(id='thread_xfEdaRucaeXBKIyMMAXDzT1r', created_at=1708532544, metadata={}, object='thread',tool_resources=[])

Message 的訊息：
ThreadMessage(id='msg_gbplwkTtNga4vmlQXqC8QLYK',assistant_id=None,content=[MessageContentText(text=Text(annotations=[],value=' 你好，請和我隨便說句話吧！'), type='text')],created_at=1708532544,file_ids=[],metadata={},object='thread.message',role='user',run_id=None,thread_id='thread_xfEdaRucaeXBKIyMMAXDzT1r')

Run 的初始訊息：
Run(id='run_cmBpa3ST0ntkg6tROmwNj4bc',assistant_id='asst_pF2pMtIHOL4CpXpyUdHkoKG3',cancelled_at=None,completed_at=None,created_at=1708532545,expires_at=1708533145,failed_at=None,file_ids=[],instructions=' 你是一個很會鼓勵人的助理！',last_error=None,metadata={},model='gpt-4-turbo-preview',object='thread.run',required_action=None,started_at=None,status='queued',thread_id='thread_xfEdaRucaeXBKIyMMAXDzT1r',tools=[ToolAssistantToolsFunction(function=FunctionDefinition(name='get_encouragement',description=' 根據使用者的心情提供鼓勵訊息 ',parameters={'type':'object','properties':
{'mood':{'type':'string','description':' 使用者當前的心情，例如：開心，難過，壓力大，疲倦 '},'name':
{'type':'string','description':' 使用者的名字，用來個人化鼓勵訊息 '}},'required':['mood']}),type='function')],usage=None)

Run 的第 1 次輪詢訊息：
Run(id='run_cmBpa3ST0ntkg6tROmwNj4bc',assistant_id='asst_pF2pMtIHOL4CpXpyUdHkoKG3',cancelled_at=None,completed_at=None,created_at=1708532545,expires_at=1708533145,failed_at=None,file_ids=[],instructions=' 你是一個很會鼓勵人的助理！',last_error=None,metadata={},model='gpt-4-turbo-preview',object='thread.run',required_action=None,started_at=1708532545,status='in_progress',thread_id='thread_xfEdaRucaeXBKIyMMAXDzT1r',tools=[ToolAssistantToolsFunction(function=FunctionDefinition(name='get_encouragement',description=' 根據使用者的心情提供鼓勵訊息 ',parameters={'type':'object','properties':
{'mood':{'type':'string','description':' 使用者當前的心情，例如：開心，難過，壓力大，疲倦 '},'name':
{'type':'string','description':' 使用者的名字，用來個人化鼓勵訊息 '}},'required':['mood']}），type='function')],usage=None)

Run 的第 2 次輪詢訊息：
Run(id='run_cmBpa3ST0ntkg6tROmwNj4bc',assistant_id='asst_pF2pMtIHOL4CpXpyUdHkoKG3',cancelled_at=None,completed_at=None,created_at=1708532545,expires_

at=1708533145,failed_at=None,file_ids=[],instructions=' 你是一個很會鼓勵人的助理！',last_error=None,metadata={},model='gpt-4-turbo-preview',object='thread.run',required_action=None,started_at=1708532545,status='in_progress',thread_id='thread_xfEdaRucaeXBKIyMMAXDzT1r',tools=[ToolAssistantToolsFunction(function=FunctionDefinition(name='get_encouragement',description=' 根據使用者的心情提供鼓勵訊息 ',parameters={'type':'object','properties':
{'mood':{'type':'string','description':' 使用者當前的心情，例如：開心，難過，壓力大，疲倦 '},'name':
{'type':'string','description':' 使用者的名字，用來個人化鼓勵訊息
'}},'required':['mood']}),type='function')],usage=None)

Run 的第 3 次輪詢訊息：
Run(id='run_cmBpa3ST0ntkg6tROmwNj4bc', assistant_id='asst_pF2pMtIHOL4CpXpyUdHkoKG3', cancelled_ at=None, completed_at=1708532561, created_at=1708532545, expires_at=None, failed_at=None, file_ids=[], instructions=' 你是一個很會鼓勵人的助理！', last_error=None, metadata={}, model='gpt-4-turbo-preview', object='thread.run', required_action=None, started_at=1708532545, status='completed', thread_id='thread_ xfEdaRucaeXBKIyMMAXDzT1r', tools=[ToolAssistantToolsFunction(function=FunctionDefinition(name='g et_encouragement', description=' 根據使用者的心情提供鼓勵訊息 ', parameters={'type': 'object', 'properties': {'mood': {'type': 'string', 'description': ' 使用者當前的心情，例如：開心，難過，壓力大，疲倦 '}, 'name': {'type': 'string', 'description': ' 使用者的名字，用來個人化鼓勵訊息 '}}, 'required': ['mood']}), type='function')], usage=Usage(completion_tokens=154, prompt_tokens=348, total_tokens=502))

助理的回應：
[MessageContentText(text=Text(annotations=[], value=' 你好呀！今天過得怎麼樣？有什麼新鮮事或者挑戰嗎？如果你需要分享或尋求建議，我在這裡聽你說。　_'), type='text')]

前面的輸出冗長難讀[1]，這裡只列出重要的訊息，如表 5.3 所示。

---

[1] 其實，要創建一個運行並輪詢，直到達到最終狀態，較簡單的做法是直接使用 client、beta、threads、runs、create_andpollAPI。此處之所以不斷檢查 Run 的狀態，是為了詳細展示 Run 狀態的演變。

▼ 表 5.3 助理、Thread、Messages 以及 Run 的狀態訊息（1）

類型	ID	狀態	開始時間	完成時間	使用者訊息	系統回應	Token 使用情況
助理	asst_pF2pMtIHOL4CpXpyUdHkoKG3	—	1705829118	—	—	—	—
Thread	threadxfEdaRucaeXBKIyMMAXDzT1r	—	1708532544	—	—	—	—
Thread Message	msggbplwkTtNga4vmlQXqC8QLYK	—	1708532544	—	你好，請和我隨便說句話吧！	—	—
Run	runcmBpa 3ST0ntkg6tR OmwNj4bc	queued	1708532545	—	你好，請和我隨便說句話吧！	你好呀！今天過得怎麼樣？有什麼新鮮事或者挑戰嗎？如果你需要分享或尋求建議，我在這裡聽你說。☺	提示 Token 為 348；完成 Token 為 154；總 Token 為 502
		in_progress	1708532545	—			
		completed	1708532545	1708532561			

　　此時，Run 的狀態經歷從 queued、in_progress 到 completed，最後完成對話（見圖 5.11）。助理給出一個看起來還不錯的回答。

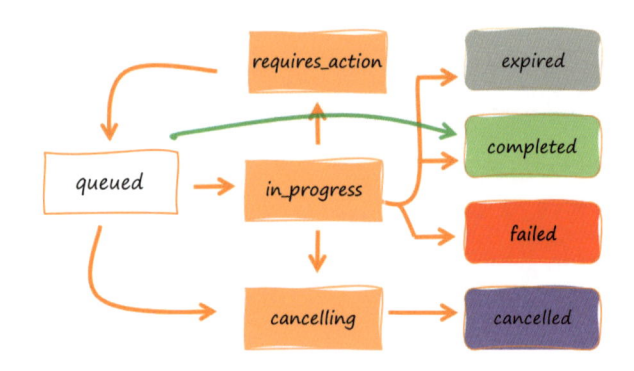

圖 5.11 Run 在這個範例中的流程

然而，如果想直接執行上面的程式碼來安慰小雪心情的話，會有十分「危險」的結果。

小雪：為什麼？

咖哥：我們試試看，下面就來談談妳的情緒。程式碼的邏輯不變，只需要調整對話內容。(此時重新執行程式，在後面的輸出中，Thread 和 Run 的 ID 會發生改變，不過由於使用相同助理，因此助理 ID 不變。)

```python
# 導入 OpenAI 庫，並創建 client
from dotenv import load_dotenv
load_dotenv()
from openai import OpenAI
client = OpenAI()

# 檢索你之前創建的助理
assistant_id = "asst_pF2pMtIHOL4CpXpyUdHkoKG3" # 你自己助理的 ID
assistant = client.beta.assistants.retrieve(assistant_id)
print(f" 助理的訊息 :\n{assistant}\n")

# 創建一個新的 Thread
thread = client.beta.threads.create()
print(f"Thread 的訊息 :\n{thread}\n")

# 在 Thread 中加入使用者的訊息
message = client.beta.threads.messages.create(
```

5.3 透過 Assistants API 實現 Function Calling | 177

```python
  thread_id=thread.id,
  role="user",
  content=" 你好，請安慰一下傷心的小雪吧！ "  # 只有這一句發生變化
)
print(f"Message 的訊息 :\n{message}\n")

# 執行助理來處理 Thread
run = client.beta.threads.runs.create(

  thread_id=thread.id,
  assistant_id=assistant_id
)
print(f"Run 的初始訊息 :\n{run}\n")

# 輪詢以檢查 Run 的狀態
import time
n = 0
while True:
  n += 1
  run = client.beta.threads.runs.retrieve(
    thread_id=thread.id,
    run_id=run.id
  )
  print(f"Run 的第 {n} 次輪詢訊息 :\n{run}\n")
  if run.status == 'completed':
    break
  time.sleep(5)  # 等待 5s 後再次檢查

# 獲取助理在 Thread 中的回應
messages = client.beta.threads.messages.list(
  thread_id=thread.id
)

# 輸出助理的回應
for message in messages.data:
  if message.role == "assistant":
    print(f"Message 傳回的訊息 :\n{message.content}\n")
```

Out 助理的訊息：
Assistant(id='asst_pF2pMtIHOL4CpXpyUdHkoKG3', created_at=1705829118, description=None, file_ids=[], instructions=' 你是一個很會鼓勵人的助理！ ',

```
metadata={}, model='gpt-4-turbo-preview', name=' 鼓勵 Agent', object='assistant',
tools=[ToolFunction(function=FunctionDefinition(name='get_encouragement',
description=' 根據使用者的心情提供鼓勵訊息 ', parameters={'type': 'object',
'properties': {'mood': {'type': 'string', 'description': ' 使用者當前的心情，例如 ：開
心，難過，壓力大，疲倦 '}, 'name': {'type': 'string', 'description': ' 使用者的名字，用
來個人化鼓勵訊息 '}}, 'required': ['mood']}), type='function')])
```

Thread 的訊息：
```
Thread(id='thread_TnsAI7DToiGrxfa62aRmsRtu', created_at=1705852335,
metadata={},object='thread', tool_ resources=[])
```

Message 的訊息：
```
ThreadMessage(id='msg_iyk4UR0xhEP6c9BV3LCJM8EA', assistant_id=None,
content=[MessageContentTex t(text=Text(annotations=[], value=' 你好，花語祕境是
什麼公司？ '), type='text')], created_at=1705852335, file_ids=[], metadata={},
object='thread.message', role='user', run_id=None, thread_id='thread_
xfEdaRucaeXBKIyMMAXDzT1r')
```

Run 的初始訊息：
```
Run(id='run_I8KvhNrY14riYYtwlXkWVOXF',assistant_id='asst_pF2pMtIHOL4CpXpyUd
HkoKG3',cancelled_at=None,completed_at=None,created_at=1705852336,expires_
at=1708533145,failed_at=None,file_ids=[],instructions=' 你是一個很會鼓勵人的助
理！ ',last_error=None,metadata={},model='gpt-4-turbo-preview',object='thread.
run',required_action=None,started_at=None,status='queued',thread_id='thread_xfEdaRu
caeXBKIyMMAXDzT1r',tools=[ToolAssistantToolsFunction(function=FunctionDefinition(nam
e='get_encouragement',description=' 根據使用者的心情提供鼓勵訊息 ',parameters={'type':'
object','properties':{'mood':
{'type':'string','description':' 使用者當前的心情，例如：開心，難過，壓力大，疲
倦 '},'name':{'type':'string','description':' 使用者的名字，用來個人化鼓勵訊息
'}},'required':['mood']}), type='function')],usage=None)
```

Run 的第 1 次輪詢訊息：
```
Run(id='run_I8KvhNrY14riYYtwlXkWVOXF',assistant_id='asst_pF2pMtIHOL4CpXpyUd
HkoKG3',cancelled_at=None,completed_at=None,created_at=1705852336,expires_
at=1708533145,failed_at=None,file_ids=[],instructions=' 你是一個很會鼓勵人的助
理！ ',last_error=None,metadata={},model='gpt-4-turbo-preview',object='thread.
run',required_action=None,started_at=1708532545,status='in_progress',thread_
id='thread_xfEdaRucaeXBKIyMMAXDzT1r',tools=[ToolAssistantToolsFunction(functi
on=FunctionDefinition(name='get_encouragement',description=' 根據使用者的心情提供
鼓勵訊息 ',parameters={'type':'object','properties':{'mood':{'type':'string','d
escription':' 使用者當前的心情，例如：開心，難過，壓力大，疲倦 '},'name':{'type':'s
```

tring','description':' 使用者的名字，用來個人化鼓勵訊息 '}},'required':['mood']})
,type='function')],usage=None)

Run 的第 2 次輪詢訊息：
Run(id='run_I8KvhNrY14riYYtwlXkWVOXF',assistant_id='asst_pF2pMtIHOL4CpXpyUd
HkoKG3',cancelled_at=None,completed_at=None,created_at=1705852336,expires_
at=1705852936,failed_at=None,file_ids=[],instructions=' 你是一個很會鼓勵人的助
理！',last_error=None,metadata={},model='gpt-4-turbo-preview',object='thread.
run',required_action=RequiredAction(submit_tool_outputs=RequiredActionSubmitToo
lOutputs(tool_calls=[RequiredActionFunctionToolCall(id='call_Q5B63L1bIseH3ZfUtp
Khz9nQ',function=Function(arguments='{"mood":" 傷心 ","name":" 小雪 "}',name='get_
encouragement'）,type='function')]),type='submit_tool_outputs'),started_
at=1705852337,status='requires_action',thread_id='thread_twujnsUzYeBrCIv4b17Q
3mak',tools=[ToolAssistantToolsFunction(function=FunctionDefinition(name='get_
encouragement',description=' 根據使用者的心情提供鼓勵訊息 ',parameters={'type':'object'
,'properties':{'mood':{'type':'string','description':' 使用者當前的心情，例如：開心，難
過，壓力大，疲倦 '},'name':{'type':'string','description':' 使用者的名字，用來個人化鼓勵
訊息 '}},'required':['mood']}) ,type='function')],usage=None)
......

Run 的第 101 次輪詢訊息：
Run(id='run_I8KvhNrY14riYYtwlXkWVOXF',assistant_id='asst_pF2pMtIHOL4CpXpyUd
HkoKG3',cancelled_at=None,completed_at=None,created_at=1705852336,expires_
at=1705852936,failed_at=None,file_ids=[],instructions=' 你是一個很會鼓勵人的助
理！',last_error=None,metadata={},model='gpt-4-turbo-preview',object='thread.
run',required_action=RequiredAction(submit_tool_outputs=RequiredActionSubmitToo
lOutput(tool_calls=[RequiredActionFunctionToolCall(id='call_Q5B63L1bIseH3ZfUtpK
hz9nQ',function=Function(arguments='{"mood":" 傷心 ","name":" 小雪 "}',name='get_
encouragement'）,type='function')]),type='submit_tool_outputs'),started_
at=1705852337,status='requires_action',thread_id='thread_twujnsUzYeBrCIv4b17Q
3mak',tools=[ToolAssistantToolsFunction(function=FunctionDefinition(name='get_
encouragement',description=' 根據使用者的心情提供鼓勵訊息 ',parameters={'type':'object'
,'properties':{'mood':{'type':'string','description':' 使用者當前的心情，例如：開心，難
過，壓力大，疲倦 '},'name':{'type':'string','description':' 使用者的名字，用來個人化鼓勵
訊息 '}},'required':['mood']}) ,type='function')],usage=None)
......

小雪：咦，咖哥，怎麼回事？怎麼輪詢 100 多次？

咖哥：是啊。此時，程式進入無限循環，一直卡在 requires_action（等待
函式呼叫）狀態，我只好按 Ctrl+C 快捷鍵強制退出。

輸出結果中的重要訊息如表 5.4 所示。

▼ 表 5.4 助理、Thread、Messages 以及 Run 的狀態訊息（2）

類型	ID	狀態	創建時間	完成時間	使用者訊息	系統響應	Token 使用
助理	asst_pF2pMtIHOL4CpXpyUdHkoKG3	—	1705829118	—	—	—	—
Thread	thread_TnsAI7DToiGrxfa62aRmsRtu	—	1705852335	—	—	—	—
Thread Message	msg_iyk4UR0xhEP6c9BV3LCJM8EA	—	1705852335	—	你好，請你安慰一下傷心的小雪吧！	—	—
Run	run_FliM9ItqgE5rwuQLfm0B07KC	queuedin_progresscompleted	1705852336	—	你好，請你安慰一下傷心的小雪吧！	—	—
……	……	……	……	……	……	……	……

咖哥：小雪，此時產生的現象為什麼和剛才不同？助理不但沒有很快給出結果並將 Run 的狀態轉變為進入 completed，而是似乎進入了一個無休止的「輪迴」。

小雪：我也發現 Run 的狀態持續在 requires_action 中循環。不必賣關子，你說一下。

咖哥：因為此時助理已經知道這不是一次普通的聊天，而是一個與情緒相關的問題。作為一個有情緒的助理，而且搭配相關工具，它知道自己應該呼叫 get_encouragement 函數來完成這次對話，而不是隨意回答。

小雪突然跳了起來：啊！我明白了，但是由於在程式中沒有藉由呼叫 get_encouragement 函數來提交傳回結果的邏輯，因此 Run 就一直處在 requires_action 狀態，無法給出具情感支持的對話內容（見圖 5.12）。

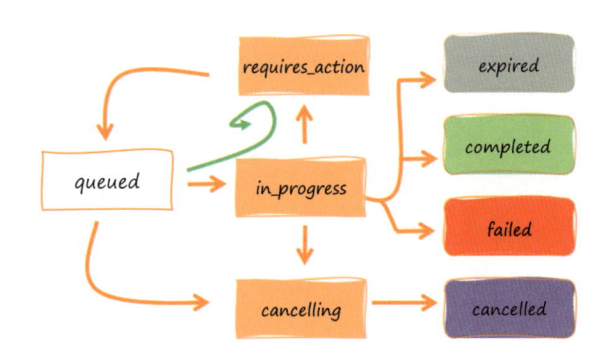

🎧 圖 5.12 Run 在這個範例中的流程：無休止等待

所以，我們必須改變輪詢的迴圈邏輯，不能只在 Run 的狀態為 completed 時才結束迴圈，而是要在 Run 的狀態為 requires_action 時也跳出迴圈。

5.3.3 在 Run 進入 requires_action 狀態之後跳出迴圈

接下來重構輪詢邏輯，在 Run 進入 requires_action 狀態之後跳出迴圈。（由於重構程式碼後，重新執行程式，因此，在後面的輸出中，Thread 和 Run 的 ID 會再發生變化。）

```
# 輪詢 Run，等待 Run 的狀態從 queue 轉變為 completed 或者 requires_action
import time
# 定義輪詢函數
def poll_run_status(client, thread_id, run_id, interval=5):
    n = 0
    while True:
        n += 1
        run = client.beta.threads.runs.retrieve(thread_id=thread_id,
                                  run_id=run_id)
        print(f"Run 的第 {n} 次輪詢訊息 :\n{run}\n")
        if run.status in ['requires_action', 'completed']:
            return run
```

```
    time.sleep(interval) #等待後再次檢查
# 輪詢以檢查 Run 的狀態
run = poll_run_status(client, thread.id, run.id)
```

執行上述程式碼，Run 的狀態從 queue 轉變為 in_progress，然後轉變為 requires_action，最後 Run 跳出迴圈。再次查詢 Run 的狀態，可以發現 Run 的狀態仍然是 requires_action。(這裡不再重複和表 5.4 類似的輸出內容。)

小雪：知道了，知道了，咖哥。這時助理在等待 Function Calling 的結果，由於我們只是修改了輪詢時的退出邏輯，因此，雖然創建了新的 Thread 和 Run，但是 Run 的狀態變化流程仍然和剛才一樣。

5.3.4 拿到助理傳回的元資料訊息

接下來馬上進入關鍵步驟。此時，需要讀取 function_name、arguments、function_id 等重要的訊息。程式碼如下：

In
```
# 定義一個從 Run 中讀取 Function 的元資料函數
def get_function_details(run):
    function_name=run.required_action.submit_tool_outputs.tool_calls[0].function.name
    arguments=run.required_action.submit_tool_outputs.tool_calls[0].function.arguments
    function_id=run.required_action.submit_tool_outputs.tool_calls[0].id
    return function_name, arguments, function_id
# 拿到 Function 的元資料
function_name, arguments, function_id=get_function_details(run)
print("function_name:", function_name)
print("arguments:", arguments)
print("function_id:", function_id)
```

Out
```
function_name: get_encouragement
arguments: {"mood":" 難過 ","name":" 小雪 "}
function_id: call_s6vSerztJc09mmKDQyfkjmrJ
```

小雪：function_name、arguments、function_id 等訊息一定是本機函式呼叫時所需要的。

咖哥：對。下一步當然是用 Run 給予函數的這些參數訊息來執行後續的程式碼，以便呼叫函數。助理所做的就是把人類的對話轉換成函數能夠讀取的 input 參數。

現在你可以理解圖 5.9 中的訊息了吧？助理將我們的對話轉換成函數可以存取的元資料，如表 5.5 所示。

▼ 表 5.5 人類語言、函數語言與助理標記的對比

類型	內容
人類語言	快安慰一下傷心的小雪！
函數語言	function_name:get_encouragement arguments:{"mood":" 難過 ","name":" 小雪 "}
助理的標記	function_id:call_s6vSerztJc09mmKDQyfkjmrJ

5.3.5 透過助理的傳回訊息呼叫函數

因此，我們需要定義一個鼓勵函數。這個函數可以將收到的使用者當前情緒訊息先作為輸入，然後傳回一個帶有鼓勵訊息的文字。

In ▶
```
# 定義一個鼓勵函數
def get_encouragement(mood,name=None):

    encouragement_messages = {
        " 開心 ":" 看到你這麼開朗真好！永遠都要樂觀積極喔！ ",
        " 難過 ":" 記得，每片烏雲背後都有陽光。",
        " 壓力大 ":" 深呼吸，慢慢來，一切都會好起來的。",
        " 疲倦 ":" 你已經很努力了，休息一下沒關係。"
    }
    # 如果提供名字，則輸出個人化訊息
    if name:
        message = f"{name} {encouragement_messages.get(mood, ' 抬頭挺胸，一切都會變好的。')}"
    else:
        message = encouragement_messages.get(mood, ' 抬頭挺胸，一切都會變好的。')
    return message
```

我們在前面內容中已經見過這個函數。

但要如何透過 function_name、arguments 動態判斷呼叫的函數？還有，為什麼要呼叫這個函數？

小雪：這個問題難不倒我，請看下面的程式碼。

In ►
```python
# 將 JSON 字串轉換為字典
import json
arguments_dict = json.loads(arguments)
# 從字典中提取 'name' 和 'mood'
name = arguments_dict['name']
mood = arguments_dict['mood']
# 呼叫函數
encouragement_message = get_encouragement(name, mood)
# 輸出結果以便驗證
print(encouragement_message)
```

Out ► 親愛的小雪，妳今天感覺如何？我會一直在這裡支持妳！

咖哥：妳寫的程式碼不錯，首先透過 json.loads 從 JSON 字串中解析資料，然後將其轉換成真正的 JSON 物件後傳遞給函數，最後呼叫函數並獲取傳回值。助理的回覆很棒！不過，針對交給妳的需求，妳只完成一半，妳只利用 arguments 呼叫 get_encouragement 函數，卻沒有利用 function_name 動態判斷應該呼叫哪個函數。

小雪：嗯。我再改改。

In ►
```python
# 在這裡，我要動態呼叫程式了
# 定義可用的函數字典
available_functions = {
    "get_encouragement": get_encouragement
}
# 解析參數
import json

function_args = json.loads(arguments)
# 動態呼叫函數
function_to_call = available_functions[function_name]
encouragement_message = function_to_call(
  name=function_args.get("name"),
  mood=function_args.get("mood")
)
```

```
# 輸出結果以便驗證
print(encouragement_message)
```

Out ▶ 親愛的小雪，妳今天感覺如何？我會一直在這裡支持妳！

咖哥：這就對了。用字典將函數名映射到函數物件，從而實現動態呼叫函數，也就是根據 Function Calling 的傳回值 function_name 呼叫不同的函數。

5.3.6 透過 submit_tool_outputs 提交結果以完成任務

看來，我們在助理的輔助下完成任務。本機函數 get_encouragement 也傳回了一個結果。

在這裡，助理所做的只是把自然語言轉換成函數的名稱和呼叫格式。

不過，我們還需要完成最後一步：通知 Run 任務已經完成。最後要有一個交代，否則這個 Run 大約 10min 之後會過期，也就是狀態轉變為 expired，見圖 5.13。

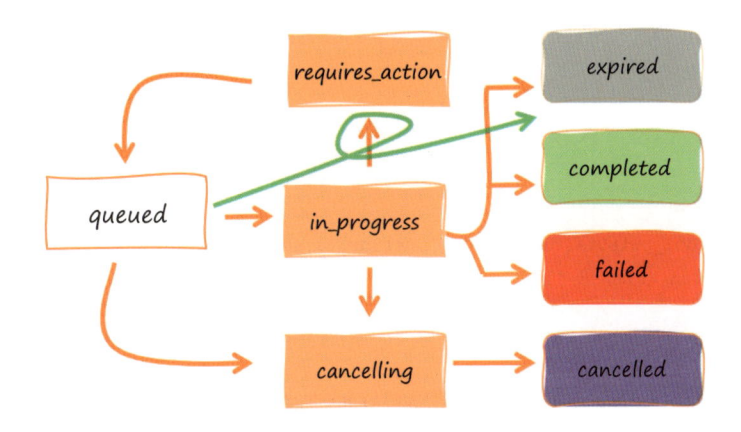

🎧 圖 5.13 沒有人理會的 Run 在生存期結束後就會過期，將無法繼續對話

小雪：對啊，對啊。雖然我們跳出迴圈，也呼叫了函數，但是 Run 還是一直掛在那裡等待一個說法，即函式呼叫的結果。對話不會自動進入 completed 狀態，也不會重新回到 queued 狀態。

接下來介紹最後一個步驟，藉由 submit_tool_outputs API 完成 Run。

> **咖哥說**
>
> 因為 Run 有時效性，生存週期大約 10 分鐘，所以不要讓 Run 等待太久，應及時提交呼叫結果，否則 Run 就會進入 expired 狀態，這樣的話，它將接收不到 submit_tool_outputs 的結果。

呼叫 submit_tool_outputsAPI 提交結果的程式碼如下。這裡要確保 tool_call_id 準確引用每個 function_id，以便回應結果與 Function Calling 相符合。

In
```
# 定義提交結果的函數
def submit_tool_outputs(run,thread,function_id,function_response):
  run = client.beta.threads.runs.submit_tool_outputs(
    thread_id=thread.id,
    run_id=run.id,
    tool_outputs=[
      {
        "tool_call_id": function_id,
        "output": str(function_response),
      }
    ]
  )
  return run
# 向 Run 提交結果
run = submit_tool_outputs(run,thread,function_id,encouragement_message)
print(' 這時，Run 收到結果 ')
print(run)
```

Out
```
Run(id='run_5r5k1C8u9Bh8aVYtBw0LOZzO', assistant_id='asst_pF2pMtIHOL4CpXpyUdHkoKG3', cancelled_at=None, completed_at=None, created_at=1708534757, expires_at=1708535357, failed_at=None, file_ids=[], instructions=' 你是一個很會鼓勵人的助理！ ', last_error=None, metadata={}, model='gpt-4- turbo-preview', object='thread.run', required_action=None, started_at=1708534757, status='queued', thread_id='threadKo2xY4FmKV5ZEU2rpXncHuCk', tools=[ToolAssistantToolsFunction(function=FunctionDefiniti on(name='getencouragement', description=' 根據使用者的心情提供鼓勵訊息 ', parameters={'type': 'object', 'properties': {'mood': {'type': 'string', 'description': ' 使用者當前的心情，例如：開心，難過，壓力大，疲倦 '}, 'name': {'type':
```

```
'string', 'description': ' 使用者的名字，用來個人化鼓勵訊息 '}}, 'required': ['mood']}),
type='function')], usage=None)
```

　　提交輸出後，可以發現，此時 Run 回到 queued 狀態，等待系統資源以便繼續執行（見圖 5.14）。

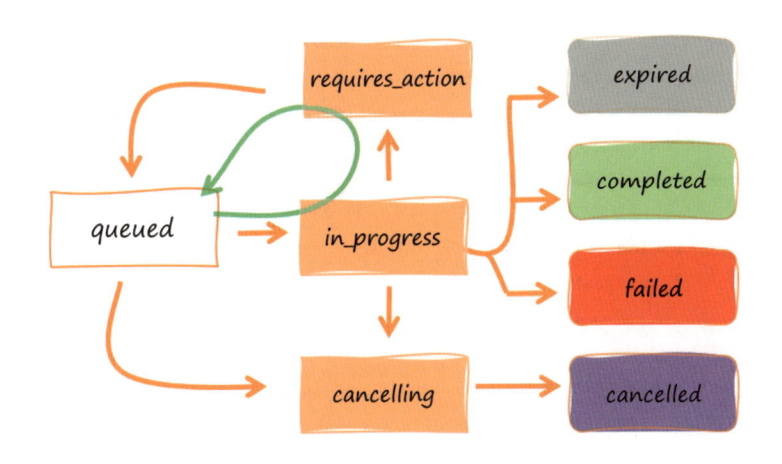

▲ 圖 5.14　Run 回到 queued 狀態

　　繼續輪詢 Run 的狀態會發現，助理會利用鼓勵函數的輸出結果繼續這一輪 Run 對話，之後生成總結敘述式的回答。

In
```
# 再次輪詢 Run 直至完成
run = poll_run_status(client, thread.id, run.id)
print(' 這時，Run 繼續執行直至完成 ')
print(run)
```

Out
```
Run 的第 1 次輪詢訊息：
Run(id='run_5r5k1C8u9Bh8aVYtBw0LOZzO', assistant_id='asst_pF2pMtIHOL4CpXpyUdHkoKG3',
cancelled_at=None, completed_at=None, created_at=1708534757, expires_at=1708535357,
failed_at=None, file_ids=[], instructions=' 你是一個很會鼓勵人的助理！ ', last_
error=None, metadata={}, model='gpt-4- turbo-preview', object='thread.run',
required_action=None, started_at=1708534763, status='in_progress', thread_
id='thread_Ko2xY4FmKV5ZEU2rpXncHuCk', tools=[ToolAssistantToolsFunction(function
=Function Definition(name='get_encouragement', description=' 根據使用者的心情提供鼓
勵訊息 ', parameters={'type': 'object', 'properties': {'mood': {'type': 'string',
```

'description': ' 使用者當前的心情,例如:開心,難過,壓力大,疲倦 '}, 'name': {'type': 'string', 'description': ' 使用者的名字,用來個人化鼓勵訊息 '}}, 'required': ['mood']}), type='function')], usage=None)

Run 的第 2 次輪詢訊息:
Run(id='run_5r5k1C8u9Bh8aVYtBw0LOZzO', assistant_id='asst_pF2pMtIHOL4CpXpyUdHkoKG3', cancelled_at=None, completed_at=None, created_at=1708534757, expires_at=1708535357, failed_at=None, file_ids=[], instructions=' 你是一個很會鼓勵人的助理! ', last_error=None, metadata={}, model='gpt-4- turbo-preview', object='thread.run', required_action=None, started_at=1708534763, status='in_progress', thread_id='thread_Ko2xY4FmKV5ZEU2rpXncHuCk', tools=[ToolAssistantToolsFunction(function=Function Definition(name='get_encouragement', description=' 根據使用者的心情提供鼓勵訊息 ', parameters={'type': 'object', 'properties': {'mood': {'type': 'string', 'description': ' 使用者當前的心情,例如:開心,難過,壓力大,疲倦 '}, 'name': {'type': 'string', 'description': ' 使用者的名字,用來個人化鼓勵訊息 '}}, 'required': ['mood']}), type='function')], usage=None)

Run 的第 3 次輪詢訊息:
Run(id='run_5r5k1C8u9Bh8aVYtBw0LOZzO', assistant_id='asst_pF2pMtIHOL4CpXpyUdHkoKG3', cancelled_at=None, completed_at=1708534777, created_at=1708534757, expires_at=None, failed_at=None, file_ids=[], instructions=' 你是一個很會鼓勵人的助理! ', last_error=None, metadata={}, model='gpt-4-turbo-preview', object='thread.run', required_action=None, startedat=1708534763, status='completed', thread_id='thread_Ko2xY4FmKV5ZEU2rpXncHuCk', tools=[ToolAssistantToolsFunction(function=FunctionDefinition(name='g et_encouragement', description=' 根據使用者的心情提供鼓勵訊息 ', parameters={'type': 'object', 'properties': {'mood': {'type': 'string', 'description': ' 使用者當前的心情,例如:開心,難過,壓力大,疲倦 '}, 'name': {'type': 'string', 'description': ' 使用者的名字,用來個人化鼓勵訊息 '}}, 'required': ['mood']}), type='function')], usage=Usage(completion_tokens=214, prompt_tokens=760, total_tokens=974))

這時,Run 繼續執行,幾秒之後,從 queued 狀態轉變為 in_progress 狀態,繼續輪詢,直至完成。Run 最終轉變為 completed 狀態。助理的任務結束,並給出最終的對話文字。

從開始到最後,包含 Function Calling 的 Run 的狀態流轉過程如圖 5.15 所示。

5.3 透過 Assistants API 實現 Function Calling

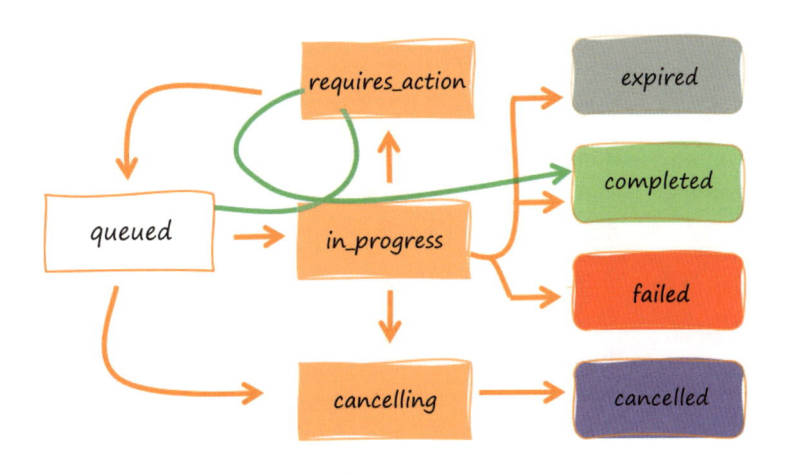

△ 圖 5.15 包含 Function Calling 的 Run 的狀態流轉過程

下面輸出最終的 Message。

In
```
# 獲取助理在 Thread 中的回應
messages = client.beta.threads.messages.list(
    thread_id=thread.id
)
# 輸出助理的回應
print(' 輸出最終的 Message')
for message in messages.data:
    if message.role == "assistant":
        print(f" 最終傳回的訊息 :\n{message.content}\
```

Out
最終傳回的訊息 :
[MessageContentText(text=Text(annotations=[], value=' 親愛的小雪,請記住,無論今天發生什麼事,妳都不會是自己一個人。我會在這裡守候,給妳最大的支持和安慰。每一次挑戰,都是成長的機會,信任自己的力量,妳會發現那些讓妳難過的事情,最終都會變成妳的寶貴經歷。覺得傷心也沒有關係,允許自己感受那些情緒,但同時也要相信,事情總會變得更好。加油,小雪!我相信妳能度過這一切。🌟💪'), type='text')]

小雪:收到鼓勵,心情不錯!不過,整個過程的確有點迂迴。

咖哥:沒錯。包含 Function Calling 的 Run 的完整狀態如表 5.6 所示。

▼ 表 5.6 包含 Function Calling 的 Run 的完整狀態

序號	狀態	說明
1	queued	Run 創建後，會將其狀態轉變為 queued
2	in_progress	Run 幾乎立即從 queued 狀態轉變為 in_progress 狀態。當 Run 處於 in_progress 狀態時，助理會使用 LLM 和工具來執行相關步驟。檢查 Run Steps 可以查看 Run 的進度
3	requires_action	此時，Run 發現需要使用 Function Calling 工具來生成內容。一旦 LLM 確定要呼叫的函數名稱和參數，Run 會轉變為 requires_action 狀態。必須執行這些函數並提交輸出，Run 才會繼續進行。如果在 expires_at 時間戳，如創建後大約 10 min 之前沒有提供輸出，Run 將轉變為 expired 狀態
4	queued	Run 獲得 Function Calling 工具給予的 JSON 字串後，會呼叫內部函數，並且透過 submit_tool_outputs API 向 Run 提交結果，Run 轉變為 queued 狀態
5	in_progress	Run 再次從 queued 狀態立即轉變為 in_progress 狀態，這次 Run 無須等待任何 Function 的呼叫結果，直接進行對話處理
6	completed	Run 成功完成！現在可以查看助理加入到 Thread 中的所有訊息，以及 Run 採取的所有步驟。也可以透過向 Thread 加入更多使用者訊息並創建另一個 Run 來繼續對話

咖哥：前面這個 Run 狀態流轉的過程，與第一次直接和 ChatGPT 的一般聊天相比，發生什麼事？有什麼不同？

小雪：這一次，ChatGPT 並不是直接傳回回應結果，而是先利用 LLM 的 Function Calling 功能，進行一次動態函式呼叫（呼叫 get_encourage 函數），並且把函數的輸出和之前的歷史訊息再傳遞給 LLM，得到最終回應結果。

5.4 透過 ChatCompletion API 實現 Tool Calls

前面詳細說明助理的 Function Calling 進行方式，接下來打鐵趁熱，還有一個類似的案例。不過，這次將重點介紹 ChatCompletion（聊天完成）API 的 Tool Calls，具體流程和上個案例幾乎完全一致。

和助理一樣，在 ChatCompletion API 中，我們可以描述函數，並讓 LLM 智慧地輸出一個包含用於呼叫一個或多個函數參數的 JSON 物件。ChatCompletion API 不會呼叫該函數，只會生成函式呼叫所需的 JSON 結構。之後我們可以使用 JSON 結構來呼叫程式碼中的函數，從而得到想要的結果。

小雪：這次替花語祕境開發一個自動查庫存的 Agent 吧！

咖哥：好，我們開發一個在一次回應中多次呼叫函數的範例。和 5.3 節的流程完全相同，首先定義一個用於獲取鮮花庫存的函數，並在與 LLM 的對話中引用這個函數。程式發送使用者的問題到 LLM，並指定可用的函數，如果 LLM 確定需要呼叫函數，程式會執行相應函數，並將結果傳回給 LLM 以繼續對話。

5.4.1 初始化對話和定義可用函數

首先，定義一個可以獲取鮮花庫存的函數，和一個說明函數參數的 tools（工具）清單。這個工具清單就是我們多次提到的 JSON 說明文字，這裡只有一個函數，如果有多個函數，可以把這些函數附加到（append）這個清單中。

```
# 創建 client
from openai import OpenAI
client = OpenAI()
# 定義查詢鮮花庫存的函數
def get_flower_inventory(city):
    """ 獲取指定城市的鮮花庫存 """
    if " 北京 " in city:
        return json.dumps({"city": " 北京 ", "inventory": " 玫瑰 : 100, 鬱金香 : 150"})
    elif " 上海 " in city:
        return json.dumps({"city": " 上海 ", "inventory": " 百合 : 80, 康乃馨 : 120"})
    elif " 深圳 " in city:
        return json.dumps({"city": " 深圳 ", "inventory": " 向日葵 : 200, 玉蘭 : 90"})
    else:
        return json.dumps({"city": city, "inventory": " 未知 "})

# 定義工具清單（函數元資料）
tools = [
    {
        "type": "function",
        "function": {
```

```
            "name": "get_flower_inventory",
            "description": " 獲取指定城市的鮮花庫存 ",
            "parameters": {
              "type": "object",
              "properties": {
                "city": {
                  "type": "string",
                  "description": " 城市名稱，如北京、上海或深圳 "
                }
              },
              "required": ["city"]
            }
          }
        }
      ]
```

上述程式碼定義一個簡單的函數 get_flower_inventory，旨在根據不同城市名稱傳回相應鮮花庫存的查詢功能。此外，上述程式碼還定義一個工具清單，好透過元資料描述該函數，讓它成為一個可在某些上下文中調用的工具。

當然，這個函數的內部邏輯較為粗糙，在實際應用中，可以強化程式碼實現部分，並連結資料庫以實現真實的庫存查詢。

小雪：明白。

5.4.2 第一次調用 LLM，向模型發送對話及工具定義，並獲取回應

接下來，首先在 messages 中初始化對話內容，然後將對話內容和工具定義發送給 LLM，並獲取 LLM 的初步回應。

這裡因為沒有使用 Assistants，而是直接調用 LLM，所以我們不必創建助理和執行緒這些組件。

```
# 初始化對話內容
messages = [{"role": "user", "content": " 北京、上海和深圳的鮮花庫存是多少？ "}]
print("message:", messages)
# 第一次對話回應
first_response = client.chat.completions.create(
```

5.4 透過 ChatCompletion API 實現 Tool Calls

```
    model="gpt-3.5-turbo",
    messages=messages,
    tools=tools,
    tool_choice="auto"
)

# 輸出回應的內容
print(first_response)
response_message = first_response.choices[0].message
```

Out ▶
```
message: [{'role': 'user', 'content': ' 北京、上海和深圳的鮮花庫存是多少？ '}]
first_response:
ChatCompletion(
  id='chatcmpl-8pp0atDsIXTE0NesPItrFDNZ5Kszj',
  choices=[Choice(finish_reason='tool_calls', index=0, logprobs=None,
  message=ChatCompletionMessage(content=None, role='assistant', function_call=None,
  tool_calls=[ChatCompletionMessageToolCall(id='call_DhKVYSzAsqJ2DKkYLhmlhNYH',
  function=Function(arguments='{"city": " 北京 "}', name='get_flower_inventory'),
type='function'),
    ChatCompletionMessageToolCall(id='call_EW6HrY9A0WUV40KsOifY7cfY',
    function=Function(arguments='{"city": " 上海 "}', name='get_flower_inventory'),
type='function'),
    ChatCompletionMessageToolCall(id='call_g9yh7ebEzIU8vc1Cx0OkGYK8',
    function=Function(arguments='{"city": " 深圳 "}', name='get_flower_inventory'),
type='function')]))],
  created=1707361496, model='gpt-3.5-turbo', object='chat.completion',
  system_fingerprint='fp_69829325d0', usage=CompletionUsage(completion_tokens=67,
prompt_tokens=95, total_tokens=162))
```

ChatCompletion 結構的參數說明如下：

id='chatcmpl-8pp0atDsIXTE0NesPItrFDNZ5Kszj'，表示本次對話完成的 ID。choices 表示包含 LLM 生成的所有回答陣列。以此例來説，由於請求的是工具調用，因此 LLM 生成的所有回答中，主要內容是工具調用的請求而非文字回答。相關參數説明如下：

- finish_reason='tool_calls'，表示對話結束的原因是需要執行工具調用。
- index=0，表示這是第一個（也是唯一一個）生成的回答索引。

- logprobs=None，表示沒有傳回回答的對數機率，因為調用時沒有請求它。

message 包含的參數說明如下：

- content=None，表示這個階段的輸出是工具調用請求，而不是具體的回答內容。
- role='assistant'，表示這是助理的行為，即請求工具調用。tool_calls 列出以下所有請求的工具調用。
- 包含 3 個工具調用請求，分別針對「北京」、「上海」和「深圳」3 座城市的 get_flower_inventory 函數。
- 每個工具調用都只有一個 ID（如 call_DhKVYSzAsqJ2DKkYLhmlhNYH）和指定的函數名稱（如 get_flower_inventory）以及函數參數（如 {"city":"北京"}）。

created=1707361496，表示回答創建的時間戳。

model='gpt-3.5-turbo'，表示生成回答的 LLM。

object='chat.completion'，表示這是一個聊天完成物件。

system_fingerprint='fp_69829325d0'，表示系統用於追蹤和最佳化效能的內部標記。

usage 提供關於此次調用的詳細使用資訊。參數說明如下：

- completion_tokens=67，表示生成請求工具調用的過程中使用了 67 個 Token。
- prompt_tokens=95，表示輸入提示文字使用了 95 個 Token。
- total_tokens=162，表示總共使用了 162 個 Token。

上述輸出展示 LLM 在處理使用者請求時，識別出需要進行 3 次工具調用，以便分別獲取北京、上海和深圳的鮮花庫存訊息。這 3 次工具調用也可以分別指向不同的函數（工具）。

在前面的內容中，我們反覆強調，這個輸出只是利用 LLM 傳回工具調用的參數，而不是最終結果。此時，LLM 並沒有提供具體的回答內容，而是生成對應的工具調用請求，等待執行這些工具調用並傳回結果。

5.4 透過 ChatCompletion API 實現 Tool Calls

'{"city":"北京"}' 作為一個 JSON 物件，與我們在 Assistants API 實現 Function Calling 中看到的相同。無論是 Assistants API，還是 ChatCompletion API，只要用到 Function Calling 或者 Tool Calls，就會預設啟用之前提到的「JSON 模式」，以確保 LLM 輸出的參數和傳回值是結構化的，是可以正確解析的有效 JSON 物件。

> **咖哥說**
>
> JSON 模式的特點和注意事項如下：
>
> - 用 JSON 模式時，會限制 LLM 只生成能解析為有效 JSON 物件的字串。
>
> - 為了確保 LLM 按照預期生成 JSON 格式的資料，可以在對話中的某處，通常是在系統訊息中，明確指示 LLM 生成 JSON 格式的資料。例如，透過以下系統訊息來引導 LLM 生成 JSON 格式的資料。
>
>   ```
>   {
>   "role":"system",
>   "content":"You are a helpful assistant designed to output JSON."
>   }
>   ```
>
> - 如果沒有在上下文中明確指示 LLM 生成 JSON 格式的資料，LLM 可能會生成無限多的空白字元，並且請求可能會持續執行直至達到 Token 的上限。為了防止這種情況出現，如果在上下文中沒有出現「JSON」這個字串，API 將回饋錯誤訊息。
>
> - 如果生成內容達到 Token 的最大量（max_tokens），或者對話超過 Token 的數量限制，傳回的 JSON 物件可能是不完整的。在解析回應結果之前，需要檢查傳回的 finish_reason，以確保 JSON 物件是完整的。
>
> - 雖然 JSON 模式保證輸出是有效且無錯誤的 JSON 物件，但是它並不保證輸出結果能符合任何特定的架構或格式。
>
> - 當 LLM 在進行 Function Calling 時，JSON 模式藉由強制 LLM 輸出符合 JSON 格式的資料，可以確保函式呼叫的參數和結果都是有效且易於處理的。這對於自動化處理，和將 LLM 輸出整合到其他系統來說非常的重要。

5.4.3 調用模型選擇的工具並建構新訊息

接下來要檢查 LLM 的回應結果是否包含對工具的調用請求，也就是看看是否需要呼叫查詢庫存的函數以查詢。

為實現函式呼叫，我們需要循環執行 tool_calls，並為其中的每個條目呼叫 get_flower_inventory 函數，以得到庫存訊息。

要回應這些函式呼叫請求，需要向對話中添加 3 條新訊息，且每條訊息包含一個函式呼叫的結果，並透過 tool_call_id 引用 tool_calls 中的 ID。

```
# 檢查是否需要調用工具
tool_calls = response_message.tool_calls
if tool_calls:
    messages.append(response_message)
    # 如果需要調用工具，調用工具並加入庫存查詢結果
    for tool_call in tool_calls:
        function_name = tool_call.function.name
        function_args = json.loads(tool_call.function.arguments)
        function_response = get_flower_inventory(
            city=function_args.get("city")
        )
        messages.append(
            {
                "tool_call_id": tool_call.id,
                "role": "tool",
                "name": function_name,
                "content": function_response,
            }
        )
# 輸出當前訊息清單
print("message:", messages)
```

```
message: [{'role': 'user', 'content': ' 北京、上海和深圳的鮮花庫存是多少？ '},
ChatCompletionMessage(content=None, role='assistant', function_call=None,
tool_calls=[
ChatCompletionMessageToolCall(id='call_HgwcAAlWCyRwPFDib9dYxkUq',
function=Function(arguments='{ "city": " 北京 "}', name='get_flower_inventory'),
```

```
type='function'), ChatCompletionMessageToolCall(id='call_2q Ege0rKcpS4ZkY5QdY0pYdr',
function=Function(arguments='{"city": " 上海 "}', name='get_flower_inventory'),
type='function'), ChatCompletionMessageToolCall(id='call_nZlxb3ITZzi9eE5YFdHCzBBF',
function=Function( arguments='{"city": " 深圳 "}', name='get_flower_inventory'),
type='function')]),
{'tool_call_id': 'call_HgwcAAlWCyRwPFDib9dYxkUq', 'role': 'tool', 'name': 'get_
flower_inventory', 'content': '{"city": "\\u5317\\u4eac", "inventory": "\\u73ab\\
u7470: 100, \\u90c1\\u91d1\\u9999: 150"}'},
{'tool_call_id': 'call_2qEge0rKcpS4ZkY5QdY0pYdr', 'role': 'tool', 'name': 'get_
flower_inventory', 'content': '{"city": "\\u4e0a\\u6d77", "inventory": "\\u767e\\
u5408: 80, \\u5eb7\\u4e43\\u99a8: 120"}'},
{'tool_call_id': 'call_nZlxb3ITZzi9eE5YFdHCzBBF', 'role': 'tool', 'name': 'get_
flower_inventory', 'content': '{"city": "\\u6df1\\u5733", "inventory": "\\u5411\\
u65e5\\u8475: 200, \\u7389\\u5170: 90"}'}]
```

上述程式碼的執行流程如下：

1. 檢查是否有工具調用的需求（即 tool_calls 清單是否有元素）。

2. 如果有工具調用的需求，將迭代執行工具調用，進而得到北京、上海和深圳 3 座城市的鮮花庫存訊息。

- 提取工具調用的函數名稱（function_name）和參數（function_args），這裡的函數是 get_flower_inventory。

- 使用提取的參數（城市名）呼叫 get_flower_inventory 函數來獲取對應城市的鮮花庫存訊息。

3. 每次呼叫 get_flower_inventory 函數後，將創建一個包含工具調用 ID、角色、函數名稱和內容（庫存訊息）的訊息，並將其添加到訊息清單（messages）中。

4. 輸出更新後的訊息清單，包含使用者的原始查詢訊息和每座城市的鮮花庫存訊息。

更新後的訊息清單包含訊息如表 5.7 所示。

▼ 表 5.7 更新後的訊息清單包含訊息

角色	內容	tool_call_id	說明
user	北京、上海和深圳的鮮花庫存是多少？	—	原始問題
assistant	內含 tool_calls	—	ChatGPT 傳回的 ChatComple-tionMessage
tool	{"city":"北京","inventory":"玫瑰:100, 鬱金香:150"} 的 UTF 編碼	call_HgwcAAIWCyRwPFDib9dYxkUq	get_flower_inventory 函式呼叫結果
	{"city":"上海","inventory":"百合:80, 康乃馨:120"} 的 UTF 編碼	call_2qEge0rKcpS4ZkY5QdY0pYdr	
	{"city":"深圳","inventory":"向日葵:200, 玉蘭:90"} 的 UTF 編碼	call_nZlxb3lTZzi9eE5YFdHCzBBF	

小雪：不過，咖哥，這裡我有些問題：一是，為什麼要把函數的傳回值附加到訊息清單中；二是，為什麼訊息清單中顯示的是 UTF 編碼？

咖哥：這裡顯示的 UTF 編碼應該是 GPT 模型內部編碼轉換後的結果，在閱讀這個傳回值時的確感覺沒那麼流暢。但是，應該有辦法可以解決。你想一下，在透過 Assistants API 實現 Function Calling 的範例中，最後一步是什麼？

小雪（想了一會兒）：我知道了。我們把這個包含庫存工具查詢結果的訊息清單再次「丟給」LLM，讓它先整合庫存查詢結果，然後生成人人都可以讀懂的最終答案。

咖哥：聰明，不愧是小雪。

5.4.4 第二次向 LLM 發送對話以獲取最終回應

最後，將更新後的訊息清單第二次發送給 LLM 以獲取最終回應。

In
```
# 第二次向 LLM 發送對話以獲取最終回應
second_response = client.chat.completions.create(
    model="gpt-3.5-turbo",
    messages=messages
)
# 輸出最終回應
final_response = second_response.choices[0].message
print(final_response)
```

Out
```
ChatCompletion(id='chatcmpl-8pp0cTdOj5aLn1Ny3t1ldRyXyoE9w', choices=[Choice(finish_reason='stop', index=0, logprobs=None, message=ChatCompletionMessage(content=' 北京的鮮花庫存為：玫瑰 : 100, 鬱金香 : 150\n 上海的鮮花庫存為：百合 : 80, 康乃馨 : 120\n 深圳的鮮花庫存為：向日葵 : 200, 玉蘭 : 90', role='assistant', function_call=None, tool_calls=None))], created=1707361498, model='gpt-3.5-turbo', object='chat.completion', system_fingerprint='fp69829325d0', usage=CompletionUsage(completion_tokens=90, prompt_tokens=235, total_tokens=325))
```

ChatCompletion 結構的參數說明如下：

id='chatcmpl-8pp0cTdOj5aLn1Ny3t1ldRyXyoE9w'，表示本次對話完成的 ID。choices 表示包含 LLM 生成的所有回答陣列，在本範例中，只有一個回答（因為大多數情況下，我們只請求一個回答）。相關參數說明如下：

- finish_reason='stop'，表示 LLM 停止生成回答的原因。在本範例下，它自然地完成回答。

- index=0，表示這是第一個（也是唯一一個）生成的回答索引。

- logprobs=None，表示沒有傳回回答的對數機率，因為呼叫時沒有請求它。

message 包含的參數說明如下：

- content 包含 LLM 生成的實際文字回答：對於北京，鮮花庫存是「玫瑰：100，鬱金香：150」；對於上海，鮮花庫存是「百合：80，康乃馨：120」；對於深圳，鮮花庫存是「向日葵：200，玉蘭：90」。

- role='assistant'，表示生成這段文字的角色，此處表明這是助理的回答。
  created=1707361498，表示回答創建的時間戳。
  model='gpt-3.5-turbo'，表示生成回答的 LLM。
  object='chat.completion'，表示這是一個聊天完成物件。
  system_fingerprint='fp_69829325d0'，表示系統用於追蹤和最佳化效能的內部標記。

usage 提供了關於此次調用的詳細使用訊息。參數說明如下：

- completion_tokens=90，表示生成回答過程中使用了 90 個 Token。
- prompt_tokens=235，表示提示文字使用了 235 個 Token。
- total_tokens=325，表示總共使用了 325 個 Token。

至此，LLM 成功地調用工具，並根據工具的傳回值生成一個包含北京、上海和深圳 3 座城市的鮮花庫存情況詳細回答，而且任誰都看得懂。

- 對於北京，鮮花庫存是「玫瑰 :100, 鬱金香 :150」。
- 對於上海，鮮花庫存是「百合 :80, 康乃馨 :120」。
- 對於深圳，鮮花庫存是「向日葵 :200, 玉蘭 :90」。

5.5 小結

至此，我們詳細介紹了 Assistants、OpenAI API、Function Calling 和 Tools 這些 LLM 開發工具。

無論是 Assistants API 中的 Function Calling，還是 ChatCompletion API 中的 Tool Calls，都允許開發者定義函數。LLM 可以用智慧輸出一個包含用於呼叫一個或多個函數的參數的 JSON 物件。

藉由調用工具，開發者可以完成以下這些工作。

- 創建可以透過調用外部工具執行操作的聊天機器人。
- 將自然語言請求轉換為特定的函式呼叫，如發送電子郵件或獲取天氣訊息。

- 將自然語言查詢轉換為 API 調用或資料庫查詢，允許基於即時資料進行動態回應。
- 從非結構化文字中提取結構化資料，以便將詳細訊息解析為預定義格式。

無論是遠古人類還是現代 AI，工具的使用和選擇都是智慧的關鍵表現。Agent 透過 Function Calling 自主選擇工具，說明自身智慧行為。未來，希望 OpenAI 公司在下面這兩方面可以進一步發展。

- Agent 在選擇工具的同時能自主學習。不管人類給予正面或者負面的評價，Agent 都可以根據回饋調整自己選擇工具的能力。
- 提升 Agent 並行調用多個工具的能力，提升面對複雜系統時的執行效率。

CHAPTER 6

Agent 3：推理與行動的合作 ── 透過 LangChain 中的 ReAct 框架實現自動定價

小雪和咖哥分工合作。小雪負責調查研究使用者介面，她設計了一系列使用者介面原型，希望 Agent 透過簡單的對話就可以引導使用者找到自己想要的產品。同時，她還在介面上融入很多溫馨的小提示，例如節日知識、花語解釋，甚至是色彩心理學便利貼，這樣一來，買花不僅是一場交易，更是一次愉悅的體驗。

咖哥則專注 Agent 的開發。他與研發團隊建構了一個複雜的演算法模型，基於此，AI 不僅能理解使用者的查詢，而且能從使用者的瀏覽紀錄和購買歷史中學習，逐漸提高推薦的準確率。他們還開發了一個動態庫存管理系統，能藉由 AI 預測市場需求，最佳化庫存水準，減少浪費，確保顧客買到的都是鮮花。

小雪：咖哥，能否增加一個功能，讓 Agent 可以根據即時天氣和交通狀況自動調整產品價格，從而最佳化銷售策略和庫存管理呢？

小雪向咖哥提出新的需求，如圖 6.1 所示。

204 | 第 6 章 Agent 3：推理與行動的合作──透過 LangChain 中的 ReAct 框架實現自動定價

🎧 圖 6.1 小雪向咖哥提出新的需求

咖哥：當然可以。這次我帶妳利用 LangChain 來實現。不過，實戰之前，我們先複習一下之前學過的 ReAct 框架。

6.1 複習 ReAct 框架

咖哥：小雪，在經營花店的過程中，會經常遇到因氣候變化而導致鮮花售價改變的情況。所以，每天早上妳都如何為當日鮮花定價呢？

小雪：我會先想一下要怎麼處理這件事（**思考**），其次以搜尋引擎查閱網路上今天鮮花的成本價（**行動**），據此可預估鮮花的進貨價格，再根據這個價格高低（**觀察**）來確定加價（**思考**），最後得出售價（**行動**）。

小雪（人類）為鮮花定價的過程如圖 6.2 所示。

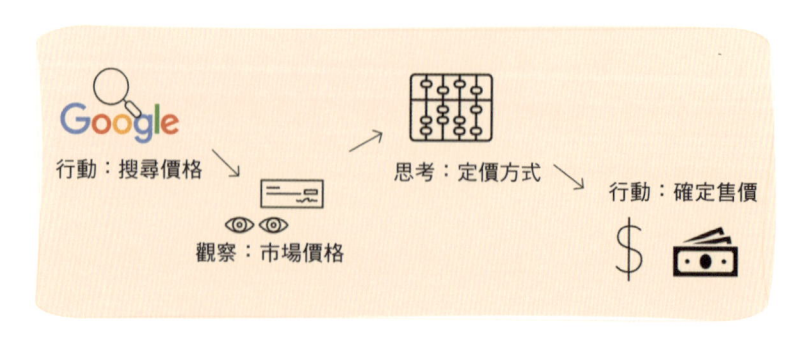

🎧 圖 6.2 小雪（人類）為鮮花定價的過程

這就是我們人類在接到一個新任務時做出決策並完成下一步行動的過程。在這個簡單的例子中，先思考或者觀察後再思考，然後採取行動。這裡的觀察和思考可統稱為「推理」（Reasoning）過程，而「推理」指導下一步「行動」（Acting）。

ReAct 框架的靈感來自「推理」和「行動」之間的合作，這種合作能讓我們學習新任務並做出決策。而在 LLM 應用中，尤其是與 Agent 相關的應用開發中，可透過提示工程向 LLM 植入這個思維框架，明確地告訴它們，要循序漸進地、交錯地**生成推理軌跡和採取行動**，將推理和行動融入解決問題的過程中。

ReAct 框架出現之前，也有一些指導模型推理的簡單框架，如強調分步思維的思維鏈，以及強調行動和模型與環境互動過程的 SayCan[8] 和 WebGPT[9] 等（見圖 6.3）。

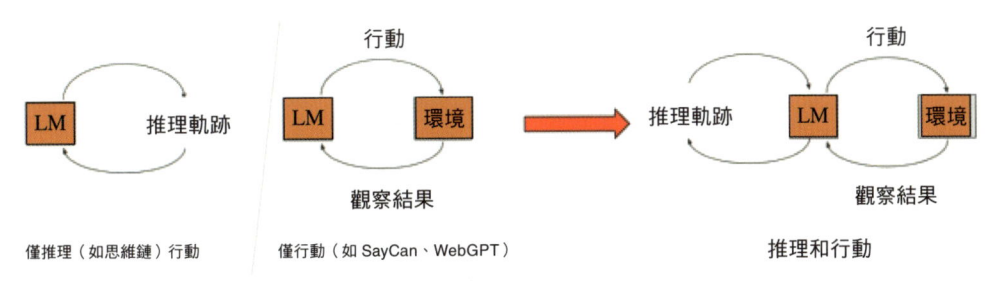

注：LM 表示 Language Model（語言模型），如 LLM。

🎧 圖 6.3 從僅推理、僅執行的簡單框架到 ReAct 框架 [3]

ReAct 框架組合使用推理和行動，引導 LLM 生成一個任務解決軌跡：觀察環境－進行思考－採取行動，也就是觀察－思考－行動。

其中，推理包括對當前環境和狀態的觀察，並生成推理軌跡。這使得 LLM 能夠誘導、追蹤和更新操作計畫，甚至處理異常情況。行動在於指導 LLM 採取下一步的行動，例如與外部資源（如知識庫或環境）互動並且蒐集訊息，或者提供最後答案。這個過程中的訊息檢索有助於克服鏈式思考推理中常見的幻覺和錯誤傳播問題，為任務帶來更具解釋性和事實性的軌跡。

第 6 章　Agent 3：推理與行動的合作──透過 LangChain 中的 ReAct 框架實現自動定價

與 LLM 僅推理，但沒有採取任何行動來改變環境的狀態，或者僅和環境不斷互動，但不基於環境的改變來重新確定思路相比，這種模式要有效得多。

論文〈ReAct: Synergizing Reasoning and Acting in Language Models〉[4] 提供一個透過不同框架解決具體問題的範例（見圖 6.4）。

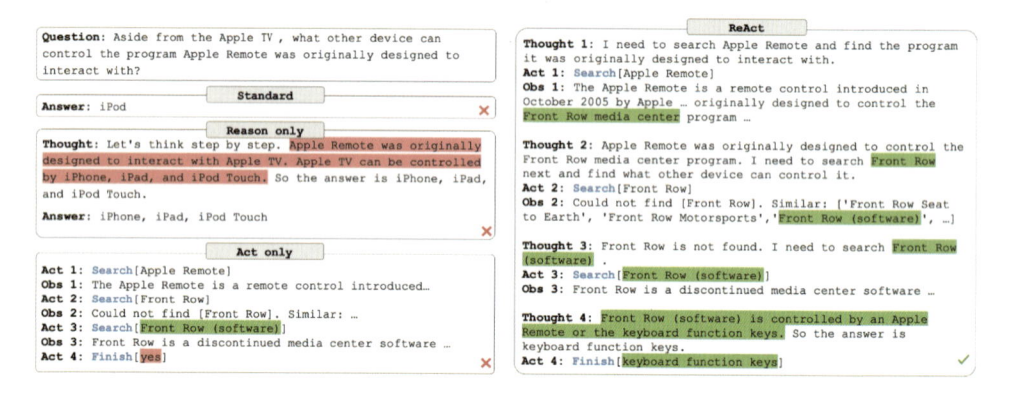

△ 圖 6.4　透過不同框架解決具體問題

在圖 6.4 中，問題是「Aside from the AppleTV, what other device can control the program Apple Remote was originally designed to interact with?」（除了蘋果電視外，蘋果遙控器最初是設計要用來控制哪種裝置？）針對這個問題，不同框架驅動 LLM 解決問題的結果對比如表 6.1 所示。

▼ 表 6.1　不同框架驅動 LLM 解決問題的結果對比

框架	描述	結果
標準 （Standard）	直接提供錯誤的答案：iPod。沒有提供任何推理過程或外部互動，直接提供答案	錯誤的答案：iPod
僅推理 （Reason only）	嘗試藉由逐步推理來解決問題，但沒有與外部環境互動以驗證訊息。錯誤地推斷出答案是 iPhone、iPad、iPod Touch	錯誤的答案：iPhone、iPad、iPod Touch

框架	描述	結果
僅行動 （Act only）	透過與外部環境如維基百科的一連串互動來獲取訊息，嘗試多次搜尋「Apple Remote」「Front Row」等，但缺乏推理支援，無法綜合這些觀察結果後得出正確答案。認為需要結束搜尋	錯誤的決策：結束搜尋
ReAct	結合推理和行動。首先透過推理確定搜尋 Apple Remote（蘋果遙控器），並從外部環境中觀察結果。隨著推理的深入，識別出需要搜尋 Front Row（軟體）。在幾番來回後，因進一步推理而準確得出答案「鍵盤功能鍵」	正確的答案：鍵盤功能鍵

在這個範例中，ReAct 框架展示將推理和行動的步驟交織在一起的方法，以支援和驗證每一步的推理，最終獲得一個準確且可解釋的結果。在推理和行動過程中，ReAct 框架提供一個明確、可追蹤、類似人類思考的思維路徑。由於需要與外部環境互動，因此 ReAct 框架解決問題時，比較不會受到模型內部知識限制的影響。

ReAct 框架不僅存在學術研究，它的工程實現和實際應用場景也日益增多。LangChain 藉由 ReAct 框架來提升 Agent 的智慧表現，可以說 ReAct 框架對於 Agent 的設計具有里程碑意義，並明顯提升它的推理和決策能力。因為能有效結合推理和行動，以及保持與人類的對齊和控制性，ReAct 框架成為處理互動式決策任務的好工具。

6.2 LangChain 中 ReAct Agent 的實現

在 LangChain 中使用 Agent 時，只需要理解下面 4 個元素。

- LLM：提供邏輯的引擎，負責生成預測和處理輸入。
- 提示（prompt）：負責指導模型，形成推理框架。
- 外部工具（external tools）：包括資料清理工具、搜尋引擎、應用程式等。
- Agent 執行器（Agent executor）：負責調用合適的外部工具，並管理整個流程。

根據使用者的輸入（接收任務），Agent 會先決定要調用的工具，然後藉由相應工具得到答案。Agent 不僅可以同時使用多種工具，而且可以將一個工具的輸出資料作為另一個工具的輸入資料。

上面的思維模式看似簡單，但其實有很多值得仔細琢磨之處。

在整個流程中，LLM 經常需要自主判斷下一步的行動。如果沒有額外引導，LLM 則可能無法自主判斷下一步的行動。

例如，任務是查詢庫存，如果庫存不足，則搜尋合適商家並進貨。但完成這個任務需要考慮一連串操作。

- 什麼時候開始檢索本機資料庫？（這是第一步，相對比較簡單。）
- 如何確定檢索本機資料庫的步驟已經完成，可以進行下一步？
- 要調用哪個外部搜尋工具（例如 Google）？
- 外部搜尋工具是否傳回想要的內容？
- 如何確定外部訊息的真實性並執行下一步？

針對複雜、多步驟的任務，LangChain 中的 Agent 要如何自主計畫、自行判斷並執行呢？

小雪插嘴：當然是使用 ReAct 框架啦！

咖哥：沒錯。LangChain 包含各種類型的 Agent 實現，如 Self-ask with Search（自問自答結合搜尋）、Structured Chat（結構化聊天）和 ReAct 框架等。其中最典型的是 ReAct 框架。

透過對 ReAct 框架完美封裝和實現，LangChain 可以賦予 LLM 極大的自主性。應用 ReAct 框架後，你的 LLM 將從一個只能借助自己內部知識對話聊天的機器人，搖身一變成為一個能使用工具的智慧 Agent。

LangChain 中的 Agent 一般由一個 LLM 和一個提示驅動。提示可能包含 Agent 的性格（也就是分配角色給它，讓它以特定方式回應）、任務背景（用於提供更具多工類型的上下文），以及用於激發更好推理能力的提示策略（如 ReAct 框架）。

6.3 LangChain 中的工具和工具包

ReAct 框架會提示 LLM 為任務生成推理軌跡和行動，這使得 Agent 能系統地執行動態推理以創建、維護和調整操作計畫，同時支援與外部環境，例如 Google 搜尋、維基百科的互動，以將額外訊息合併到推理中。這個和外部環境互動的過程，其實就是我們多次見識的調用並執行工具的行動過程。上面所說的本機知識庫或搜尋引擎都不是封裝在 LLM 內部的知識，稱為「外部工具」（見圖 6.5）。

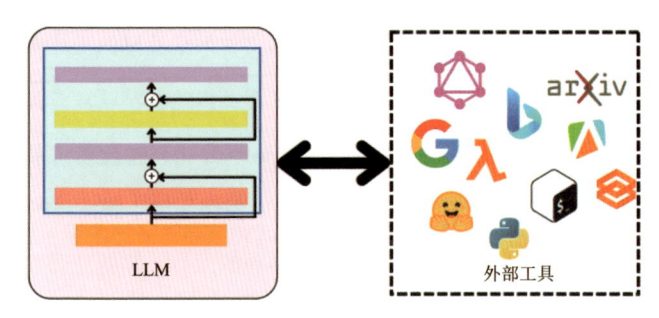

🎧 圖 6.5 LLM 可以利用外部工具獲取額外訊息

LangChain 包含工具和工具包兩種組件。

工具（Tools）是 Agent 調用的函數。這裡有兩個重要的考慮因素：一是讓 Agent 能調用正確的工具；二是以最有用的方式描述這些工具。如果沒有為 Agent 提供正確的工具，它將無法完成任務；如果沒有正確地描述工具，它也不會知道要如何使用工具。除了 LangChain 提供的一系列的工具以外，你還可以定義自己的工具。

目前 LangChain 支援的工具及其說明如表 6.2 所示。

▼ 表 6.2 LangChain 支援的工具及其說明

工具	說明
Apify	用於網路抓取和自動化的工具
ArXiv API Tool	用於存取學術文獻的工具
AWS Lambda API	提供雲端函數或無伺服器計算的工具

工具	說明
Shell Tool	允許機器學習模型直接與系統 shell 互動的工具
Bing Search	提供 Bing 搜尋引擎查詢結果的工具
Brave Search	提供 Brave 搜尋引擎查詢結果的工具
ChatGPT Plugins	外掛程式工具,用於擴展 ChatGPT 的功能
DataForSEO API Wrapper	從各種搜尋引擎獲取搜尋結果的工具
DuckDuckGo Search	提供 DuckDuckGo 搜尋引擎查詢結果的工具
File System Tools	提供與本機文件系統互動的工具集
Golden Query	提供基於知識圖譜的自然語言查詢服務的工具
Google Places	提供 Google 地點訊息和查詢結果的工具
Google Search	提供 Google 搜尋引擎查詢結果的工具
Google Serper API	用於網路搜尋的工具,需要註冊並獲取 API 密鑰
Gradio Tools	提供與 Gradio 應用互動功能的工具
GraphQL tool	提供 GraphQL 查詢結果的工具
huggingface_tools	提供與 Hugging Face 函式庫互動功能的工具
Human as a tool	描述如何將人類作為一個執行具體任務的工具
IFTTT WebHooks	提供與 IFTTT WebHooks 互動功能的工具
Lemon AI NLP Workflow Automation	用於自動化 NLP 工作流的工具
Metaphor Search	專為機器學習模型設計的搜尋引擎工具
OpenWeatherMap API	提供查詢天氣訊息結果的工具
PubMed Tool	提供 PubMed 醫學文獻查詢結果的工具
Requests	提供網路訊息獲取功能的工具
SceneXplain	提供圖像描述服務的工具
Search Tools	提供各種搜尋工具的工具集
SearxNG Search API	提供自託管 SearxNG 搜尋 API 查詢服務的工具

工具	說明
SerpApi	提供網路搜尋功能的工具
Twilio	提供簡訊或其他發送訊息功能的工具
Wikipedia	提供查詢維基百科結果的工具
Wolfram Alpha	提供查詢 Wolfram Alpha 知識引擎功能的工具
YouTubeSearchTool	提供 YouTube 影片搜尋功能的工具
Zapier Natural Language Actions API	用於自然語言處理的 API 工具

工具包（Toolkits）是一組用於完成特定目標的彼此相關工具，每個工具包都包含多個工具，例如 LangChain 的 Office365 工具包，包含連接 Outlook、讀取郵件清單、發送郵件等一系列工具。當然 LangChain 中還有很多其他工具包可供選擇。

目前 LangChain 支援的工具包及其說明如表 6.3 所示。

▼ 表 6.3 LangChain 支援的工具包及其說明

工具包	說明
Amadeus Toolkit	將 LangChain 連接到 Amadeus 旅行訊息 API
Azure Cognitive Services Toolkit	與 Azure Cognitive Services API 互動，以實現一些多模態功能
GitHub Toolkit	GitHub 工具包，包含使 LLM Agent 與 GitHub 儲存庫互動的工具，這些工具是 PyGitHub 庫的封裝
Gmail Toolkit	Gmail 工具包
Jira	Jira 工具包
MultiOn Toolkit	將 LangChain 連接到瀏覽器中的 MultiOn 使用者端
Office365 Toolkit	將 LangChain 連接到 Office365 電子郵件和日曆等
PlayWright Browser Toolkit	透過瀏覽器瀏覽 Web 並與動態渲染的網站互動

當然，表 6.2 和表 6.3 中所列的工具或工具包隨著時間推移會越來越多，這也代表 LangChain 的功能會越來越強大。

下面是一段為 LangChain Agent 分配工具包中工具的範例程式碼。

```
# 導入 Gmail 工具包
from langchain_community.agent_toolkits import GmailToolkit
# 初始化工具包中的所有工具
toolkit = GmailToolkit()
tools = toolkit.get_tools()
# 創建一個 Agent 並為 Agent 分配工具
from langchain.agents import create_agent
agent = create_agent(llm, tools, prompt)
```

關於上述工具和工具包的詳細用法，請參考 LangChain 的官方文件，以下是以 ReActAgent 調用搜尋以及數學工具的範例。

6.4 透過 create_react_agent 創建鮮花定價 Agent

本節將透過 LangChain 中的 create_react_agent 功能來創建一個 ReAct Agent。此處，派給 Agent 的任務是找出當下玫瑰花市場價格，然後計算出加價 5% 後的新價格。

可以參考 2.5.2 節來做準備工作，如安裝 OpenAI、LangChain，以及在 SerpApi 網站註冊帳號，獲得 SERPAPI_API_KEY，並安裝 SerpApi 的套件。本節將為 LLM 安排 Google 搜尋工具。

此外，還需要安裝 numexpr 數學工具包，以供 LangChain 中的 llm-math 工具使用。

```
pip install numexpr
```

設定 OpenAI 網站和 SerpApi 網站提供的 API 密鑰。

```
# 設定 OpenAI 網站和 SerpApi 網站提供的 API 密鑰
import os
```

6.4 透過 create_react_agent 創建鮮花定價 Agent | 213

```
os.environ["OpenAI_API_KEY"] = ' 你的 OpenAI API 密鑰 '
os.environ["SERPAPI_API_KEY"] = ' 你的 SerpAPI API 密鑰 '
```

然後載入將用於控制 Agent 的 LLM。

In
```
# 初始化 LLM
from langchain_OpenAI import OpenAI
llm = OpenAI(temperature=0)
```

接下來，載入一些要使用的工具。這裡，我們為 LLM 配備兩個工具：SerpApi，這是調用 Google 搜尋引擎的工具，用於找出當前玫瑰花的市場價格；和 llm-math，這是透過 LLM 計算數學的工具，用於計算售價。

In
```
# 設定工具
from langchain.agents import load_tools
tools=load_tools(["serpapi","llm-math"],llm=llm)
```

接下來，透過設計提示模板來實現 ReAct 認知框架。

In
```
# 設計提示模板
from langchain.prompts import PromptTemplate
template = (
    ' 盡你所能回答以下問題。如果能力不夠，可以使用以下工具 :\n\n'
    '{tools}\n\n
    Use the following format:\n\n'
    'Question: the input question you must answer\n'
    'Thought: you should always think about what to do\n'
    'Action: the action to take, should be one of [{tool_names}]\n'
    'Action Input: the input to the action\n'
    'Observation: the result of the action\n'
    '... (this Thought/Action/Action Input/Observation can repeat N times)\n'
    'Thought: I now know the final answer\n'
    'Final Answer: the final answer to the original input question\n\n'
    'Begin!\n\n'
    'Question: {input}\n'
    'Thought:{agent_scratchpad}'
)
prompt = PromptTemplate.from_template(template)
```

咖哥：這個提示模板很眼熟吧？

小雪：對，我們曾使用過 LangChain 的 Hub 中，使用者 hwchase17 提供的 ReAct 提示模板，和這個模板非常像。

咖哥：是的。這次我們自己製作的 ReAct 提示也基於相同的認知框架，但是可以加入自己需要的內容，例如可以要求 Agent 用中文回答問題、指定最終答案的格式，或指明答案長度需要在 100 字以內等。

ReAct 提示模板包含的部分及其說明如表 6.4 所示。

▼ 表 6.4 ReAct 提示模板包含的部分及其說明

部分	說明
介紹	盡你所能回答以下問題。如果能力不夠，你可以使用以下工具：
工具清單	{tools}
格式指南	使用以下格式：
問題	你需要回答的輸入問題
思考	你應該始終考慮接下來的操作
行動	需要採取的行動，應該是 [{tool_names}] 中的一個
行動輸入	對行動的輸入
觀察	行動的結果
迴圈	...（這個思考／行動／行動輸入／觀察可以重複 N 次）
最終思考	我現在知道了最終答案
最終答案	對原始輸入問題的最終回答
開始指令	開始！
實際案例	問題 :{input}\n 思考 :{agent_scratchpad}

接下來使用 create_react_agent 函數來創建 ReActAgent，並在初始化的過程中指定 LLM、工具和提示詞。

6.4 透過 create_react_agent 創建鮮花定價 Agent

```
# 初始化 Agent
from langchain.agents create_react_agent
agent=create_react_agent(llm,tools,prompt)
```

下一步是創建一個 AgentExecutor（Agent 執行器）。

```
# 用 Agent 和 Tools 初始化一個 AgentExecutor
from langchain.agents import AgentExecutor
agent_executor=AgentExecutor(agent=agent, tools=tools, verbose=True)
```

好了，現在讓 Agent 回答我剛才提出的問題：「目前市場上玫瑰花的一般進貨價格是多少？如果我要在此基礎上加價 5%，應該如何定價？」

```
# 以 AgentExecutor 執行任務
agent_executor.invoke({"input":
    """ 目前市場上玫瑰花的一般進貨價格是多少？ \n
    如果我要在此基礎上加價 5%，應該如何定價？ """})
```

Agent 成功遵循 ReAct 框架，它輸出的思考與行動軌跡如圖 6.6 所示。

```
> Entering new AgentExecutor chain...
Thought: To answer this question accurately, I need to first find out the current market wholesale price of roses. Then, I ca
n calculate the price after adding a 5% markup.

Action: Search

Action Input: current wholesale price of roses 2023
In 2023, before Valentine's Day, the average cut rose stem cost 40 cents coming off the cargo plane. This is higher than the
annual low in August of 25 cents a stem. This means in August, roses cost wholesalers $3 a dozen, while a dozen Valentine's D
ay roses cost $5 after clearing customs.Given the information, it seems that the price of roses can vary significantly throug
hout the year. For the purpose of this calculation, I'll use the price of $3 per dozen, which is mentioned as the cost in Aug
ust, a period of annual low prices. This should give us a baseline for the wholesale price outside of peak times like Valenti
ne's Day.

Action: Calculator

Action Input: 3 * 1.05
Answer: 3.1500000000000004I now know the final answer.

Final Answer: If you're basing your pricing on the annual low wholesale price of roses, which is $3 per dozen in August, afte
r adding a 5% markup, you should price the roses at approximately $3.15 per dozen.

> Finished chain.
```

○ 圖 6.6 Agent 輸出的思考與行動軌跡

小雪：很不錯。不過，有一點不完美，這次執行中 Agent 給出的內容都是英文的，看不太懂。

咖哥：那妳認為應該怎麼辦呢？

小雪：咖哥，只要修改一下 Prompt 就可以啦。

```
# 調整一下提示詞
template=(
    '盡你所能用中文回答以下問題。如果能力不夠,你可以使用以下工具 :\n\n''{tools}\n\n
    Use the following format:\n\n'
    'Question: the input question you must answer\n'
    'Thought: you should always think about what to do\n'
    'Action: the action to take, should be one of [{tool_names}]\n'
    'Action Input: the input to the action\n'
    'Observation: the result of the action\n'
    '...(this Thought/Action/Action Input/Observation can repeat N times)\n'
    'Thought: I now know the final answer\n'
    'Final Answer: the final answer to the original input question\n\n'
    'Begin!\n\n'
    'Question:{input}\n'
    'Thought:{agent_scratchpad}'
)
```

這裡我們微調了 ReAct 模板，從而見識 GPT 模型中英文的雙語理解能力，並確保它回答問題時使用中文；否則，即使問它中文，它有時也會堅持「秀」英文。

再次執行流程，輸出結果如圖 6.7 所示。

🎧 圖 6.7　調整 Prompt 之後的輸出結果

可以看到，Agent 在 LangChain 中不僅自動形成一個完善的思考與行動鏈，而且給出正確答案。

可以對照表 6.5，再確認一下這個鏈中的每個環節。

▼ 表 6.5 Agent 的思考與行動鏈

步驟編號	中文說明	步驟內容	詳細描述
1	開始	Entering new AgentExecutor chain...	開啟一個新的智慧 Agent 執行鏈
2	行動	Action: Search	智慧 Agent 準備執行搜尋操作
3	行動輸入	Action Input	輸入搜尋指令：「玫瑰市場平均價格」
4	觀察	Observation	獲取有關玫瑰花市場價格的詳細訊息，包括價格波動的原因和零售價格範圍
5	思考	Thought	Agent 反思需要計算玫瑰價格加價 5% 後的數額
6	行動	Action: Calculator	決定使用計算器工具來計算加價後的結果
7	行動輸入	Action Input	輸入計算指令「51*1.05」，用於計算加價 5% 後的價格
8	觀察	Observation	觀察到計算結果是 5.25，表明玫瑰花加價 5% 後的價格為 55.25
9	最終答案	Final Answer	確定並提供最終答案：玫瑰花加價 5% 後的價格為 55.25
10	結束	Finished chain	表示智慧 Agent 的任務鏈已經完成

在這個鏈中，Agent 藉由思考、觀察、行動，借助搜尋和計算兩個操作，完成任務。

6.5 深入 AgentExecutor 的執行機制

AgentExecutor 是 Agent 的執行環境，它首先調用 LLM，接收並觀察結果，然後執行 LLM 所選擇的操作，同時也負責處理多種複雜情況，包括 Agent 選擇了不存在工具的情況、工具出錯的情況、Agent 產生無法解析成 Function Calling 格式的情況，以及在 Agent 決策和工具調用期間進行日誌記錄。

若要清晰地了解 AgentExecutor 的執行過程，僅觀察 LangChain 輸出的 Log 是不夠的，我們需要深入 LangChain 的程式內部，設定中斷點並除錯（debug）來探究 Agent 執行器的執行機制。

6.5.1 在 AgentExecutor 中設定中斷點

以下將深入 LangChain 原始碼的內部，觀察它封裝 ReAct Agent 的方式，並顯示 Agent 透過 AgentExecutor 來自主決策的方法。這裡會使用螢幕截圖說明除錯 LangChain 原始碼的過程並分析，我認為這樣能有效幫助你理解 LangChain 實現 ReAct 的方法。

準備好了嗎？現在就開始吧！

首先，在圖 6.8 所示的 VS Code 中配置 launch.json 文件。需要將 justMyCode 參數設定為 false，否則，debug 工具不會進入 LangChain 套件的程式碼內部。

🎧 圖 6.8　VS Code 的 debug 工具

6.5 深入 AgentExecutor 的執行機制

在 agent_executor.invoke 敘述處設定一個中斷點（見圖 6.9）。

```
46    # 執行AgentExecutor
47    agent_executor.invoke({"input":
48                          """目前市場上玫瑰花的一般進貨價格多少？\n
49                          如果我在此基礎上加價 5%，應該如何定價？"""})
50
```

▲ 圖 6.9 設定中斷點

開始除錯流程，正式啟動 Agent。接下來看看 LLM 在 ReAct 框架指導下推理的辦法。

借助 Step Into 功能打開 LangChain 套件，可以看到 base.py 文件 Chain 類別的 invoke 方法（見圖 6.10）。

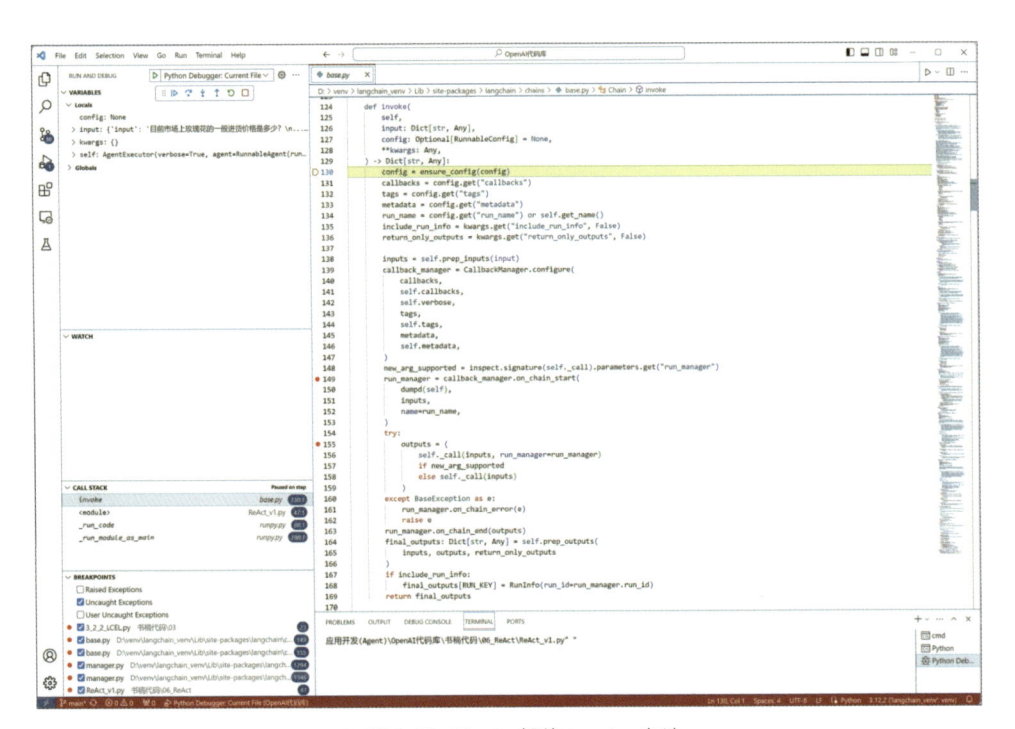

▲ 圖 6.10 Chain 類的 invoke 方法

由此可以發現，agent_executor 實際上是一個 Chain（鏈）類別（參考 LangChain 套件中 agent.py 文件的 AgentExecutor 定義部分）。

小雪：難怪。用了半天 LangChain，我就一直疑惑「Chain」到底在哪裡，原來 AgentExecutor 類別就繼承自 Chain 類別。

咖哥：是的。調用 invoke 方法本身就是執行 Chain 的基本方式。

在執行 callback_manager.on_chain_start 方法之後，Terminal 中 0 輸出「> Entering new Agent Executor chain...」，表示鏈已經正式啟動。

此時的 input 變數內容如圖 6.11 所示。

🎧 圖 6.11　input 變數中包含使用者輸入的任務文字

繼續 debug，直至呼叫 self._call 方法。這個方法蘊含 Agent 的主要邏輯（見圖 6.12）。

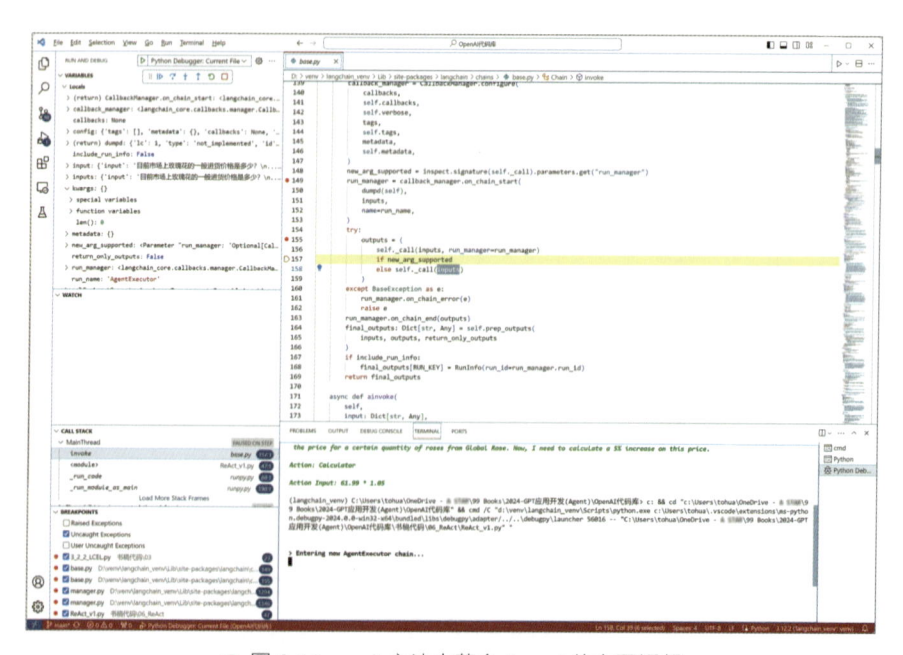

🎧 圖 6.12　_call 方法中蘊含 Agent 的主要邏輯

> **咖哥說**
>
> _call 前的下底線是一個程式設計風格上的潛規則，表示這是一個類別內部使用方法，而非類別公開介面的一部分。作為一個類別方法，意味著它與類別的實例有關，可以直接操作類別實例的屬性和呼叫其他方法。

6.5.2 第一輪思考：模型決定搜尋

執行 StepInto 操作，就來到了 LangChain 中，agent.py 的 AgentExecutor 類別的 _call 方法內部（見圖 6.13），Agent 將在此不斷循環計畫、思考、調用工具、解決問題。

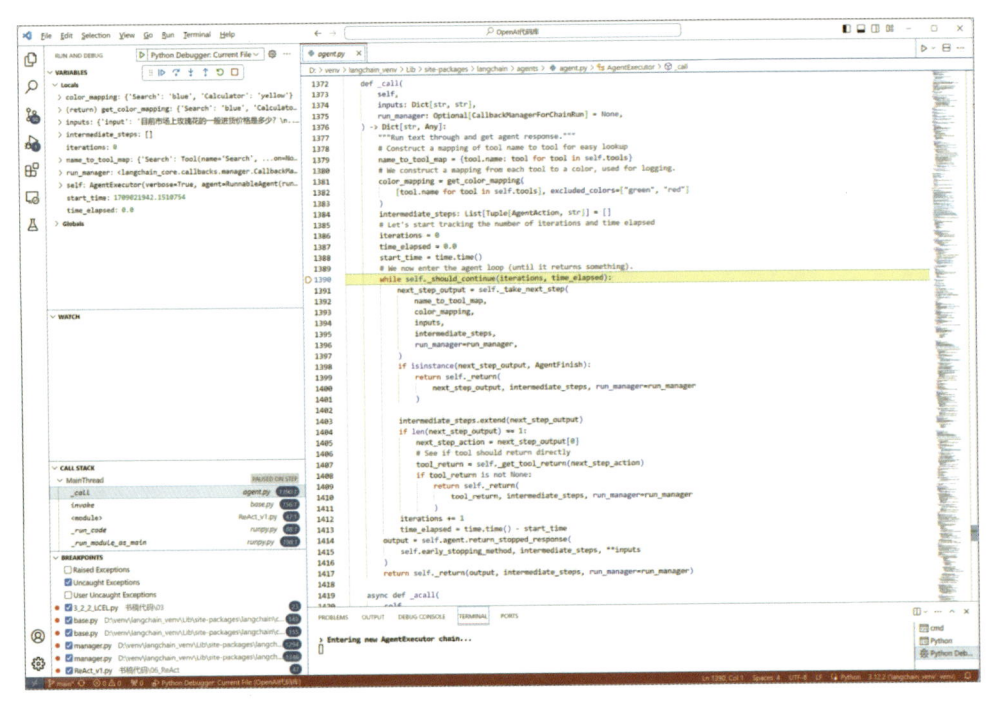

🔊 圖 6.13 _call 方法中 Agent 不斷循環計畫、思考、調用工具、解決問題

AgentExecutor 的 _call 方法是負責執行任務的核心方法。我們將藉由表 6.6 所示內容，逐步分析這個方法的關鍵部分，以幫助你理解相關邏輯。

▼ 表 6.6　_call 方法中的關鍵步驟

步驟	描述	關鍵操作	目的
1. 輸入和初始化	接收一個字典 inputs 作為輸入，可能包含 run_manager 實例	inputs 字典處理，run_manager 初始化	傳回處理後的結果或回應字典
2. 工具映射建構	建構從工具名稱到工具實例的映射 name_to_tool_map	遍歷 self.tools	便於後續根據名稱查找工具
3. 顏色映射	為日誌記錄建立顏色映射，排除「green」和「red」	color_mapping 建構	將每個工具映射到一個顏色上
4. 迭代和時間追蹤	初始化 iterations 和 time_elapsed，記錄 start_time	記錄方法開始時間	追蹤迭代次數和總耗時
5. 迴圈	使用 while 迴圈，基於 _should_continue 的傳回值決定是否繼續	_take_next_step 獲取輸出	根據條件繼續或結束執行
6. 處理下一步輸出	根據 next_step_output 是不是 AgentFinish 實例來決定後續操作	添加輸出到 intermediate_steps	記錄中間步驟或傳回最終結果
7. 工具直接傳回檢查	如果 next_step_output 只有一個元素，檢查是否直接傳回結果	判斷步驟輸出	可能直接傳回結果
8. 迭代和時間更新	更新 iterations 和 time_elapsed	時間和迭代計數更新	為循環迭代和時間追蹤
9. 早停回應	如果迴圈結束，生成基於早停策略的回應	使用 agent.return_stopped_response	回應基於早停策略
10. 傳回最終結果	使用 _return 方法傳回處理結果	傳回包括中間步驟和執行管理器訊息的結果	完成處理並傳回結果

此時，在 DebugConsole 中輸出變數 name_to_tool_map 的內容（見圖 6.14），可以看到之前定義的兩個工具。

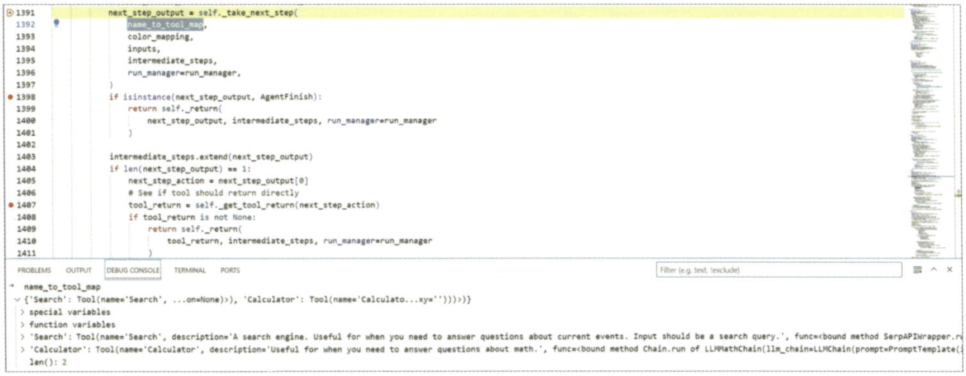

▲ 圖 6.14 變數 name_to_tool_map 的內容

小雪：咖哥，Agent 根據問題調用 LLM 進行推理思考，然後拿到推理結果，調用工具，這些步驟的細節在哪裡？

咖哥：會在 _take_next_step 方法中繼續呼叫 _iter_next_step 方法以處理 ReAct 邏輯，也就是觀察、思考及行動。我們可以繼續深入細節。

接下來，透過 StepInto 操作進入 _take_next_step 方法內部（見圖 6.15）。其中，首先呼叫 _consume_next_step 方法並接收結果。

```
D: > venv > langchain_venv > Lib > site-packages > langchain > agents > 🐍 agent.py > 👣 AgentExecutor > 📘 _take_next_step
1071              )
1072          final_output = output.return_values
1073          if self.return_intermediate_steps:
1074              final_output["intermediate_steps"] = intermediate_steps
1075          return final_output
1076
1077      def _consume_next_step(
1078          self, values: NextStepOutput
1079      ) -> Union[AgentFinish, List[Tuple[AgentAction, str]]]:
1080          if isinstance(values[-1], AgentFinish):
1081              assert len(values) == 1
1082              return values[-1]
1083          else:
1084              return [
1085                  (a.action, a.observation) for a in values if isinstance(a, AgentStep)
1086              ]
1087
1088      def _take_next_step(
1089          self,
1090          name_to_tool_map: Dict[str, BaseTool],
1091          color_mapping: Dict[str, str],
1092          inputs: Dict[str, str],
1093          intermediate_steps: List[Tuple[AgentAction, str]],
1094          run_manager: Optional[CallbackManagerForChainRun] = None,
1095      ) -> Union[AgentFinish, List[Tuple[AgentAction, str]]]:
1096          return self._consume_next_step(
1097              [
1098                  a
1099                  for a in self._iter_next_step(
1100                      name_to_tool_map,
1101                      color_mapping,
1102                      inputs,
1103                      intermediate_steps,
1104                      run_manager,
1105                  )
1106              ]
1107          )
1108
1109      def _iter_next_step(
1110          self,
1111          name_to_tool_map: Dict[str, BaseTool],
1112          color_mapping: Dict[str, str],
1113          inputs: Dict[str, str],
1114          intermediate_steps: List[Tuple[AgentAction, str]],
1115          run_manager: Optional[CallbackManagerForChainRun] = None,
1116      ) -> Iterator[Union[AgentFinish, AgentAction, AgentStep]]:
1117          """Take a single step in the thought-action-observation loop.
```

🎧 圖 6.15 _consume_next_step 將傳回 AgentFinish 或 AgentAction 的實例

_consume_next_step 方法的輸入 values 則是由 _iter_next_step 生成的步驟輸出。它的輸入是一個類型為 NextStepOutput 的清單，清單中的元素可以是 AgentFinish、AgentAction 或 AgentStep 的實例。根據輸入，這個方法將傳回以下不同的結果。

- 如果清單的最後一個元素是 AgentFinish 的實例，將檢查這個清單是否只有一個元素，如果是，則直接傳回這個 AgentFinish 實例。

- 如果清單中的最後一個元素不是 AgentFinish 的實例，方法會傳回一個由元組組成的清單，每個元組包含 AgentAction 的 action 屬性和 observation 屬性。這表示該方法是在處理一系列動作和觀察結果，可能用於更新 Agent 的狀態或決定下一步的動作。

6.5 深入 AgentExecutor 的執行機制

然後透過 Step Into 操作進入 _iter_next_step 方法內部（見圖 6.16）。_iternext_step 方法是一個流程的控制器，在計畫執行的關鍵節點上扮演關鍵角色。在這個方法中，可以看到它根據當前狀態呼叫與 plan、observation、action 相關的一些方法和函數，推動進一步執行計畫。

```python
def _iter_next_step(
    self,
    name_to_tool_map: Dict[str, BaseTool],
    color_mapping: Dict[str, str],
    inputs: Dict[str, str],
    intermediate_steps: List[Tuple[AgentAction, str]],
    run_manager: Optional[CallbackManagerForChainRun] = None,
) -> Iterator[Union[AgentFinish, AgentAction, AgentStep]]:
    """Take a single step in the thought-action-observation loop.

    Override this to take control of how the agent makes and acts on choices.
    """
    try:
        intermediate_steps = self._prepare_intermediate_steps(intermediate_steps)

        # Call the LLM to see what to do.
        output = self.agent.plan(
            intermediate_steps,
            callbacks=run_manager.get_child() if run_manager else None,
            **inputs,
        )
    except OutputParserException as e:
        if isinstance(self.handle_parsing_errors, bool):
            raise_error = not self.handle_parsing_errors
        else:
            raise_error = False
        if raise_error:
            raise ValueError(
                "An output parsing error occurred. "
                "In order to pass this error back to the agent and have it try "
                "again, pass `handle_parsing_errors=True` to the AgentExecutor. "
                f"This is the error: {str(e)}"
            )
        text = str(e)
        if isinstance(self.handle_parsing_errors, bool):
            if e.send_to_llm:
                observation = str(e.observation)
                text = str(e.llm_output)
            else:
                observation = "Invalid or incomplete response"
        elif isinstance(self.handle_parsing_errors, str):
            observation = self.handle_parsing_errors
        elif callable(self.handle_parsing_errors):
            observation = self.handle_parsing_errors(e)
        else:
            raise ValueError("Got unexpected type of `handle_parsing_errors`")
        output = AgentAction("_Exception", observation, text)
        if run_manager:
            run_manager.on_agent_action(output, color="green")
        tool_run_kwargs = self.agent.tool_run_logging_kwargs()
        observation = ExceptionTool().run(
            output.tool_input,
            verbose=self.verbose,
            color=None,
            callbacks=run_manager.get_child() if run_manager else None,
            **tool_run_kwargs,
        )
        yield AgentStep(action=output, observation=observation)
        return
```

🎧 圖 6.16 在 _iter_next_step 方法中呼叫 plan、observation 以及 action 的相關方法和函數

_iter_next_step 方法是一個迭代器函數，是 AgentExecutor 執行流程的關鍵組成部分，用於在 Agent 的觀察—思考—行動循環中執行單個步驟。

此方法的主要目的是控制 Agent 根據當前狀態和輸入做出決策，並執行後續動作。主要邏輯如下：

1. 使用 _prepare_intermediate_steps 準備中間步驟。

2. 嘗試呼叫 Agent 的 plan 方法來計畫下一步動作，可能包含回呼和輸入參數。

3. 如果在輸出解析時出現異常，會根據 handle_parsing_errors 的設定來決定是拋出異常還是處理異常。

   - 如果設定為拋出異常，會拋出一個 ValueError。

   - 如果設定為處理異常，將先基於錯誤類型、是否發送給 LLM 等條件來建構一個 AgentAction 實例，然後產生一個 AgentStep。

4. 如果輸出是 AgentFinish 的實例，則產生此實例並結束方法。

5. 如果輸出是 AgentAction 的實例或包含多個 AgentAction 的清單，則逐一產生這些動作。

6. 對於每一個動作，呼叫 _perform_agent_action 方法來執行，並產生結果。

_iter_next_step 方法以迭代方式，允許靈活地處理每一步的結果，為建構複雜的邏輯奠定基礎。

在 _iter_next_step 方法中，我們進一步 debug。深入 self.agent.plan 方法，進入整個行為鏈條的第一步：Plan（見圖 6.17）。在這裡，會將輸入的問題傳遞給 self.runnable.stream 方法，以便調用 LLM，之後用 chunk 變數接收 LLM 的傳回結果。

6.5 深入 AgentExecutor 的執行機制

```
D: > venv > langchain_venv > Lib > site-packages > langchain > agents > ◆ agent.py > 😃 RunnableAgent > ⊕ plan
361             return self.input_keys_arg
362
363         def plan(
364             self,
365             intermediate_steps: List[Tuple[AgentAction, str]],
366             callbacks: Callbacks = None,
367             **kwargs: Any,
368         ) -> Union[AgentAction, AgentFinish]:
369             """Based on past history and current inputs, decide what to do.
370
371             Args:
372                 intermediate_steps: Steps the LLM has taken to date,
373                     along with the observations.
374                 callbacks: Callbacks to run.
375                 **kwargs: User inputs.
376
377             Returns:
378                 Action specifying what tool to use.
379             """
380             inputs = {**kwargs, **{"intermediate_steps": intermediate_steps}}
381             # Use streaming to make sure that the underlying LLM is invoked in a streaming
382             # fashion to make it possible to get access to the individual LLM tokens
383             # when using stream_log with the Agent Executor.
384             # Because the response from the plan is not a generator, we need to
385             # accumulate the output into final output and return that.
386             final_output: Any = None
387             for chunk in self.runnable.stream(inputs, config={"callbacks": callbacks}):
388                 if final_output is None:
389                     final_output = chunk
390                 else:
391                     final_output += chunk
392
393             return final_output
```

🎧 圖 6.17 plan 方法中的 stream 方法將調用 LLM 以計畫（也就是思考）

self.runnable.stream 方法中的細節較多，包括提示詞的傳入，LLM 的調用，以及串流的輸出讀取等。這些細節和 ReAct 框架無直接相關，這裡不去深入 debugself.runnable.stream 方法，將其視為一個負責調用 LLM 的黑盒子即可。

而調用 LLM 之後，模型到底會傳回什麼結果呢？可以觀察調用模型之後的輸出，也就是 chunk 變數中的內容（見圖 6.18）。

🎧 圖 6.18 chunk 變數中的內容是 LLM 調用的輸出結果

此時，chunk 變數中的內容是 AgentAction 物件的實例，具體內容如下：

```
AgentAction(
  tool='Search',
  tool_input=' 目前市場上玫瑰花的進貨價格 ',
  log=' 我需要先找到目前市場上玫瑰花的一般進貨價格，然後在這個價格基礎上加價 5% 來計算最終的定價。\n\n
  Action: Search\n
  Action Input: 目前市場上玫瑰花的進貨價格 ')
```

這是一個典型的 ReAct 風格文字，同時其中也包含工具調用，也就是 Function Calling（或稱 Tool Calls）的訊息，相關參數說明如下：

- tool='Search'，表明 Agent 將使用搜尋工具操作。
- tool_input 包含向搜尋工具提供的查詢內容。如這裡表示 Agent 正在尋找目前市場上玫瑰花的進貨價格。
- log 包含 Agent 操作的上下文說明。它表明 Agent 的目的是找出玫瑰花的進貨價格，以便在該價格基礎上增加 5% 以計算最終售價。
- Action:Search 表示 Agent 當前的動作類型是搜尋。
- ActionInput 表示指出搜尋的具體內容。

看來，模型知道面對這個問題，**它自己根據現有知識解決不了，下一步行動是選擇工具包中的搜尋工具**。此時指令行中也輸出了模型的第一步計畫：調用搜尋工具。

6.5.3 第一輪行動：工具執行搜尋

AgentExecutor 得知 Action 為 Search，所以會調用 Search 工具，同時也擁有搜尋的具體內容，第一輪的 Plan（也就是思考）部分就結束了。下面，繼續 Step Over 到 _iter_next_step 的工具調用部分（見圖 6.19）。

6.5 深入 AgentExecutor 的執行機制

▲ 圖 6.19 _iter_next_step 的工具調用部分

具體的工具執行過程則在 self._perform_agent_action 方法中完成（見圖 6.20）。

_perform_agent_action 是執行 AgentAction 的方法，決定使用處理當前輸入的工具，並產生一個觀察結果作為輸出。其中的具體操作可能是調用一個外部服務、執行一個計算任務或者是獲取某種形式的訊息。

這個函數的主要部分如下：

- Agent 操作管理：如果存在執行管理器（run_manager），則呼叫 run_manager.on_agent_action 記錄當前的操作，顏色設定為「綠色」，能用於日誌記錄、監控或除錯。
- 工具查找和執行。
  - 首先檢查請求的工具（agent_action.tool）是否在 name_to_tool_map 映射中。name_to_tool_map 包含 Agent 可以調用的所有工具及其實例。

- 如果找到了工具，它會根據 Agent 操作中指定的輸入（agent_action.tool_input）執行該工具。執行過程中可能會使用到一些特定的參數（tool_run_kwargs），可能包括日誌記錄的配置或特定於工具的配置。

- 如果 return_direct 為真，表示工具會直接傳回結果，不需要額外的前綴處理。

- 工具執行完成後，會產生一個觀察結果（observation），這個結果將用於後續的決策或輸出。

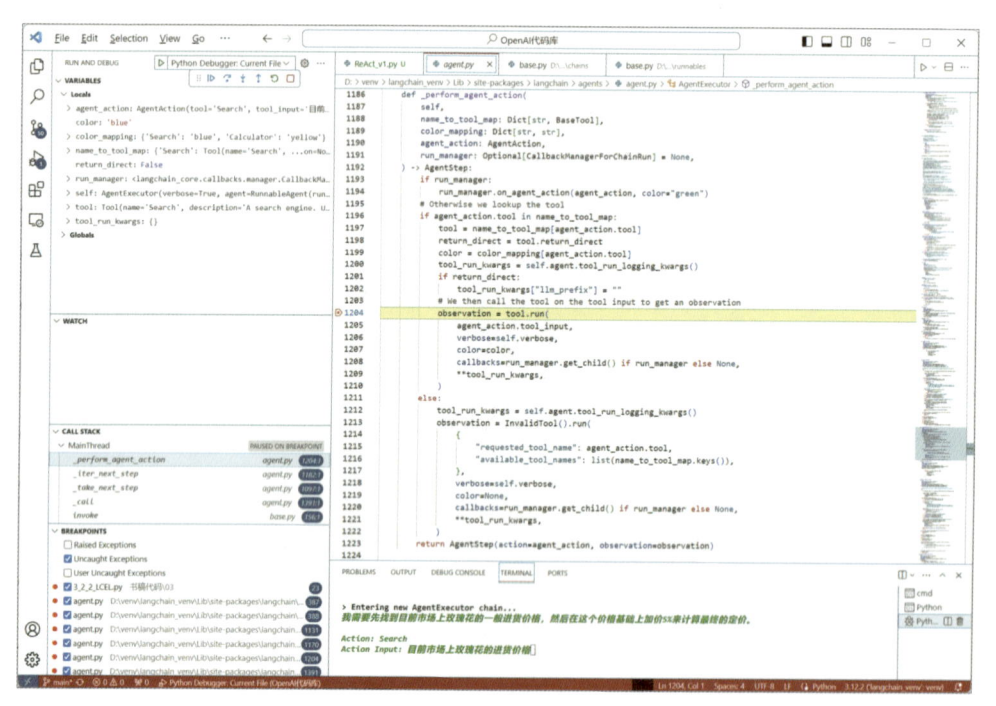

图 6.20 AgentExecutor 將執行 Action，調用工具

■ 無效工具處理：如果請求的工具不在映射中，Agent 將使用一個特殊的「無效工具」來處理這種情況，傳回一個包含錯誤訊息的觀察結果，例如請求的工具名稱和可用工具的清單。

■ 傳回 AgentStep：無論是有效的工具執行還是無效工具處理，最終都會生成一個 AgentStep 實例並傳回。AgentStep 包含執行的動作（action）和觀察到的結果（observation），這為 Agent 提供一個完整的行動－觀察循環的單步執行結果。

6.5 深入 AgentExecutor 的執行機制

這裡不贅述搜尋工具執行的細節，也可以把搜尋的實現過程想成一個黑盒子。

調用完成之後得到輸出結果，此時將擁有一個對當前工具調用的 Observation（見圖 6.21）。

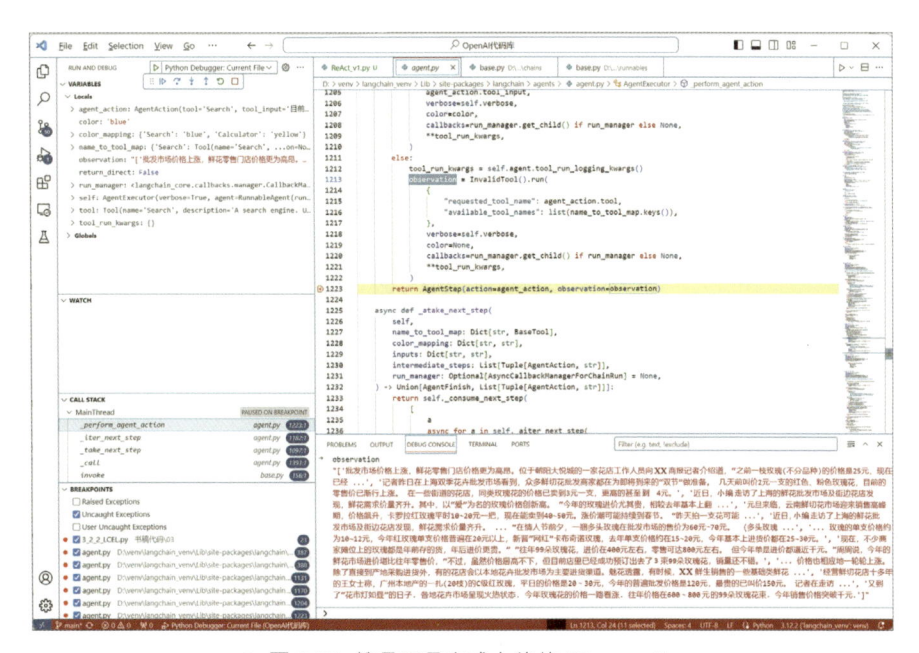

🎧 圖 6.21 搜尋工具完成之後的 Observation

實際上這個 Observation 就是下一個 LLM 調用的 Input（見圖 6.22）。

🎧 圖 6.22 Observation 也就是下一個 LLM 調用的 Input

此時，很重要的一個環節就是回到 _call 方法中，根據 next_step_output 的結果判斷是否完成任務。

因為此時 next_step_output 是 AgentAction 的實例，所以 isinstance 的值是 False（見圖 6.23）。此時任務並未完成，AgentExecutor 將繼續循環。

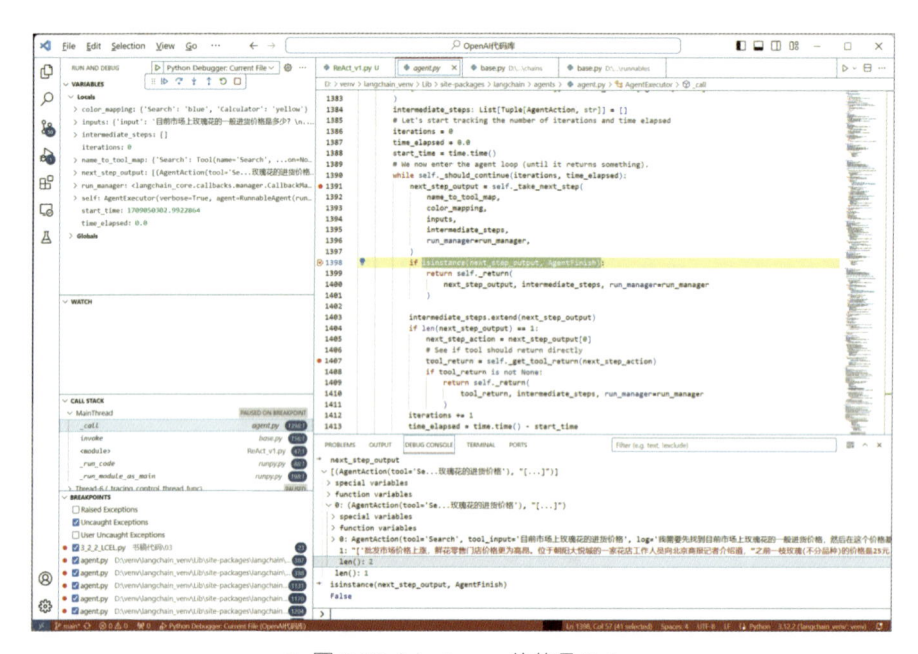

🎧 圖 6.23 isinstance 的值是 False

當前 AgentAction 物件的具體內容如下：

0: AgentAction(tool='Search', tool_input=' 目前市場上玫瑰花的進貨價格 ', log=' 我需要先找到目前市場上玫瑰花的一般進貨價格，然後在這個價格基礎上加價 5% 來計算最終的定價。\n\nAction: Search\ nAction Input: 目前市場上玫瑰花的進貨價格 ')
1: "[' 批發市場價格上漲，鮮花零售店價格更高。位於朝陽大悅城一家花店的工作人員向 XX 商報記者表示," 之前一枝玫瑰，不分品種價格是 25 元，現在已經……"， 記者昨日在上海雙季花卉批發市場看到，眾多鮮切花批發商家都在為即將到來的 " 雙節 " 做準備。 幾天前叫價 2 元一枝的紅色、粉色玫瑰花，目前零售價正漸上漲。在一些街道的花店，同類玫瑰花的價格已賣到 3 元一枝，更高的甚至要 4 元。'，' 近日，小編走訪上海的鮮花批發市場及路邊花店發現，鮮花需求價量齊升。其中，以 " 愛 " 為名的玫瑰價格創新高。"今年的玫瑰進價特別貴，相較去年大概都上漲了 ..."， ' 元旦來臨，雲南鮮切花市場迎來銷售尖峰期，價格飆升，卡羅拉紅玫瑰平時 10~20 元一把，現在能賣到 40~50 元。漲價潮可能持續到春節。 " 昨天拍一枝花可能 ..."， ' 近日，小編走訪了上海的鮮花批發市場及路邊花店發現，鮮花需求價量齊升。 ..." 在情人節前夕，一捆多頭玫瑰在批發市場的售價為 60~70 元。(多頭玫瑰 ...'，'... 玫瑰的單枝價格約為 10~12 元，今年紅玫瑰單枝價格普遍在 20 元以上，新進 " 網紅 " 卡布奇諾玫瑰，去年單枝價格約在 15~20 元，今年基本上進貨價都在 25~30 元。'， ' 現在，不少商家攤位上的玫瑰都是年前庫存，年後漲價更貴。" 往年 99 朵玫瑰，進價在 400 元左右，零售價可達 800 元左右。但今年單是進價都逼近千元。" 周周說，今年的鮮花市場進價堪比往年零售價，" 不過，雖然價格居高不下，但目前店裡已經成功預訂 3 束 99 朵玫瑰花，銷量還不錯。'，' ... 價格也相應地一輪輪上漲。除了直接到產地採購進貨外，有的花店會以當地花卉批發市場為主要進貨管道。魅花透露，有時候，XX 鮮生銷售的一些基礎類鮮花 ...'，' 經營鮮切花店十多年的王女士稱，廣州當地產的一束（20 枝）C 級紅玫瑰，平日價格是 20~30 元，今年的普遍批發價格是 120 元，最貴的已叫價 150 元。記者在走訪 ...'，' 又到了 " 花市燈如畫 " 的日子。各地花卉市場顯得相當熱絡。今年玫瑰花的價格一路看漲。往年價格在 600~800 元的 99 朵玫瑰花束，今年的銷售價格突破千元。']"

下一步，再次調用 LLM，形成新的 **Thought**，看看任務是否完成，或者仍需要再次調用工具（可能調用新工具，也有可能再次調用同一工具以繼續搜尋新訊息）。

6.5.4 第二輪思考：模型決定計算

第二輪思考開始，程式重新進入 Plan 環節。

在 plan 方法內部，AgentExecutor 再次透過 self.runnable.stream 調用 LLM（見圖 6.24），此時，LLM 會根據目前的情況思考，**這個思考過程當然加入對搜尋結果的觀察**。

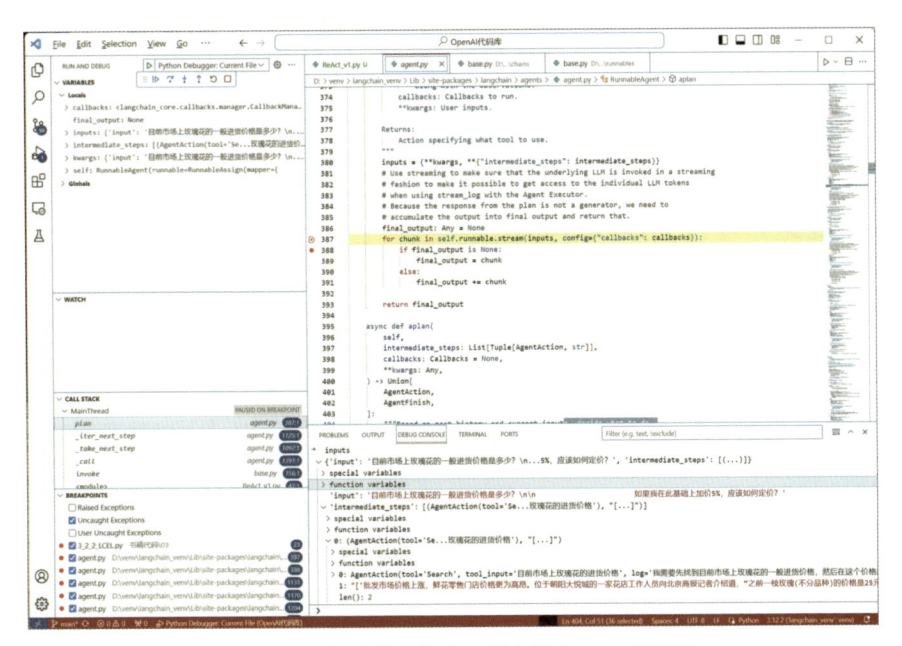

🎧 圖 6.24 根據搜尋結果，再次調用 LLM 以思考

第 6 章　Agent 3：推理與行動的合作——透過 LangChain 中的 ReAct 框架實現自動定價

呼叫 self.runnable.stream 結束之後，LLM 根據 ReAct 提示傳回圖 6.25 所示的結果。

```
387   for chunk in self.runnable.stream(inputs, config={"callbacks": callbacks}):
388       if final_output is None:
389           final_output = chunk
390       else:
391           final_output += chunk
392
393   return final_output
394
395   async def aplan(
396       self,
397       intermediate_steps: List[Tuple[AgentAction, str]],
398       callbacks: Callbacks = None,
399       **kwargs: Any,
400   ) -> Union[
401       AgentAction,
402       AgentFinish,
403   ]:
```

```
→ chunk
AgentAction（tool='Calculator'，tool_input='25 * 1.05'，log=' 從觀察結果中可以看到，玫瑰花的進貨價格有大幅波動，其中提到的價格有：單枝 20 元以上，卡布奇諾玫瑰去年單枝價格約在 15~20 元，今年基本上進貨價都在 25~30 元。為了計算加價 5% 後的價格，我們可以取一個中間值，例如 25 元作為計算基礎。\n\nAction: Calculator\nAction Input: 25 * 1.05'）
```

🎧 圖 6.25　第二輪思考的結果

當前 AgentAction 物件的具體內容如下：

AgentAction(tool='Calculator', tool_input='25 * 1.05', log=' 從觀察結果中可以看到，玫瑰花的進貨價格有大幅波動，其中提到的價格有：單枝 20 元以上，卡布奇諾玫瑰去年單枝價格約在 15~20 元，今年基本上進貨價都在 25~30 元。為了計算加價 5% 後的價格，我們可以取一個中間值，例如 25 元作為計算基礎。\n\nAction: Calculator\nAction Input: 25 * 1.05')

也就是説，Agent 根據當前上下文覺得搜尋工具的訊息可用，決定在下一步的 AgentAction 中將 Calculator 作為 tool。

6.5.5　第二輪行動：工具執行計算

基於 6.5.4 節的 Thought 指引，AgentExecutor 現在開始調用工具計算（見圖 6.26）。

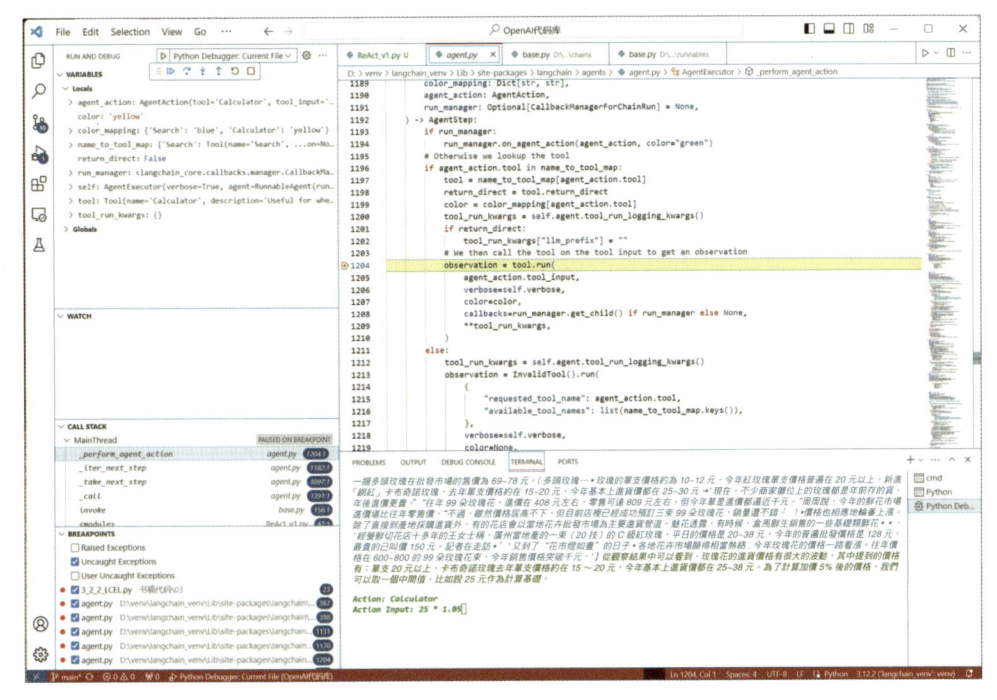

6.5 深入 AgentExecutor 的執行機制

▲ 圖 6.26 AgentExecutor 調用工具計算

此時 agent_action.tool_input 是一個數學計算式（見圖 6.27）。

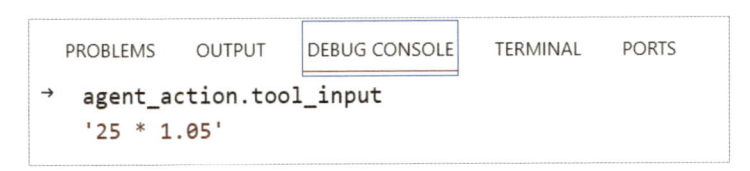

▲ 圖 6.27 agent_action.tool_input 是一個數學計算式

這個工具是我們提供給 Agent 的，它繼承 LLM_math 類別（見圖 6.28）。該類別的內部實現其實也是調用 LLM；可以透過類別內部的提示，來看看這個工具是指導 LLM 計算數學的方式。

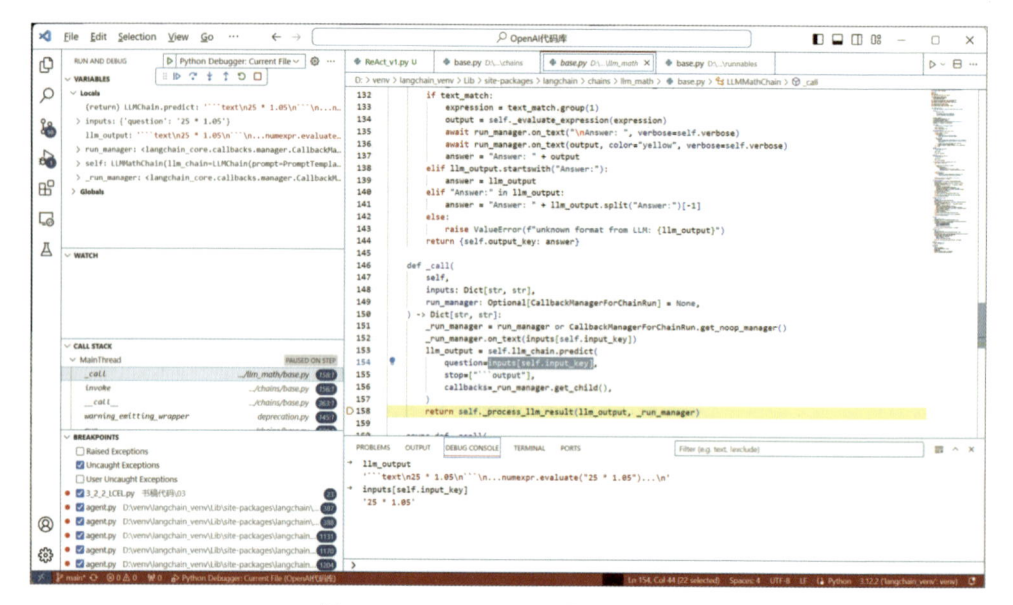

第 6 章　Agent 3：推理與行動的合作──透過 LangChain 中的 ReAct 框架實現自動定價

△ 圖 6.28　Calculator 工具是 LLM_math 類

傳遞給 LLM 的提示如下：

```
StringPromptValue(text='Translate a math problem into an expression that can be
executed using Python\'s numexpr library. Use the output of running this code to
answer the question.\n\n
```

這個提示的大意是指定模型生成 Python 的數學庫可執行程式碼，從而以程式設計的方式解決數學問題，而不是自己計算，能解決 LLM 數學推理能力不強的限制。

調用第二個工具 LLM_math 之後可以得到一個數值結果（見圖 6.29）。

此時指令行中也輸出了當前數學工具調用後的 Observation 結果「26.25」（見圖 6.30）。

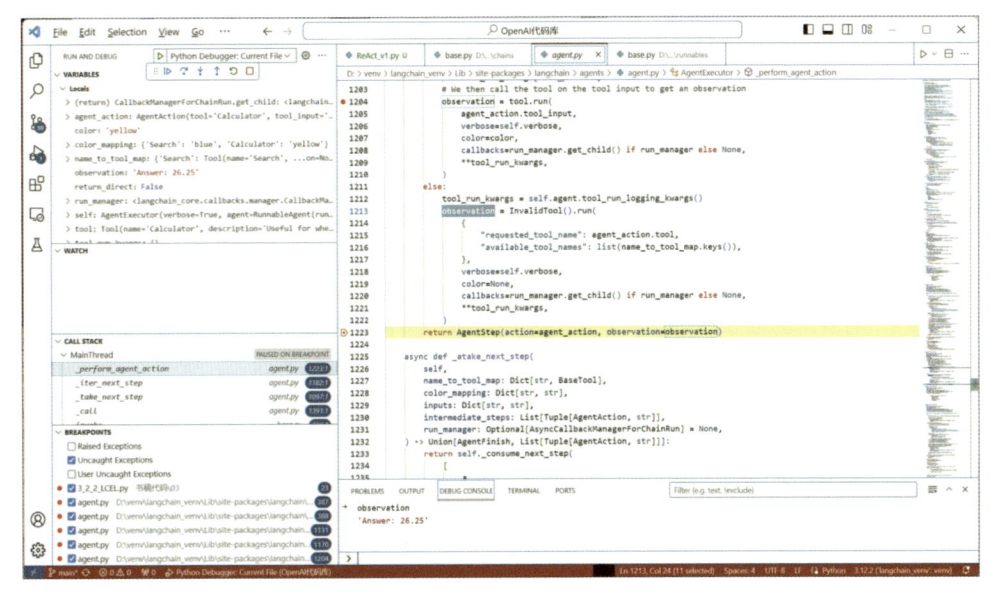

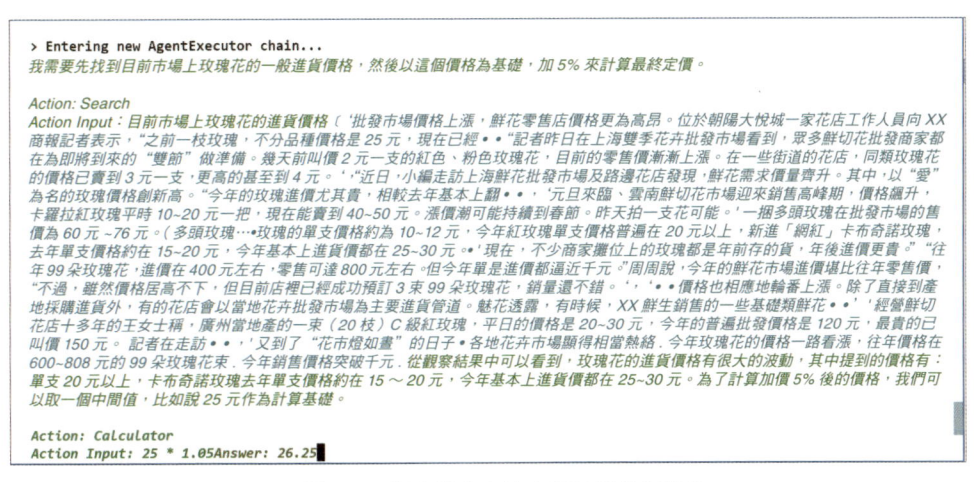

▲ 圖 6.29　觀察 LLM_math 的執行結果

▲ 圖 6.30　指令行中也輸出了工具執行結果

6.5.6　第三輪思考：模型完成任務

有 LLM_math 工具的輸出結果後，開始第三輪思考，最後一次執行 Plan 步驟（見圖 6.31）。

238 | 第 6 章　Agent 3：推理與行動的合作──透過 LangChain 中的 ReAct 框架實現自動定價

🎧 圖 6.31　最後一次執行 Plan 步驟

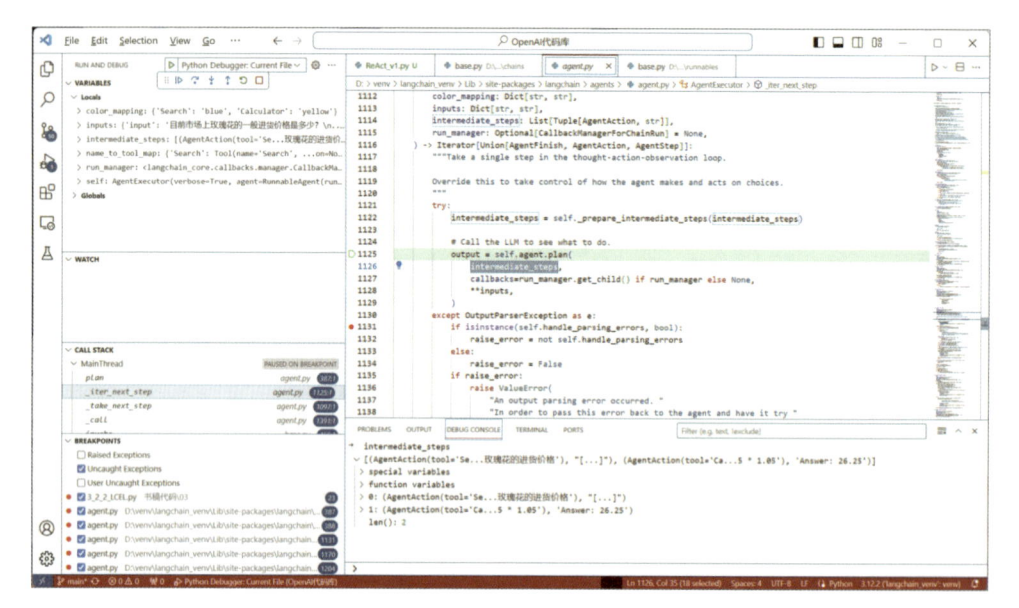

當前 AgentAction 物件的內容如下：

[(AgentAction(tool='Search', tool_input=' 目前市場上玫瑰花的進貨價格 ', log=' 我需要先找到目前市場上玫瑰花的一般進貨價格，然後在這個價格基礎上加價 5% 來計算最終的定價。\n\nAction: Search\nAction Input: 目前市場上玫瑰花的進貨價格 '), '[' 批發市場價格上漲，鮮花零售門店價格更高。位於朝陽大悅城一家花店的工作人員向 XX 商報記者表示," 之前一枝玫瑰，不分品種價格是 25 元，現在已經 ...', ' 記者昨日在上海雙季花卉批發市場看到，眾多鮮切花批發商家都在為即將到來的 " 雙節 " 做準備。幾天前叫價 2 元一枝的紅色、粉色玫瑰花，目前的零售價已漸上漲。在一些街道的花店，同類玫瑰花的價格已賣到 3 元一枝，更高的甚至到 4 元。', ' 近日，小編走訪上海的鮮花批發市場及路邊花店發現，鮮花需求價量齊升。其中，以 " 愛 " 為名的玫瑰價格創新高。" 今年的玫瑰進價特別貴，相較去年基本上翻 ...', ' 元旦來臨，雲南鮮切花市場迎來銷售尖峰期，價格飆升，卡羅拉紅玫瑰平時 10~20 元一把，現在能賣到 40~50 元。漲價潮可能持續到春節。 " 昨天拍一枝花可能 ...', ' 近日，小編走訪上海的鮮花批發市場及路邊花店發現，鮮花需求價量齊升。 ... " 在情人節前夕，一捆多頭玫瑰在批發市場的售價為 60~70 元。(多頭玫瑰 ...', '... 玫瑰的單枝價格約為 10~12 元，今年紅玫瑰單枝價格普遍在 20 元以上，新進 " 網紅 " 卡布奇諾玫瑰，去年單枝價格約在 15~20 元，今年基本上進貨價都在 25~30 元。', ' 現在，不少商家攤位上的玫瑰都是年前庫存，年後進價更貴。" " 往年 99 朵玫瑰花，進價在 400 元左右，零售可達 800 元左右。但今年單是進貨都逼近千元。" 周周説，今年的鮮花市場進價堪比往年零售價。" 不過，雖然價格居高不下，但目前店裡已經成功預訂出去 3 束 99 朵玫瑰花，銷量還不錯。', ' ... 價格也相應地一輪輪上漲。 除了直接到產地採購進貨外，有的花店會以當地花卉批發市場為主要進貨管道。魅花透露，有時候，XX 鮮生銷售的一些基礎類鮮花 ...', ' 經營鮮切花店十多年的王女士稱，廣州當地產的一束（20 枝）的 C 級紅玫瑰，平日的價格是 20~30 元，今年的普遍批發價格是 120 元，最貴的已叫價 150 元。 記者在走訪 ...', ' 又到了 " 花市燈如畫 " 的

日子。 各地花卉市場顯得相當熱絡。今年玫瑰花的價格一路看漲 . 往年價格在 600~800 元的 99 朵玫瑰花束,今年的銷售價格突破千元。']"),

(AgentAction(tool='Calculator', tool_input='25 * 1.05', log='從觀察結果中可以看到,玫瑰花的進貨價格有很大的波動,其中提到的價格有:單支 20 元以上,卡布奇諾玫瑰去年單支價格約在 15~20 元,今年基本上進貨價都在 25~30 元。為了計算加價 5% 後的價格,我們可以取一個中間值,例如 25 元 作為計算基礎。\n\nAction: Calculator\nAction Input: 25 * 1.05'), 'Answer: 26.25')]

AgentAction 實例會傳遞給 LLM。不出所料,LLM 應該有足夠的智慧判斷得出來,任務此時已經完成了(見圖 6.32)。

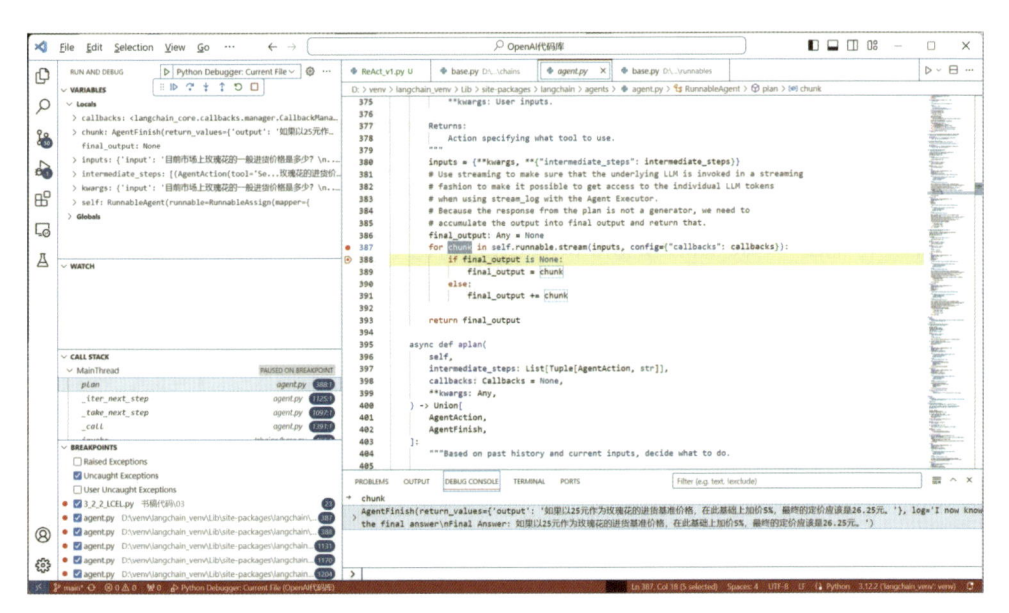

△ 圖 6.32 LLM 傳回一個 AgentFinish 實例,判斷任務已完成

可以看到,AgentExecutor 的 plan 方法傳回一個 AgentFinish 實例。這表示 Agent 經過思考,其內部邏輯判斷任務已經完成,ReAct 迴圈將結束。

此時,_iter_next_step 方法中的邏輯判斷 isinstance(output,Agent-Finish)也終於給出 True 的判斷(見圖 6.33)。

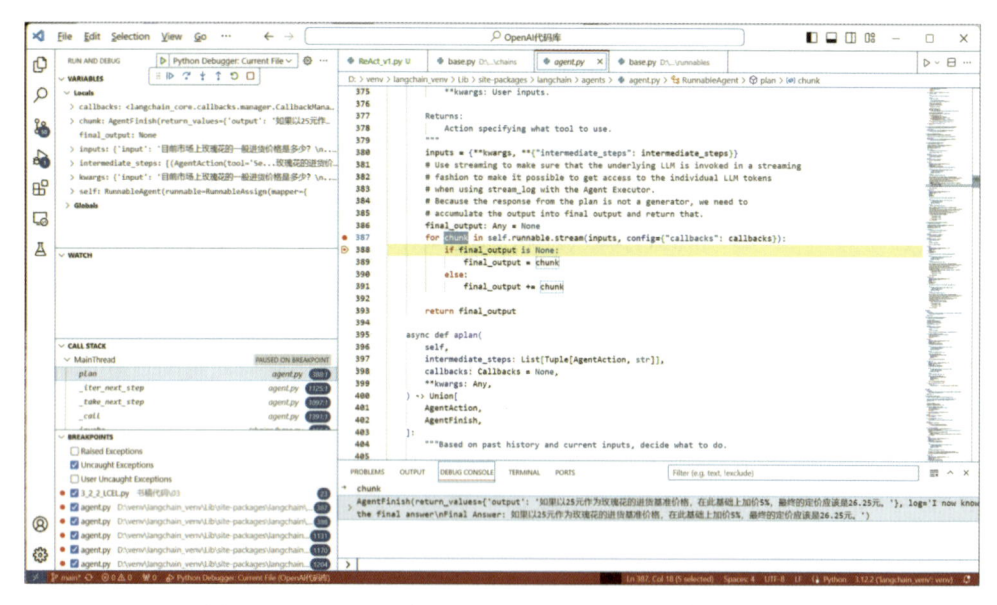

▶ 圖 6.33 isinstance（output，AgentFinish）給出 True 的判斷

指令行輸出「I now know the final answer.」（我已經知道最後的答案），如圖 6.34 所示。這一句話是 Agent 任務完成的明確標示，說明任務已經完成。

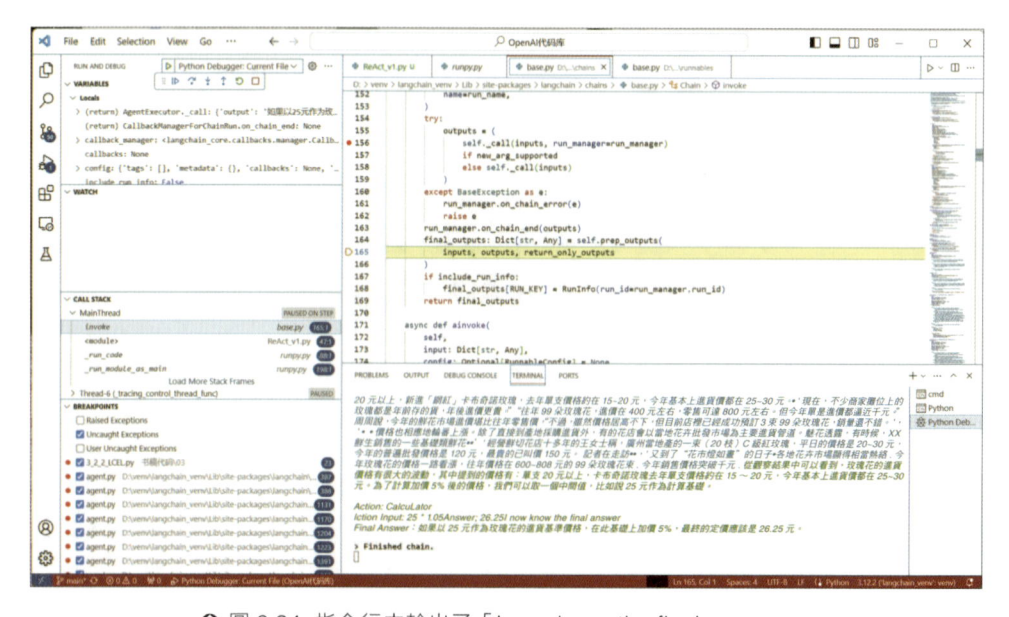

▶ 圖 6.34 指令行中輸出了「I now know the final answer.」

至此，整個 ReAct 鏈完成，AgentExecutor 的任務結束。

6.6 小結

本章深入 AgentExecutor 的程式碼內部，探索其中蘊含的執行機制，了解 AgentExecutor 透過計畫和工具調用，一步步完成 Observation、Thought 和 Action 的方法。請原諒我在這裡展示大量的 LangChain 原始碼螢幕截圖，因為我覺得這個除錯過程對理解 LangChain 實現 ReAct 邏輯的方法來說，相當重要。

ReAct 這種推理和行動相結合的方式，允許 Agent 具有增強的合作效應：推理軌跡的每一個推理過程都會得到詳細記錄，改善 LLM 解決問題時的可解釋性和可信度，也幫助 LLM 開發、追蹤和更新行動計畫，以及處理異常。相反的，行動使得 LLM 能夠連接外部資源，如知識庫或環境，以獲取額外訊息，同時也可以實現類似人類的任務解決。

比起 OpenAI 公司的 Assistants，蘊含 ReAct 框架的 LangChainAgent 更為完善、完整。在 LangChain 中，Agent 已經是一種用 LLM 做出決策、調用工具來執行具體操作的系統。設定 Agent 的性格、背景以及工具描述後，可以客製化 Agent 的行為，使其能夠根據輸入的文字做出理解和推理，從而實現自動化的任務處理。**整個流程是推理和行動的合作，而 AgentExecutor 就是上述機制得以實現的引擎。開發者可以選擇使用 LangChainAgent 來為業務賦能，也可以參考 LangChain 中 Agent 的實現方式，客製化出專屬於自己的 Agent 思維框架和 AgentExecutor**。

可以想見，未來 Agent 將能應付加多元和複雜的挑戰。特別是在體現智慧技術的推進下，ReAct 和類似框架將賦予 Agent 在虛擬或現實世界中更為複雜互動的能力，Agent 能夠在虛擬世界中實現導覽或在現實世界中操縱實體物件。Agent 的應用領域將大大擴展，而 Agent 也將更有效地融入並服務我們的日常工作與生活。

CHAPTER 7

Agent 4：計畫和執行的解耦——透過 LangChain 中的 Plan-and-Execute 實現智慧排程庫存

窗外是初春繁忙的街道。

情人節前夕，咖哥和小雪在花語祕境的「戰情室」裡，緊張地盯著節日訂單。市場需求激增，他們卻面臨著供應鏈延遲和庫存短缺的雙重挑戰，即將到來的銷售旺季能否平穩度過？考驗十分嚴峻。

剛剛，他們接到不幸的消息：快遞人員過於著急，害怕超時平台扣錢，而在急忙中出了場車禍，幸好外送員毫髮無傷，但一大批的精品玫瑰和優選百合多所損壞。這突如其來的事故讓他們的壓力更大了，庫存短缺問題也變得更加嚴重。

🎧 圖 7.1 花語祕境的第一個銷售尖峰期：情人節

咖哥臉上的憂慮再也藏不住：「小雪，現在事情很棘手。我們不僅要應付原本的供應鏈問題，還得迅速找到替代方案來補充損失庫存。」

花語祕境面臨第一個銷售尖峰期：情人節，如圖 7.1 所示。

小雪翻閱訂單表：「這些花朵本來是為最重要的銷售時機情人節訂製禮盒所準備的，這是系統上線以來的第一次大促銷。我們極需一個能夠精準預測和最佳化庫存的解決方案來應付這場危機，否則將失去大量顧客並且商譽受損。可是，花語祕境人力嚴重不足，安排員工時時刻刻盯著庫存和物流狀態太不切實際了。」

咖哥忽然靈機一動：「還是先試著啟用仍在測試狀態下的 Plan-and-Execute Agent？也許它能夠提供深入的市場分析、精確的庫存預測，以及針對性的營運策略，這樣就可以最大化資源利用，確保滿足市場需求，最佳化客戶服務，甚至在這個充滿挑戰的季節中找到新的機會。」

7.1 提出 Plan-and-Solve 策略

LangChain 中的 Plan-and-Execute Agent 基於 Plan-and-Solve（簡稱 PS）認知框架，先來看看提出這個框架及 LangChain 採納的過程。

LangChain 中早期 Agent 的建構都遵循了 ReAct 框架，因此也稱之為「行動 Agent」（Acting Agents）。

- 這種 Agent 的演算法大致可以用以下**虛擬碼**表示。

```
# ReAct 的函數實現
function ReAct(userInput):
  # 根據使用者輸入決定使用工具
  toolToUse = decideToolBasedOnInput(userInput)
  # 如果需要使用工具，則準備工具的輸入
  if toolToUse is not None:
    toolInput = prepareToolInput(userInput)
    # 調用工具並記錄結果
    toolOutput = callTool(toolToUse, toolInput)
    # 將工具、工具輸入和輸出傳回，以決定下一步操作
    nextStep = decideNextStep(toolToUse, toolInput, toolOutput)
    # 如果決定繼續使用工具，重複此過程
```

```
    while nextStep is not "end":
        toolInput = modifyToolInputBasedOnPreviousStep(nextStep, toolInput)
        toolOutput = callTool(toolToUse, toolInput)
        nextStep = decideNextStep(toolToUse, toolInput, toolOutput)
    # 當不再需要使用工具時（任務完成或確定無法完成），回應使用者
    return formulateResponse(toolOutput)
# 範例：決定基於使用者輸入使用哪個工具
function decideToolBasedOnInput(userInput):
    # 這裡是決定邏輯，例如：
    if userInput contains "image request":
        return "dalle"
    elif userInput contains "information search":
        return "browser"
    else:
        return None
# 準備工具的輸入
function prepareToolInput(userInput):
    # 根據使用者輸入和所選工具準備輸入
# 調用工具
function callTool(toolName, toolInput):
    # 根據工具名稱調用相應的工具並傳回輸出
# 決定下一步操作
function decideNextStep(tool, toolInput, toolOutput):
    # 基於工具的輸出和輸入決定下一步操作
# 修改工具輸入
function modifyToolInputBasedOnPreviousStep(step, toolInput):
    # 修改工具輸入以準備下一次調用
# 根據工具的輸出制定回應
function formulateResponse(toolOutput):
    # 制定最終回應使用者的訊息
```

當接收到某些使用者輸入，Agent 就思考並決定要使用的工具，以及該工具的輸入內容，隨後調用該工具並記錄觀察結果。之後，Agent 將工具、工具輸入和觀察歷史傳回，以決定接下來採取的步驟，一直重複此過程直到 Agent 確定不再需要使用工具，然後直接回應使用者。

基於這個框架的 Agent 在大多數情況下執行良好，但是，當使用者目標複雜化，尤其是越來越多的開發者和組織準備將 Agent 應用於生產環境時，使用者對於能夠處理更複雜請求的 Agent 的需求也就增加，同時也需要 Agent 有更高的可靠性。

為了讓 Agent 在專注最終目標的同時，也能記住並推理之前的步驟，就需要增加提示詞的規模，納入越來越多的歷史訊息。同時，為了提高工具調用過程中的可靠性，開發者會讓提示包含更多關於使用工具方法的指令。面對提高可靠性以及越來越複雜的需求，LLM 往往不堪負荷，而在幾個輪次的 ReAct 之後出現各式各樣的問題。

在這個背景之下，研究人員於是開始探索一些更新穎的 Agent 認知框架。

Lei Wang 等人在論文〈Plan-and-Solve Prompting: Improving Zero-Shot Chain-of-Thought Reasoning by Large Language Models〉[10] 中提出一種將高級規劃與短期執行分離的框架。該論文指出，為解決多步推理任務，Agent 應該首先規劃要採取的步驟，然後逐步執行。

Lei Wang 等比較了 Zero-shot-CoT 認知框架和 Plan-and-Solve 認知框架，結果如圖 7.2 所示。

圖 7.2 Zero-shot-CoT 和 Plan-and-Solve 兩種認知框架的對比

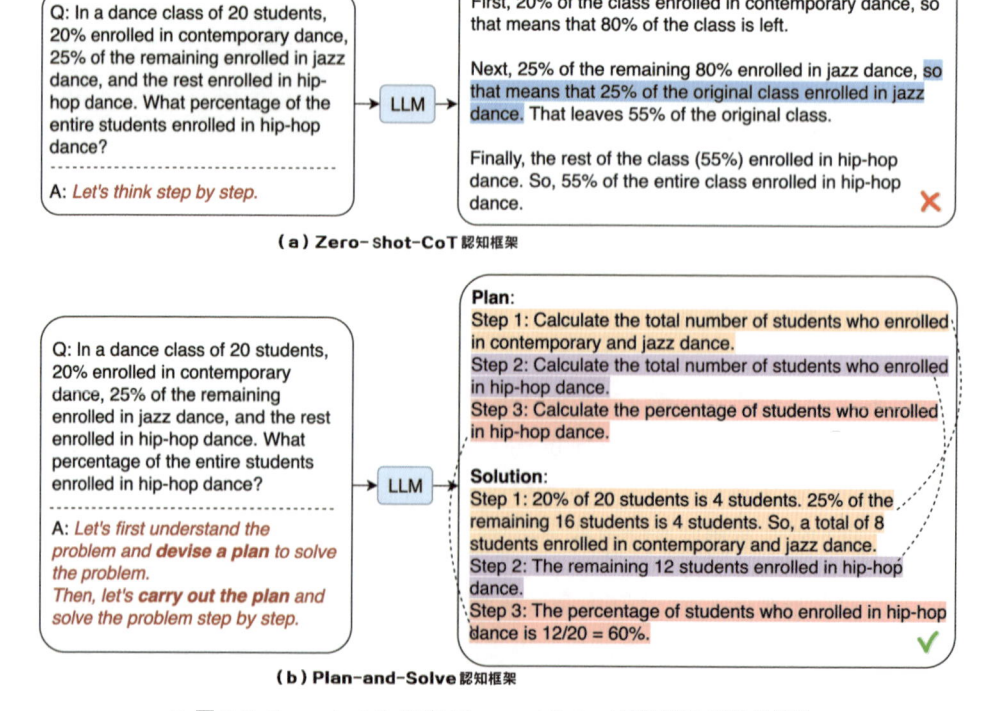

> **咖哥說**
>
> Zero-shot-CoT 認知框架將目標問題的定義與「Let's think step by step」連接起來作為輸入提示。這種方法結合了零樣本學習和思維鏈推理，旨在提升模型處理未見過任務的能力，即在沒有直接訓練樣本的情況下解決問題。
>
> - 零樣本學習是一種讓機器學習模型能夠識別和處理它在訓練階段從未見過的資料或任務的方法，此法依賴於模型的泛化能力，即利用已有的知識和理解來推斷新的概念或任務。
>
> - 思維鏈推理是一種模擬人類解決問題過程的方法，藉由生成一系列中間步驟和解釋來得到最終答案。這種方法幫助模型在解決複雜問題時能夠展示其推理過程，從而提高解決問題的準確性和可解釋性。
>
> 在 Zero-shot-CoT 認知框架中，模型會設計為在面對新穎任務時，能夠借助其已有的知識和邏輯推理能力，在內部生成一系列思維步驟來解決問題，即「思維鏈」。這種框架使得模型即使沒有針對任何特定任務的訓練資料情況下，也能有效推理和解決問題。

範例問題：一個有 20 名學生的舞蹈班，20% 的學生選擇現代舞，剩下的學生中有 25% 選擇爵士舞，其餘的學生選擇嘻哈舞。整個班級中有多少百分比的學生選擇嘻哈舞？ Zero-shot-CoT 和 Plan-and-Solve 這兩種認知框架，針對這個問題會給出不同的推理過程和最終結果。

Zero-shot-CoT 鼓勵 LLM 生成多步驟的推理過程，提示語通常是「讓我們一步一步地思考」，旨在讓 LLM 按步驟解決問題。然而，當問題比較複雜時，即使是使用這種方法，LLM 也可能生成錯誤的推理步驟。以這個例子來說，模型就錯誤地得出有 55% 的學生報名參加嘻哈舞。

Plan-and-Solve 則要求 LLM 分兩步走：首先制定出解決問題的計畫，這個計畫會生成一個逐步行動的方案，然後實施這個方案來找到答案。這種認知框架首先規劃解決方案的每個步驟，然後按照計畫執行這些步驟，它先設計一個計畫，將整個任務劃分為較小的子任務，再根據計畫執行子任務。

Plan-and-Solve 給出的具體解決方案如下：

- **計畫**：首先計算選擇現代舞和爵士舞的學生總數，然後計算選擇嘻哈舞的學生數，最後，計算選擇嘻哈舞的學生百分比。

- **解決方案**：步驟 1 是計算 20 名學生中的 20%，即 4 名學生選擇了現代舞。剩餘 16 名學生中的 25%，即 4 名學生選擇了爵士舞，所以，共有 8 名學生選擇了現代舞和爵士舞。步驟 2 是得出剩下的 12 名學生選擇了嘻哈舞。步驟 3 是計算選擇嘻哈舞的學生百分比，即 12/20=60%。

Plan-and-Solve 認知框架的**虛擬碼**如下：

```
# Plan-and-Solve 的函數實現
function PlanAndSolve(userInput):
  # 利用語言模型或其他工具規劃出一系列步驟
  steps = planSteps(userInput)
  # 遍歷每個規劃出的步驟
  for step in steps:
    # 確定實現這一步驟的最佳工具或行動方案
    tool, toolInput = determineToolAndInputForStep(step)
    # 如果需要使用特定工具來實現這一步驟
    if tool is not None:
      # 調用工具並執行
      toolOutput = executeTool(tool, toolInput)
      # 可能需要根據工具的輸出來調整後續步驟
      modifyPlanBasedOnToolOutput(toolOutput, steps, step)
    # 如果這一步驟不需要使用外部工具
    else:
      # 直接執行這一步驟
      executeStepDirectly(step)
# 完成所有步驟後，傳回最終結果
return formulateFinalResponse(steps)
```

小雪：我明白了。Plan-and-Solve 認知框架的核心是把複雜任務的解決過程分解為兩個階段：計畫階段涉及理解問題、分析任務結構，並制定出詳細解決方案；執行階段則是根據計畫的步驟來實際解決問題。其實這個概念很簡單，可總結為一句話：**計畫和執行的解耦**。

咖哥：大道至簡，此言不虛。

7.2 LangChain 中的 Plan-and-Execute Agent

　　LangChain 中的 Plan-and-Execute Agent 深受 Plan-and-Solve 相關論文的啟發。LangChain 團隊認為，Plan-and-Execute Agent 非常適合更複雜的長期規劃，把複雜的任務拆解成一個個子任務，逐個擊破，儘管這樣會更頻繁地調用 LLM，但也可以避免多次 ReAct Agent 迴圈過程中產生的提示詞過長問題。

　　因為 Plan-and-Solve 的理論和實踐仍在發展中，預計還會有新的變化，所以 LangChain 將這個初始版本放入 Experimental（實驗）模組中（見圖 7.3）。

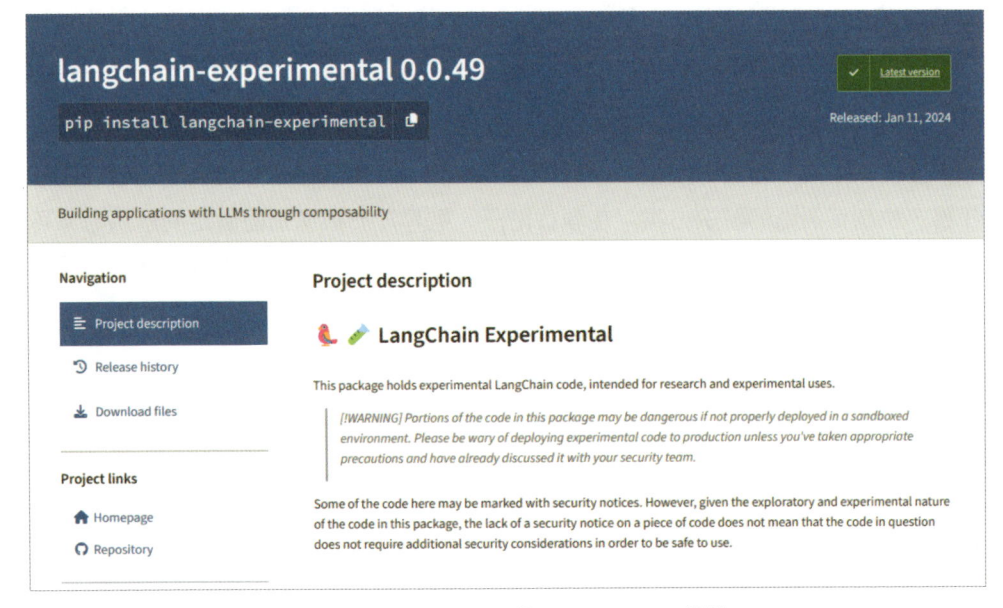

🎧 圖 7.3　LangChain 的 Experimental 模組

　　安裝 langchain-experimental 套件之後，可以利用下面的程式碼導入 Plan-and-Execute Agent。

```
# 導入相關的工具
from langchain_experimental.plan_and_execute import (
    PlanAndExecute,
    load_agent_executor,
    load_chat_planner,
)
```

LangChain 中的 Plan-and-Execute Agent 框架包含計畫者和執行者。

計畫者是一個 LLM，它利用語言模型的推理能力來規劃要做的事情，以及可能遇到的邊緣情況，即那些不常發生但有可能影響任務完成的情形。一旦語言模型生成了整個計畫，就會透過一個輸出解析器處理。這個解析器的作用是將模型的原始輸出轉化為清晰的步驟清單，其中每個字串代表計畫中的一個步驟。

針對計畫中的每個步驟，確定執行方法是一大關鍵，包括選擇適合完成該步驟的工具或方法。執行者需要深入理解各種可用資源和工具，以選擇最合適的執行路徑，因此，執行者也是一個 LLM。在 LangChain 的實現中，**執行者本身就是一個 ReAct Agent**，這允許執行者接受一個高級目標（單個步驟），並使用工具來實現該目標（可以一步完成，也可以兩步完成）。

這種方法的好處是分開規劃與執行，允許一個 LLM 專注規劃，另一個專注執行。在規劃階段，會引導模型去理解問題的本質，將整體任務分解為更易管理的子任務，並制定清晰的解決方案；在執行階段，則專注於根據前面制定的解決方案逐步解決各個子任務，最終實現整體目標。這種分階段的方法不僅會讓問題解決過程更加清晰，而且有助於提高解決方案的品質和效率。

7.3 透過 Plan-and-Execute Agent 實現物流管理

下面，我們透過 Plan-and-Execute Agent 根據庫存狀況進行鮮花智慧排程。

7.3.1 為 Agent 定義一系列自動庫存排程的工具

首先，為 Agent 定義一系列自動庫存排程工具。

```
# 設定 OpenAI 網站和 SerpApi 網站提供的 API 密鑰
from dotenv import load_dotenv # 用於載入環境變數
load_dotenv() # 載入 .env 文件中的環境變數
# 匯入 LangChain 工具
from langchain.tools import tool
# 庫存查詢
@tool
def check_inventory(flower_type: str) -> int:
    """
    查詢特定類型花的庫存數量。
```

```
    參數：
    - flower_type: 花的類型
    傳回：
    - 庫存數量（暫時傳回一個固定的數字）
    """
    # 實際應用中這裡應該是資料庫查詢或其他形式的庫存檢查
    return 100  # 假設每種花都有 100 個單位


# 定價函數
@tool
def calculate_price(base_price: float, markup: float) -> float:
    """
    根據基礎價格和加價百分比計算最終價格。
    參數：
    - base_price: 基礎價格
    - markup: 加價百分比
    傳回：
    - 最終價格
    """
    return base_price * (1 + markup)


# 排程函數
@tool
def schedule_delivery(order_id: int, delivery_date: str):
    """

    安排訂單的配送。
    參數：
    - order_id: 訂單編號
    - delivery_date: 配送日期
    傳回：
    - 配送狀態或確認訊息
    """
    # 在實際應用中這裡應該是串連配送系統的過程
    return f" 訂單 {order_id} 已安排在 {delivery_date} 配送 "
tools = [check_inventory,calculate_price]
```

設定這幾個用於處理花卉銷售和配送函數的主要目的，是模擬簡單的電子商務系統操作。經過設計，這些函數可以用於不同的場景，如庫存檢查、定價計算和配送排程。

這些函數以 @tool 裝飾器標記為 LangChain 中的工具。表 7.1 是工具函數的簡要說明。

▼ 表 7.1 工具函數的簡要說明

函數名	目的	參數	傳回值
check_inventory	查詢特定類型花朵的庫存數量。在實際應用中，這個函數可能需要存取資料庫或其他儲存系統來獲取真實的庫存資料	flower_type（字串）：指定要查詢庫存的花朵類型	庫存數量（整數）。當前實現傳回一個固定值 100
calculate_price	根據基礎價格和加價百分比計算最終銷售價格	base_price（浮點數）：商品的基礎價格 markup（浮點數）：加價百分比	最終價格（浮點數）
schedule_delivery	安排訂單的配送。在實際應用中，這個函數可能需要與物流或配送系統串連，以實際安排配送	order_id（整數）：訂單編號 deliverydate（字串）：配送日期	配送狀態或確認訊息(字串)

使用這些工具函數，開發者可以建構一個系統，以處理使用者訂單、計算價格，並安排商品配送。

當然，這幾個工具的業務邏輯實現都非常簡單，類似於「虛擬碼」的真實程式碼。業務具體實施部分，則由應用開發者自行補充。

7.3.2 創建 Plan-and-Execute Agent，並嘗試「不可能完成的任務」

下一步，創建 Plan-and-Execute Agent，並嘗試完成一個任務。

需要說明的是，這個任務之所以是「不可能完成的任務」，是因為任務需求根本不清楚。我們來看看 Agent 是會坦誠自己的能力不足以完成任務，還是會「自信地胡說八道」。

7.3 透過 Plan-and-Execute Agent 實現物流管理

> **咖哥說**　在這個範例中，受 LLM 的能力限制，測試時的輸出主要為英文。我沒有對輸出做任何手動調整，但針對各個步驟的解釋，我以簡單的中文總結 LLM 輸出。

In
```
# 設定 LLM
from langchain.chat_models import ChatOpenAI
model = ChatOpenAI(temperature=0)
# 設定計畫者和執行者
from langchain_experimental.plan_and_execute import PlanAndExecute, load_agent_executor, load_chat_planner
planner = load_chat_planner(model)
executor = load_agent_executor(model, tools, verbose=True)
# 初始化 Plan-and-Execute Agent
agent = PlanAndExecute(planner=planner, executor=executor, verbose=True)
# 執行 Agent 解決問題
agent.run(" 查查玫瑰的庫存然後提供出貨方案！ ")
```

Out
```
> Entering new PlanAndExecute chain...
steps=[Step(value='Check the inventory of roses.'),
Step(value='Analyze the demand for roses.'),
Step(value='Determine the available quantity of roses in the inventory.'), Step(value='Calculate the required quantity of roses based on the demand.'),
Step(value='Compare the available quantity with the required quantity.'),
Step(value='If the available quantity is sufficient, create a shipment plan based on the demand.'),
Step(value='If the available quantity is insufficient, consider alternative options such as sourcing from other suppliers or adjusting the demand.'),
Step(value="Given the above steps taken, respond to the user's original question. \n")]
```

上面是輸出的第一部分：計畫（Plan）階段。涉及的具體操作流程和思路如下（見圖 7.4）。

1. 檢查玫瑰花庫存。

2. 分析對玫瑰花的需求。

3. 再次確定玫瑰花庫存。

4. 計算玫瑰花的需求數量。

5. 比較可用數量與需求數量。

6. 如果可用數量足夠，則基於需求制定出貨計畫。

7. 如果可用數量不足，考慮替代方案。

8. 回應使用者的原始問題，提供最終解決方案。

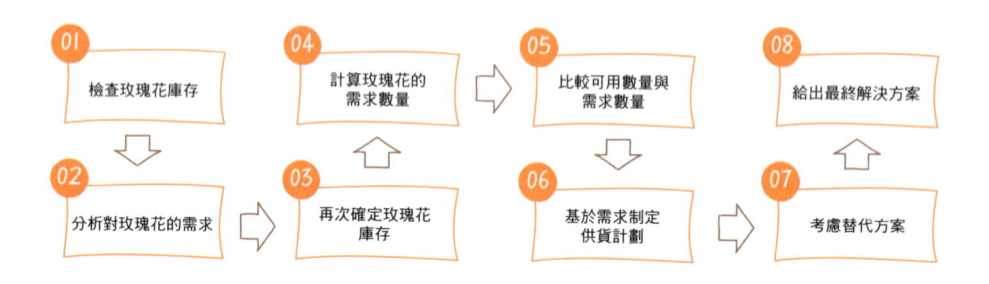

🎧 圖 7.4 計畫階段給出的執行步驟

這個計畫看起來還不錯，不過重點還是具體執行情況。

下面再繼續分析執行（Execute）階段每一個步驟的執行情況。

第 1 步，檢查玫瑰花庫存：Agent 確認玫瑰花的庫存數量為 100。

```
> Entering new AgentExecutor chain...
Action:
```json
{
  "action": "check_inventory",
  "action_input": {
    "flower_type": "roses"
  }
}
```
Observation: 100
```

7.3 透過 Plan-and-Execute Agent 實現物流管理 | 255

```
Thought:The inventory for roses is 100.
Action:
```json
{
  "action": "Final Answer",
  "action_input": "The inventory for roses is 100."
}
```

> Finished chain.
*****
Step: Check the inventory of roses.
Response: The inventory for roses is 100.
```

小雪：這裡我看出來了，LangChain 內部一定是調用了 OpenAI 的 Function Calling 功能，因為此處生成了 JSON 格式的 Function Schema。

咖哥：聰明！

第 2 步，分析對玫瑰花的需求：Agent 建議分析對玫瑰花的需求。這包括考慮市場需求、季節趨勢、顧客偏好等因素。歷史銷售資料和顧客回饋也是需求分析的重要組成部分。

Out
```
> Entering new AgentExecutorchain...
Action:
```
{
  "action":"check_inventory",
  "action_input":{
    "flower_type":"roses"
  }
}
```
Observation:100
Thought: The inventory for roses is100.
To analyze the demand for roses, we can consider factors such as the current market demand, seasonal trends, and customer preferences. Additionally, we can also look at historical sales data and customer feedback to get a better understanding of the demand for roses.
> Finished chain.
*****
```

```
Step: Analyze the demand for roses.
Response: The inventory for roses is 100.
```

第 3 步，再次確定玫瑰花庫存：Agent 再次確認玫瑰花庫存數量為 100。

Out

```
To analyze the demand for roses, we can consider factors such as the current market
demand, seasonal trends, and customer preferences. Additionally, we can also look
at historical sales data and customer feedback to get a better understanding of the
demand for roses.
> Entering new AgentExecutor chain...
Action:
```
{
  "action": "check_inventory",
  "action_input": {
    "flower_type": "roses"
  }
}
```
Observation: 100
Thought: I have already checked the inventory for roses and the quantity available
is 100.
> Finished chain.
*****
Step: Determine the available quantity of roses in the inventory.
Response: I have already checked the inventory for roses and the quantity available
is 100.
```

第 4 步，計算玫瑰花的需求數量：Agent 在這裡提出，為了計算需求數量，需要更多關於需求的訊息，可能包括市場需求、季節趨勢、顧客偏好以及歷史銷售資料等。

Out

```
> Entering new AgentExecutor chain...
Action:
```
{
  "action":"Final Answer",
  "action_input": "To calculate the required quantity of roses based on the demand,
we need more information about the demand. Factors such as the current market
demand, seasonal trends, and customer preferences are important in determining the
```
```

```
required quantity. Additionally, historical sales data and customer feedback can
also provide insights into the demand for roses. Once we have this information, we
can analyze it and calculate the required quantity accordingly."
}
```
>   Finished chain.
*****
Step: Calculate the required quantity of roses based on the demand.
Response: To calculate the required quantity of roses based on the demand, we need
more information about the demand. Factors such as the current market demand,
seasonal trends, and customer preferences are important in determining the required
quantity. Additionally, historical sales data and customer feedback can also
provide insights into the demand for roses. Once we have this information, we can
analyze it and calculate the required quantity accordingly.

第 5 步，比較可用數量與需求數量： 由於沒有具體的需求資料（我根本沒說要出貨的數量），因此 Agent 無法比較庫存中玫瑰花的數量與需求數量。**此時，Agent 已經意識到，單憑自己的工具，已經無法比較庫存玫瑰花數量和所需出貨量**。（畢竟 Agent 沒有讀心術，但它在需求不清楚時沒有胡亂猜測，這點還不錯。）

```
> Entering new AgentExecutor chain...
Action:
```
{
  "action":"check_inventory",
  "action_input":{
    "flower_type":"roses"
  }
}
```
Observation:100
Thought:Based on the previous steps, the available quantity of roses in the
inventory is 100. Now, the current objective is to compare the available quantity
with the required quantity. To proceed, I need to calculate the required quantity
based on the demand for roses. However, since we don't have the necessary
information about the demand, I cannot provide an accurate comparison at this time.
Action:
```
{
  "action": "Final Answer",
```
```

```
        "action_input": "I'm sorry, but I cannot compare the available quantity with
the required quantity without knowing the demand for roses. Please provide more
information about the demand so that I can assist you further."
}
```

> Finished chain.
*****
Step: Compare the available quantity with the required quantity.
Response: I'm sorry, but I cannot compare the available quantity with the required
quantity without knowing the demand for roses. Please provide more information
about the demand so that I can assist you further.
```

**第 6 步，如果可用數量足夠，基於需求制定出貨計畫**：Agent 指出，如果庫存數量足夠，可以根據需求制定出貨計畫。但由於缺乏需求資料，無法確定庫存是否足夠。

```
Out > Entering new AgentExecutor chain...
Thought: To create a shipment plan based on the demand, we need to determine if the
available quantity of roses is sufficient. We can compare the available quantity with
the required quantity to make this determination.
Action:
```json
{
  "action": "check_inventory",
  "action_input": {
    "flower_type": "roses"
  }
}
```

Observation: 100
Thought:The available quantity of roses is 100. Now we can compare this with the
required quantity to determine if it is sufficient to create a shipment plan based on
the demand.
> Finished chain.
*****
Step: If the available quantity is sufficient, create a shipment plan based on the
demand.

Response: The available quantity of roses is 100. Now we can compare this with the
required quantity to determine if it is sufficient to create a shipment plan based on
```
```

the demand.

第 7 步，如果可用數量不足，考慮替代方案：同樣，由於沒有具體的需求資料，Agent 無法確定是否需要考慮替代方案，如從其他供應商採購或調整需求。

Out
```
> Entering new AgentExecutor chain...
Action:
```
{
  "action": "check_inventory",
  "action_input": {
    "flower_type": "roses"
  }
}
```

Observation: 100
Thought:Since the available quantity of roses is 100, we can proceed to compare this with the required quantity to determine if it is sufficient to create a shipment plan based on the demand. Let's calculate the required quantity based on the demand.
Action:
```
{
  "action": "Final Answer",
  "action_input": "The available quantity of roses is 100. Now we can compare this with the required quantity to determine if it is sufficient to create a shipment plan based on the demand."
}
```

> Finished chain.
*****
Step: If the available quantity is insufficient, consider alternative options such as sourcing from other suppliers or adjusting the demand.

Response: The available quantity of roses is 100. Now we can compare this with the required quantity to determine if it is sufficient to create a shipment plan based on the demand.
```

第 8 步（也是最後一步），回應使用者的原始問題，提供最終解決方案：由於未提供原始問題，因此 Agent 無法直接回應，同時，Agent 建議從提出這個需求的使用者那裡獲取額外訊息，以便進一步支援配合。這樣的回答相當貼心。

```
> Entering new AgentExecutor chain...
Action:
```
{
  "action": "Final Answer",
  "action_input": "Based on the steps taken, it seems that the user's original question was not provided. Please ask the user to provide their original question so that I can assist them further."
}
```
>       Finished chain.
*****
Step: Given the above steps taken, respond to the user's original question.

Response: Based on the steps taken, it seems that the user's original question was not provided. Please ask the user to provide their original question so that I can assist them further.
> Finished chain.
```

整體來說，Plan-and-Execute Agent 提供的流程，呈現明確的任務分解和逐步執行的策略。在這個任務中，由於缺乏具體的需求資料，因此 Agent 無法完成整個流程。其實，這正是我們預期目標，Plan-and-Execute Agent 在這裡做得不錯！

7.3.3 完善請求，讓 Agent 完成任務

先要有好的問題，才能得到好的答案。為了讓 Agent 能夠成功解決問題，我們需要先完善請求，提供明確且具體的需求資料。

```
# 執行 Agent 解決新問題（完善需求）
agent.run(" 查查玫瑰花的庫存然後提供 50 朵玫瑰花的價格和當天的配送方案！ ")
```

```
> Entering new PlanAndExecute chain...
steps=[
```

```
Step(value='Check the inventory of roses.'),
Step(value='If the inventory is sufficient (at least 50 roses), proceed to step 3.
Otherwise, inform the user that there are not enough roses in stock and end the
conversation.'),
Step(value='Retrieve the price of 50 roses.'),
Step(value='Retrieve the delivery options available for the current day.'),
Step(value='Provide the user with the price of 50 roses and the available delivery
options for the day.\n')]
```

在計畫階段，Agent 把這個任務拆解成以下 5 步（見圖 7.5）。

1. 檢查玫瑰花庫存。

2. 判斷庫存是否足夠。如果足夠就繼續執行第 3 步，否則告知使用者庫存不足，並結束對話。

3. 獲取 50 朵玫瑰花的價格。

4. 檢索當天可用的配送選項。

5. 向使用者提供 50 朵玫瑰花的價格和當天可用的配送選項，提供最終解決方案。

🎧 圖 7.5 Agent 在計畫階段所產生的新需求執行步驟

下面我們詳細分析這 5 步的執行情況。

第 1 步，檢查玫瑰花庫存：Agent 首先確認玫瑰花的庫存，發現庫存數量為 100。

```
> Entering new AgentExecutor chain...
Action:
```json
{
  "action": "check_inventory",
  "action_input": {
    "flower_type": "roses"
  }
}
```

Observation: 100
Thought:The inventory for roses is 100.
> Finished chain.
*****
Step: Check the inventory of roses.
Response: The inventory for roses is 100.
```

第 2 步，判斷庫存是否足夠：因為庫存數量（100）超過最低需求數量（50），Agent 確認庫存足夠，並決定繼續執行後續步驟。

```
> Entering new AgentExecutor chain...
Action:
```
{
  "action": "check_inventory",
  "action_input": {
    "flower_type": "roses"
  }
}
```

Observation: 100
Thought:The inventory for roses is 100.
Since the inventory is sufficient (at least 50 roses), we can proceed to step 3.
> Finished chain.
*****
Step: If the inventory is sufficient (at least 50 roses), proceed to step 3.
```

```
Otherwise, inform the user that there are not enough roses in stock and end the
conversation.
Response: The inventory for roses is 100.
Since the inventory is sufficient (at least 50 roses), we can proceed to step 3.
```

小雪：不錯！Agent 現在知道需要 50 朵玫瑰花。

第 3 步，獲取 50 朵玫瑰花的價格：Agent 計算 50 朵玫瑰花的價格，根據基礎價格和加成百分比，得出最終價格為 12.0。

Out
```
> Entering new AgentExecutor chain...
Thought: To retrieve the price of 50 roses, we need to use the `calculate_price`
tool. We can calculate the price by providing the base price and markup percentage.
However, we don't have the base price and markup percentage yet. We need to check
if we have that information or if we need to ask the user for it.
Action:
```json
{
  "action": "check_inventory",
  "action_input": {
    "flower_type": "roses"
  }
}
```
Observation: 100
Thought:The inventory for roses is 100. Since we have enough roses in stock, we can
proceed to calculate the price of 50 roses.
Action:
```json
{
  "action": "calculate_price",
  "action_input": {
    "base_price": 10.0,
    "markup": 0.2
  }
}
```
Observation: 12.0
Thought:The price of 50 roses is 12.0.
Action:
```json
```
```

```
{
  "action": "Final Answer",
  "action_input": "The price of 50 roses is 12.0."
}
```
> Finished chain.
*****
Step: Retrieve the price of 50 roses.
Response: The price of 50 roses is 12.0.

第 4 步，檢索當天可用的配送選項：Agent 提供當天可用的配送選項，包括快遞和一般配送方式。

Out
> Entering new AgentExecutor chain...
Action: ```
{
  "action": "Final Answer",
  "action_input": "The delivery options available for the current day are express delivery and standard delivery."
}
```
> Finished chain.
\*\*\*\*\*
Step: Retrieve the delivery options available for the current day.
Response: The delivery options available for the current day are express delivery and standard delivery.

**第 5 步（也是最後一步），向使用者提供 50 朵玫瑰花的價格和當天可用的配送選項，提供最終解決方案**：Agent 向使用者提供 50 朵玫瑰花的價格：12.0 元，以及當天的配送選項：快遞和一般配送。

Out
> Entering new AgentExecutor chain...
Action:
```
{
  "action": "Final Answer",
  "action_input": "The price of 50 roses is 12.0. The delivery options available for the current day are express delivery and standard delivery."
}
```
```

```
> Finished chain.
*****
Step: Provide the user with the price of 50 roses and the available delivery
options for the day.
Response: The price of 50 roses is 12.0. The delivery options available for the
current day are express delivery and standard delivery.
> Finished chain.
```

和上一個任務一樣，Agent 表現出結構化和邏輯清晰的任務執行方式。每一步都基於前一步的結果來做出決策，而得以在最後向使用者提供詳細訊息。這種按步驟解決問題的方法不僅有助於確保任務的清晰性和準確性，也使得 Agent 能夠有效地處理複雜的任務。

不同之處是，這次因為提供足夠訊息，Plan-and-Execute Agent 可以確保任務按照既定流程順利完成，並提供答案。

7.4 從單 Agent 到多 Agent

目前，從單 Agent 到多 Agent 系統的討論有很多，其中的一種理論是，多 Agent 系統可以明顯提升 Agent 的效能。

Plan-and-Execute 這個框架本身並沒有強調自己適用於多 Agent 系統，它的主要思考模式是先分解任務的計畫部分和執行部分，制定出任務的具體步驟和詳細指導方案，來改善 Agent 的推理能力，降低每一個步驟的推理複雜程度。它同時提高了計畫和執行方面的可靠性。

在整個過程中，任務的計畫和執行可以由同一個 Agent 完成，但是，將計畫過程和執行過程分配不同的語言模型，也就是不同的 Agent，會是比較好的策略。我們可以使用較強的模型來完成比較要求思考能力的計畫任務，同時使用較小、較快、較便宜的模型來執行完整步驟。更進一步，即使是任務的執行過程，也可以由多個 Agent 合作完成。

因此，Plan-and-Execute 的概念或策略可以應用在多 Agent 系統中。在實際應用中，無論是在單 Agent 系統，還是在多 Agent 系統中應用 Plan-and-Execute 框架，關鍵都在於有效地分解任務、規劃解決方案的方法，並提供清晰的步驟來指導模型或 Agent 完成任務。

7.5 小結

第 6 章介紹的 ReAct 框架和本章介紹的 Plan-and-Execute 框架都可以提高 LLM 在處理複雜任務時的效能。雖然它們的目標相似，但方法和著重點有所不同。

ReAct 框架強調的是「觀察－思考－行動」的循環，尤其注重讓 LLM 更理解環境、生成推理軌跡並採取行動的辦法，這個框架特別適用於那些需要 LLM 與外部環境互動的任務，如訊息檢索、環境探索等。ReAct 框架透過詳細記錄每一步的推理過程，提高 LLM 的可解釋性和可靠性。

Plan-and-Execute 框架則主要注重提升 LLM 在複雜場景下的效能。它引入 Plan-and-Execute 策略來分解和執行複雜任務，首先，將整個任務分解為更小、更易管理的子任務；然後，藉由更詳細的指示，提高生成推理步驟的品質和準確性。這種框架特別適合解決需要多步推理的複雜問題，如數學問題、邏輯推理等。

因此，本章標題「計畫和執行的解耦」是完整概述 Plan-and-Execute 策略的核心思想，也就是將複雜問題的解決過程明確分為兩個階段：計畫和執行。計畫階段涉及理解問題、分析任務結構，並制定詳細的解決方案；執行階段則根據計畫的步驟解決問題。在解決問題時，這種先規劃後執行的策略，可以幫助 LLM 更具系統性和準確性的解決問題。

Plan-and-Execute 框架的優勢如下：

- 任務分解：將大任務分解為小任務，可以有效管理和解決複雜問題。
- 詳細指導：提供詳細指示，來改善推理步驟的品質和準確性。
- 適應性：根據不同類型的任務調整，在各種複雜問題中表現出色。

在處理需要多步驟推理的複雜問題時，Plan-and-Execute 框架的功能可能比較強大，而 ReAct 框架則比較適合需要模型與環境互動的任務。根據具體任務的性質和要求，兩種框架各有所長，也有可能互補。在某些情況下，二者的組合方案可能會具有更好的效果。

本章最後探討 Plan-and-Execute 框架在多 Agent 環境中的應用。在面對複雜問題時，可以使用不同的 Agent 規劃和執行，也可以用不同的 Agent 來完成任務的不同步驟。

CHAPTER

8

Agent 5：知識的提取與整合 —— 透過 LlamaIndex 實現檢索增強生成

小雪抱著一大堆資料打招呼：咖哥，最近在最佳化花語祕境的內部搜尋引擎時，技術總監提出檢索增強生成（Retrieval-Augmented Generation，RAG）這種新方法。

咖哥：這可能是一種好方法。在處理複雜查詢時，RAG 很可能可以提升使用者體驗。可以將 RAG 看成一種結合檢索和生成的 NLP 模型，在處理查詢時，它會先從離散資料中檢索相關訊息，然後由 LLM 整理，並使用這些訊息來生成回答。對於鮮花電商來說這樣非常有用，因為鮮花電商的文

🎧 圖 8.1 RAG 在非結構化資料源中檢索，同時也利用 LLM 的生成能力

件可能包含花卉的各種資料，如花語、植物照護或特殊場合的花卉推薦等，以及每天的鮮花庫存、價格等訊息。由於這些訊息並不全都是儲存在資料表中的結構化資料，因此，RAG 非常適合處理這個業務場景（見圖 8.1）。

小雪：結構化資料和非結構化資料有什麼不同呢？

咖哥：一般來說，結構化資料是適合以數據形式儲存和呈現的資料，例如鮮花庫存資料；非結構化資料則指不適合以數據來儲存且難以查詢的資料，例如員工手冊、使用者和客服的聊天紀錄、系統日誌、程式碼、圖片和影音等（見圖 8.2）。

🎧 圖 8.2 結構化資料和非結構化資料

小雪：明白。花語祕境的業務場景中有大量結構化資料，也有很多非結構化資料。

8.1 何謂檢索增強生成

檢索增強生成（RAG）是一種結合訊息檢索和文本生成的人工智慧技術，通常用在處理問答系統、對話生成或內容摘要等自然語言處理任務。

RAG 的工作原理可以分為以下兩個主要部分。

- 訊息檢索（Retrieval）：系統會從一個大型資料集中檢索相關訊息。這個資料集通常包含大量文字資料，如維基百科文章、新聞報導或其他相關文件。當然，由於目前的檢索也是透過 LLM 完成，而且 LLM 通常具有多模態能力，因此檢索的資料集並不一定都是文件，也可以是圖片、程式碼、關聯式資料庫等多種形式。當系統接收到查詢，例如一個問題時，它會在這個資料集中檢索與查詢相關的訊息。

- 文本生成（Generation）：在檢索到相關訊息後，系統會利用這些訊息來生成一個回應。這個過程通常是由一個預訓練語言模型所完成，如 GPT（Generative Pre-trained Transformer）。語言模型會根據檢索到的訊息來建構連貫、相關的回答或文字。

RAG 的優勢在於它結合檢索系統的精確訊息獲取能力，和語言模型的流暢文本生成能力。這使得 RAG 在處理複雜的語言理解任務時，能夠提供更加豐富、準確的訊息。例如，在問答系統中，RAG 能夠提供基於具體事實的答案，而不僅限於基於語言模型的一般性推斷。

圖 8.3 展示整個過程：先借助 RAG 從知識庫中提取上下文訊息，再以 LLM 處理使用者查詢，並生成回應。

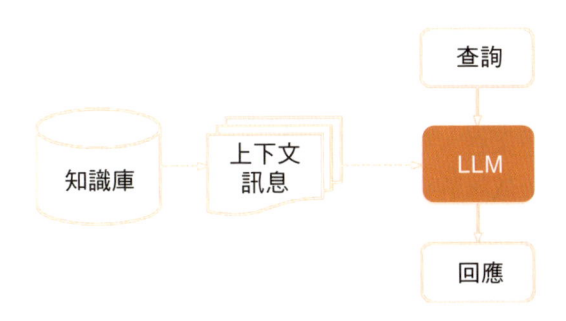

🎧 圖 8.3 借助 RAG 處理使用者查詢並生成回應的過程

圖 8.3 是從使用者查詢到最終回應的完整循環。先由使用者提出查詢，其次系統根據查詢從知識庫中提取上下文訊息，然後 LLM 使用這些上下文訊息來生成一個合適的回應。基於這個過程的 Agent 可以在聊天機器人、搜尋引擎、推薦系統或任何其他需要從大量資料中提取和處理訊息的系統中發揮作用。

因為 RAG 可以不斷更新其所檢索的資料源，以便適應新的訊息和趨勢，保持生成回應的相關性和準確性。

8.1.1 提示工程、RAG 與微調

在目前主流 LLM 應用方法中，RAG 占據非常重要的位置。圖 8.4 是 RAG、提示工程、微調以及「RAG+ 微調」4 種 LLM 應用方法的特點。

图 8.4　4 種 LLM 應用方法對比

其中，縱軸代表對 LLM 外部訊息的需求程度，從低到高；橫軸代表對 LLM 微調的需求程度，從低到高。

四個象限分別如下：

- 左下角：提示工程。在這個區域中，LLM 對微調和外部訊息的需求程度很低。提示工程依賴精心設計的提示，來引導 LLM 生成所需的輸出，而不需要額外的訓練或知識。

- 右下角：微調。在這個區域中，LLM 對微調的需求程度較高，但對外部訊息的需求程度仍然較低。微調涉及針對特定任務調整 LLM 的參數，以改進 LLM 在特定任務上的表現。

- 左上角：RAG。在這個區域中，LLM 對外部訊息的需求程度高，但對微調的需求程度較低。RAG 是一種結合訊息檢索和文本生成的方法，透過檢索相關的知識庫來增強生成過程，這樣 LLM 可以利用這些額外的訊息來生成回應。

- 右上角：混合。這個區域包括 RAG 和微調的組合，用於需要大量外部訊息和微調的情況。這種方法結合了 RAG 和針對特定任務的微調。

小雪：咖哥，這張圖代表什麼意思呢？

圖 8.4 展示不同的應用方法在處理需要外部知識和 LLM 微調任務時的定位；要選擇哪一種應用方法，取決於任務的具體要求和可用資源。

微軟公司在論文〈RAG vs Fine-tuning: Pipelines, Tradeoffs, and a Case Study on Agriculture〉[11]特別提供農業領域中以 RAG 與微調評估結果的應用案例，相關過程可見圖 8.5。

該論文指出，在這個農業問答案例研究（Q&A case study）中，在回答的準確率方面，微調大於 RAG，但差異並不明顯，準確率最高的應用方法是「RAG+微調」，但相應付出的成本也大得多。考量到 RAG 的應用成本較低，在成本有限的情況下，建議選擇 RAG 作為該問答應用的解決方案。這個研究結果和咖哥的實際感受完全相同，也就是說，比起微調，**RAG 是 LLM 實際應用過程中物美價廉的選擇**。

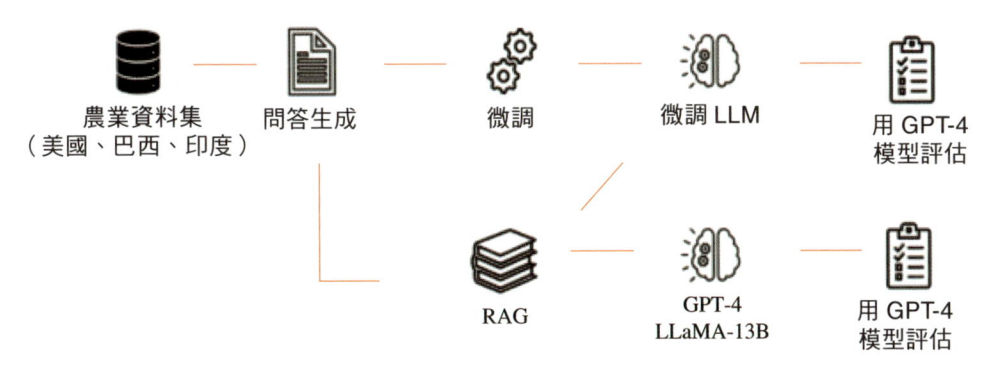

∩ 圖 8.5 以農業資料集為主的 LLM 應用 RAG 和微調的過程

8.1.2 從技術角度看檢索部分的 Pipeline

以下將從技術角度，看 RAG 中檢索部分的 Pipeline（見圖 8.6）。

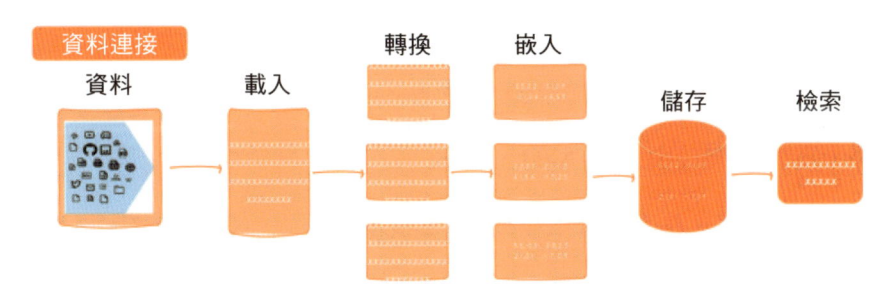

∩ 圖 8.6 RAG 中檢索部分的 Pipeline

RAG 中檢索部分的 Pipeline 技術實現流程如下：

1. 資料連接（data connection）和載入（load）：資料各式各樣，既可以是結構化的，也可以是非結構化的，載入後就可由 RAG 讀取。

2. 轉換（transform）：在這個階段藉由清理、標準化和整理，把資料轉換為統一的格式，以便進一步分析。

3. 嵌入（embed）：透過詞嵌入模型，將資料轉換成某種詞嵌入，也就是向量的形式。

4. 儲存（store）：將向量資料儲存在某種形式的儲存系統中，如記憶體、文件系統。更常見的儲存系統是向量資料庫。

5. 檢索（retrieve）：從儲存系統中檢索資料，以便進一步操作。

咖哥：在這個流程中強調的是對資料進行詞嵌入，這也是外部訊息的準備過程。這個過程中的每個環節都有很多事情要注意，滿滿的細節，例如，如何選擇資料塊的大小；再者，如何選擇合適的詞嵌入模型等。但是，這並不是 Agent 這個主題的重點，因此這裡不一一贅述。

小雪：咖哥，以後你會講解 RAG 每一步的細節嗎？

咖哥：當然，之後會詳細解釋 RAG。

小雪：上面的 Pipeline 並沒有著重強調 LLM 在生成過程中的作用。

咖哥：的確。這個 Pipeline 聚焦在檢索部分的技術實現，以下會從另外一個視角來看 RAG 流程。

8.1.3 從使用者角度看 RAG 流程

從使用者角度來看，RAG 流程和圖 8.6 展示的不同，可見圖 8.7。

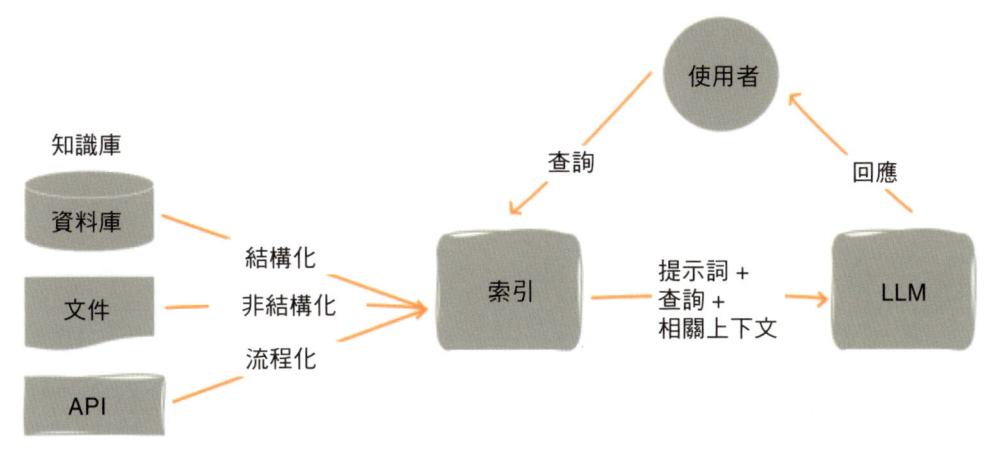

▲ 圖 8.7　使用者視角的 RAG 流程

圖 8.7 所示的 RAG 流程步驟說明如下：

- 使用者輸入查詢：流程從使用者輸入查詢開始。這個查詢是使用者希望系統回答的問題或者執行的指令。
- 索引查詢資料：系統將這個查詢與一個索引相符合。這個索引包含各種知識庫的訊息，可能是結構化的資料庫、非結構化的文件，或者是透過 API 獲取的流程化資料。索引的目的是快速檢索與查詢相關的訊息。
- 檢索資料：系統使用索引來找到與使用者查詢最相關的資料。這些資料可能是資料庫中的表格資料、文件中的文字訊息，或者是 API 傳回的資料等。
- 組合查詢與檢索資料：系統將使用者的原始查詢和從索引中檢索到的相關資料相結合，形成一個增強的輸入。
- LLM 處理：將增強的輸入送入 LLM，讓 LLM 根據輸入和相關資料來生成回應；在這個過程中，LLM 會考慮檢索到的訊息，好讓生成的回應更加準確和相關。
- 使用者獲得回應：將模型生成的回應傳遞給使用者。

在 RAG 流程中，檢索步驟和生成步驟相輔相成。檢索步驟提供與使用者查詢直接相關的訊息，而生成步驟則利用這些訊息來建構一個連貫、準確且通常更加詳細的回答。RAG 特別適用於需要廣泛背景知識來回答問題的情況，因為它允許 LLM 存取大量的資料，而不僅限於模型在訓練時學習的知識。

小雪：原來如此。這裡的檢索表示從不同知識庫中提取訊息；生成是 LLM 的文本生成能力。在這個過程中，LLM 還可以利用自身學習的知識「增強」回答，從而提升使用者體驗。這大概就是 RAG 的核心了。

8.2 RAG 和 Agent

小雪：只是，RAG 和我們所談的 Agent 又有什麼關聯呢？

咖哥：Agent 是一個能夠自主操作和做出決策的系統，RAG 當然可以作為 Agent 技術架構的一個重要部分。包含 RAG 功能的 Agent 可以更有效率地處理使用者的查詢，提供有用和準確的訊息。這類 Agent 會透過檢索：在知識庫中搜尋訊息，和生成：利用 LLM 來生成回答，以處理複雜的使用者需求（見圖 8.8）。它不僅能回答簡單的問題，而且能處理複雜且更具探索性的查詢。

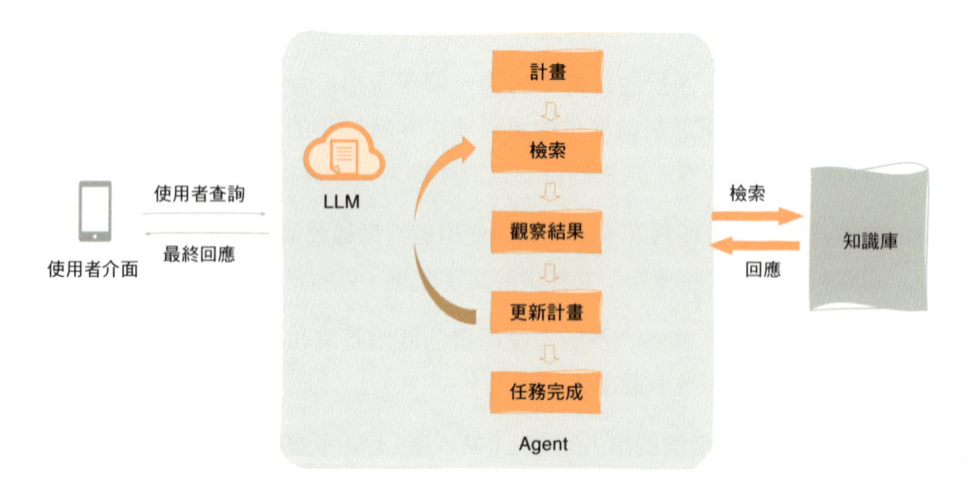

figure 8.8 融合 RAG 能力的 Agent

圖 8.8 中的 Agent 融合了 RAG 能力，它可以解決更為複雜的問題，例如，針對使用者提出的「哪種花最適合母親節贈送？」這樣複雜的問題，RAG 首先幫助 Agent 檢索相關訊息，例如母親節相關傳統、不同花卉的象徵意義等，然後基於這些訊息生成一個綜合的、針對性的回答。這樣，Agent 就能提供比簡單資料庫查詢更深入、更個人化的建議，從而提升使用者體驗和滿意度。

LlamaIndex 和 LangChain 框架同時具有 Conversational Agent（或稱為 Conversational Retrieval Agent）的概念，顧名思義，這種 Agent 就是具有檢索功能的智慧對話式 Agent。這個概念結合了幾個關鍵趨勢：RAG、聊天介面以及先進的 Agent 認知框架，以提供更優質的使用者對話體驗。透過 LlamaIndex 提供的 ReAct RAG Agent，使用者可以很輕鬆地完成訊息檢索、內外部知識整合以及文本生成工作。

小雪：咖哥，我想用 LlamaIndex 的 ReAct RAG Agent 完成商務訊息檢索工作，你看看可不可行。

咖哥：先說說妳的具體需求。

8.3 透過 LlamaIndex 的 ReAct RAG Agent 實現花語祕境財報檢索

小雪：需求如下，我們的合作夥伴是東南亞的兩家鮮花商品經銷商（電商），均為上市公司。每個月都需要分析這兩家公司的財務報表，目的是查看鮮花商品的供應狀況和銷售趨勢，同時比較這兩家公司的業績。

這個工作會耗費團隊大量人力，有時還需要外發給會計師來完成。我在想，ReAct RAG Agent 能不能幫助我們。

咖哥：當然可以。以下面就介紹透過 LlamaIndex 的 ReAct RAG Agent 來分析財務的辦法。

8.3.1 獲取並載入電商的財報文件

由於要分析的兩家電商都是上市公司，因此可以直接去它們的官網下載財報文件（見圖 8.9）。

🎧 圖 8.9 兩家電商的財報文件

In ▸
```
# 載入電商財報文件
from llama_index.core import SimpleDirectoryReader
A_docs = SimpleDirectoryReader(
  input_files=["./data/ 電商 A-Third Quarter 2023 Results.pdf"]
).load_data()
B_docs = SimpleDirectoryReader(
  input_files=["./data/ 電商 B-Third Quarter 2023 Results.pdf"]
).loaddata()
```

用以下程式碼載入這兩家電商的財報文件。

8.3.2 將財報文件的資料轉換為向量資料

以下使用 VectorStoreIndex.from_documents 基於財報文件的資料建構向量資料（即 Index）。

In ▸
```
# 基於財報文件的資料建構向量資料
from llama_index.core import VectorStoreIndex
A_index = VectorStoreIndex.from_documents(A_docs)
B_index = VectorStoreIndex.from_documents(B_docs)
```

小雪：把文字資料轉換為向量資料後，好利用餘弦相似性檢索。在程式中，你把詞嵌入（也就是向量資料）稱為 Index，能否解釋一下為什麼叫 Index ？

咖哥：Index（索引）在 LlamaIndex 中是一種由文件物件組成的資料結構，旨在補充你的查詢策略，以便更有效率地檢索和處理訊息，讓 LLM 能夠查詢。

最常見的索引類型之一就是這裡使用的 VectorStoreIndex。這種類型的索引會將文件分解為節點，並為每個節點的文字創建詞嵌入，以備 LLM 查詢。詞嵌入是 LLM 應用功能的核心，它是文字語義或含義的數值表示。具有相似含義的兩段文字將具有數學上相似的嵌入，即使實際文字完全不同。這種數學關係使得語義搜尋成為可能，使用者提供查詢項，而 LlamaIndex 能夠找到與查詢項意義相關的文字，且不僅限於簡單的關鍵字符合。這是 RAG 工作方式的重要部分，也是 LLM 一般功能的基礎。

小雪：難怪 LlamaIndex 的名字中就有 Index 這個詞。

8.3 透過 LlamaIndex 的 ReAct RAG Agent 實現花語祕境財報檢索

可以透過 storage_context.persist 將新建的索引維持在指定目錄。這樣，之後使用相同的文件時，就不必重複詞嵌入操作了。

```
# 維持索引（儲存到本機）
from llama_index.core import StorageContext
A_index.storage_context.persis(persist_dir="./storage/A")
B_index.storage_context.persist(persist_dir="./storage/B")
```

執行程式碼之後，可以在指定目錄中看到一系列與索引相關的文件，如圖 8.10 所示。

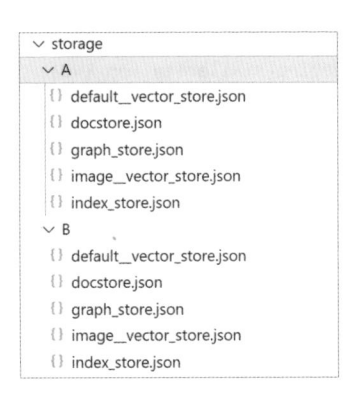

▲ 圖 8.10 維持本機索引文件

維持索引後，可以透過 load_index_from_storage 載入預先存在的索引。如果索引載入成功，index_loaded 會設為 True；如果索引載入失敗，例如不存在等，則 index_loaded 會設為 False。

```
# 從本機讀取索引
from llama_index.core import load_index_from_storage
try:
  storage_context = StorageContext.from_defaults(
    persist_dir="./storage/A"
  )
  A_index = load_index_from_storage(storage_context)
  storage_context = StorageContext.from_defaults(
    persist_dir="./storage/B"
  )
  B_index = load_index_from_storage(storage_context)
```

```
    index_loaded = True
except:
    index_loaded = False
```

8.3.3 建構查詢引擎和工具

接下來，我們為電商 A 和電商 B 各創建一個查詢引擎，同時設定最高相似度傳回的結果數目。這裡設定 similarity_top_k 為 3，也就是抽取 3 個相似度最高的文字區塊。

In ▶
```
# 創建查詢引擎
A_engine=A_index.as_query_engine(similarity_top_k=3)
B_engine=B_index.as_query_engine(similarity_top_k=3)
```

下面創建 QueryEngineTool 實例，並把查詢引擎配置為工具，以便 ReAct RAG Agent 使用。這裡操作的目的是以文字查詢的形式，存取電商 A 和電商 B 的財務訊息。

Out ▶
```
# 配置查詢工具
from llama_index.core.tools import QueryEngineTool
from llama_index.core.tools import ToolMetadata
query_engine_tools = [
    QueryEngineTool(
        query_engine=A_engine,
        metadata=ToolMetadata(
            name="A_Finance",
            description=(
                " 用於提供電商 A 的財務訊息 "
            ),
        ),
    ),
    QueryEngineTool(
        query_engine=B_engine,
        metadata=ToolMetadata(
            name="B_Finance",
            description=(
                " 用於提供電商 B 的財務訊息 "
            ),
        ),
    ),
```

```
    ),
]
```

8.3.4 配置文本生成引擎 LLM

前面的查詢引擎主要聚焦檢索工作的完成，接下來將初始化 LLM，來完成訊息整合以及文本生成部分的工作。

下面的程式碼會初始化 OpenAI 模型。當然，和 LangChain 一樣，LlamaIndex 支援非常多的模型，你也可以選擇其他模型。

```
# 配置 LLM
from llama_index.llms.openai import OpenAI
llm = OpenAI(model="gpt-3.5-turbo")
```

至此，一切準備工作就緒。查詢引擎作為工具，LLM 作為 Agent 的大腦，將它們分配給即將創建的 ReAct RAG Agent。

8.3.5 創建 Agent 以查詢財務訊息

首先初始化 ReAct RAG Agent。

```
# 創建 ReAct RAG Agent
from llama_index.core.agent import ReActAgent
agent = ReActAgent.from_tools(query_engine_tools, llm=llm, verbose=True)
```

這個 Agent 可以使用兩種「工具」，分別用於查詢電商 A 和電商 B 的財務訊息。

其次，和 Agent 聊天，讓它幫我們分析財務。

```
# 讓 Agent 完成任務
agent.chat(「比較一下兩家電商的銷售額」)
```

輸出結果如圖 8.11 所示。

```
Thought: I need to use a tool to help me compare the sales revenue of the two companies.
Action: A_Finance
Action Input: {'input': 'Please provide the sales revenue for both companies.'}
Observation: The sales revenue for the company in the third quarter of 2023 was $3.3 billion.
Thought: I have obtained the sales revenue for one company, but I still need the sales revenue for the other company to make a comparis
on.
Action: B_Finance
Action Input: {'input': 'Please provide the sales revenue for the other company.'}
Observation: The sales revenue for the other company in the quarter ended September 30, 2023 was RMB48,052 million (US$6,586 million).
Thought: I have obtained the sales revenue for both companies. Now I can compare them.
Answer: The sales revenue for Company A in the third quarter of 2023 was $3.3 billion, while the sales revenue for Company B in the sam
e period was $6.586 billion. Company B had a higher sales revenue compared to Company A.
```

🎧 圖 8.11 電商 A 和電商 B 的財務情況比較

小雪：真好！應用 Agent 後果然能夠降低成本、增加效率，看來可以刪除下個月外發會計師的預算了。

咖哥：的確。ReAct RAG Agent 不比普通的會計師能力弱，它可以整合多種工具和語言模型來處理和回應查詢。透過 Agent，LlamaIndex 提供一個靈活的框架，允許開發者建構能夠利用 LLM 進行複雜查詢處理的應用。這不僅增強了查詢的準確性和相關性，而且最佳化了結果的相關性，確保使用者得到最相關的回答。

8.4 小結

本章介紹檢索增強生成（RAG）的概念和應用，目前這種技術已經廣泛應用於各行各業，致力於開發特定領域的 LLM 應用。業界很多專業人士認為，LLM 時代 AI 的第一波真正應用浪潮會從 RAG 開始。

在 RAG 中，系統會先根據使用者的查詢生成索引，這通常是由提示 LLM 來完成；其次，系統會將這個索引發送給搜尋引擎，之後搜尋引擎傳回相關訊息（檢索步驟）。隨後，這些檢索到的訊息將會與包含使用者查詢的提示相結合，並送回 LLM 處理；最後，LLM 會根據使用者的原始查詢來生成回應（生成步驟）。整個流程如圖 8.12 所示。

▲ 圖 8.12 RAG 流程

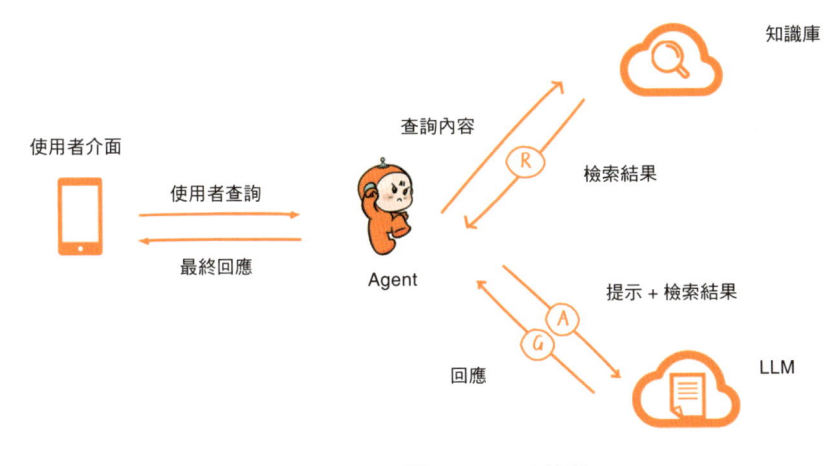

　　LlamaIndex 提供一些出色的組件來實現 RAG。這些組件可以作為建構基於 Agent 的應用核心工具。一方面，LlamaIndex 中的某些組件具有「Agent 式」自動化決策功能，以幫助特定案例來處理資料；另一方面，LlamaIndex 也可以作為另一個 Agent 框架中的核心工具。

　　同樣地，LangChain 也包含專門針對 Conversational Agent 和問答系統的工具，以提高效能和提升使用者體驗。受篇幅所限，這裡不提供 LangChain Conversational Agent 實現範例，推薦官方教學，看看 LangChain Conversational Agent 與 LlamaIndex 中的 ReAct RAG Agent 異同。

　　組合 Agent 與 RAG，可以形成基於 Agent 的檢索增強生成框架，它可以超越傳統 RAG 模式的限制，打造出更具智慧的 LLM 應用。Agent 可能會檢索外部訊息一次或多次，在整個過程中，Agent 將獨立地決定檢索時機、規劃檢索策略辦法，並評估蒐集到的訊息，透過評估每次檢索的結果，來確定是否需要進一步訊息，以及下一步的檢索方向。根據情況不同，Agent 會確定是否需要深入探索問題或者向使用者請求更多訊息。這一循環過程將會一直持續，直到 Agent 認為已經蒐集到足以提供合適答案的訊息，或者確定無法找到答案。

　　未來，基於 Agent 的檢索增強生成框架，可以進一步提升檢索工具的效率，如嵌入式搜尋、混合搜尋和嵌入微調等。在不久的將來，咖哥期待和你一起深入探討 RAG。

CHAPTER

9

Agent 6：GitHub 的熱門開發——AutoGPT、BabyAGI 和 CAMEL

小雪來的時候，咖哥正把專案程式碼上傳到 GitHub 網站。咖哥在 GitHub 網站上的個人主頁如圖 9.1 所示。

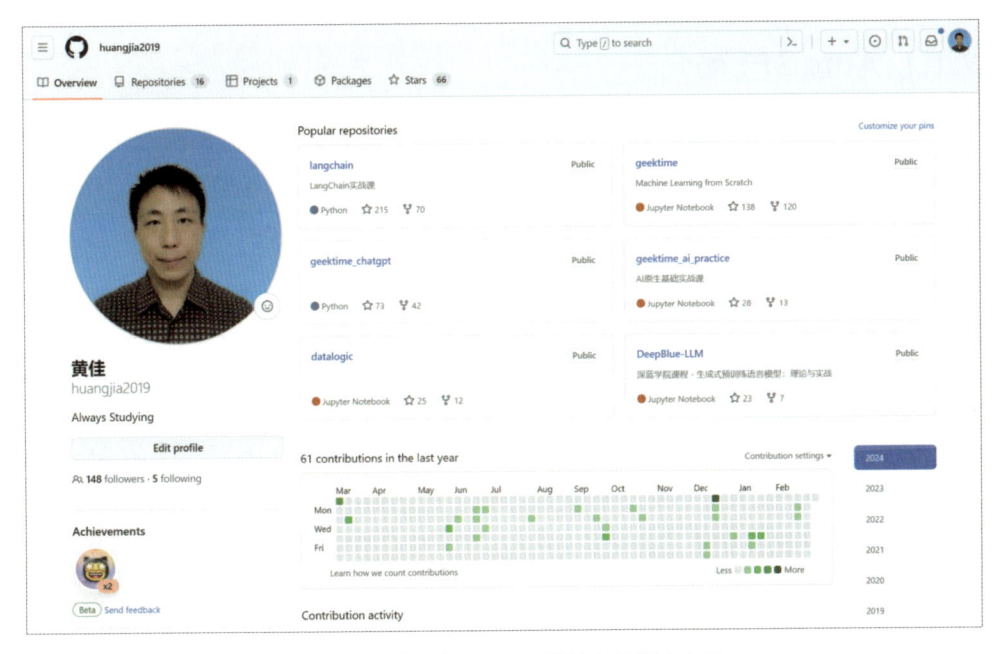

🎧 圖 9.1 咖哥在 GitHub 網站上的個人主頁

咖哥：小雪啊，之前我講的所有 Agent 的實現程式碼，都可以在 GitHub 網站中查找，找到後下載到本機就可以執行。

小雪：謝謝咖哥。GitHub 網站真是一個寶庫，全球的開發者都在這個網站上分享他們的程式碼，合作解決問題。

咖哥點頭認同：GitHub 網站的社群規模龐大，而且非常活躍。無論是初學者還是資深開發者，都可以在這裡找到他們需要的資源。最熱門的 AI 開源專案，也可以快速獲得第一線的 AI 技術和工具，這能有效加速專案開發過程。近年來 AI 之所以進步神速，正是得益於開源社群的團結。

小雪突然想到什麼，笑著說：咖哥，最近 GitHub 網站上出現了各式各樣的「網紅 Agent」，例如 AutoGPT、BabyAGI、CAMEL 和 Generative Agents，能分別介紹一下嗎？

9.1 AutoGPT

咖哥：好啊。我們一起開開眼界。先看看一度非常熱門的 AutoGPT。

9.1.1 AutoGPT 簡介

AutoGPT 是由遊戲公司 Significant Gravitas 的創辦人 Toran Bruce Richards 所創建的一個開源自主 AI Agent。它以 OpenAI 公司的 GPT-4 模型為主，是首批將 GPT-4 模型應用於自動執行任務的應用之一。

與 ChatGPT 的單輪對話介面不同，使用者只需提供一個提示或一組自然語言指令，AutoGPT 就會透過自動化多步提示過程，將目標分解為子任務，並自動連結多個任務，以實現使用者設定的大目標。

AutoGPT 一問世就引起眾人關注，頗受歡迎，在 GitHub 網站上的 Star 數量一年內飆升到 15 萬，這是一個驚人的數字，比 LangChain、LlamaIndex、OpenAI API 的 Star 數量總和還多。AutoGPT 在 GitHub 網站上的 Star 數量增長曲線如圖 9.2 所示。

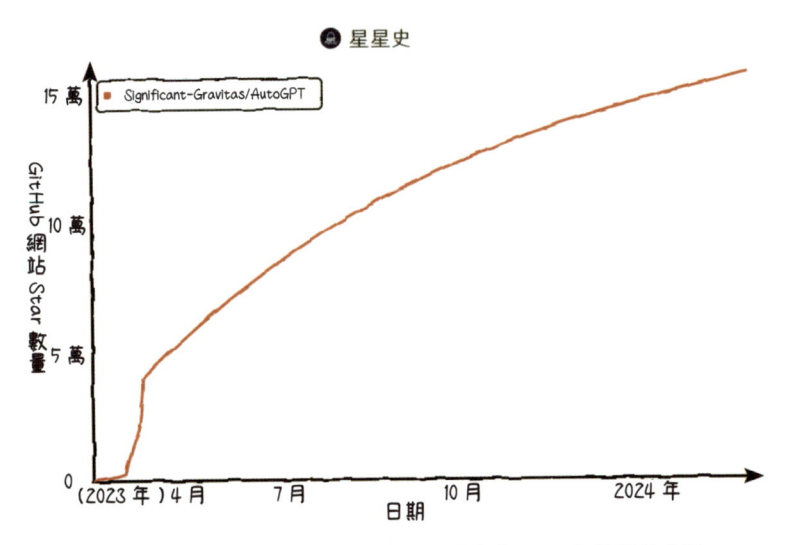

圖 9.2 AutoGPT 在 GitHub 網站上的 Star 數量增長曲線

AutoGPT 的願景是讓每個人都能夠取用 AI，利用 AI 的力量，以及在此基礎上建構長遠的藍圖。它不需要人工規劃就能自動安排子任務，執行具體任務，也可以自動提出新的目標，從而實現更宏偉的目標。

AutoGPT 在其專案網站中聲稱：我們的使命是提供工具，讓你可以專注在更重要的事情。

- 建構：為令人驚嘆的事物奠定基礎。
- 測試：將你的 Agent 調整至完美狀態。
- 委託：讓人工智慧為你服務，實現你的想法。

AutoGPT 問世時[1]，由於 ChatGPT 沒有整合網際網路搜尋的功能，因此 AutoGPT 的一個核心優勢在於其能夠自動化地從網際網路上蒐集訊息，輔助使用者完成特定任務（現在的 ChatGPT 早已能夠透過工具「Bing」來結合網路搜尋）。這一功能使得 AutoGPT 在自動蒐集和整理訊息方面尤其有用，它能夠輔助使用者在諸如閱讀、寫作、資料分析和法律合約等領域的研究和工作。

---

① 作者感慨：AutoGPT 問世僅僅不到一年，但我卻感覺如隔三秋。在後來的幾個月內，AI 界已經風起雲湧，無數波浪潮來了又去，AI 的光速發展讓新技術迅速「淪為」舊技術，這是我在整理 AutoGPT 相關內容時的深刻感受。

然而，作為一個實驗性專案，AutoGPT 面臨諸多挑戰，包括執行成本高、容易分心或陷入循環、缺乏長期記憶，以及在處理大型任務時存在限制性。它有時會遺忘使用先前的成果，難以將大任務分解為子任務，且可能在面對複雜問題時陷入死循環，導致資源浪費。此外，在依賴 GPT-4 模型執行任務時，AutoGPT 的執行速度也是一個挑戰。

儘管存在諸多挑戰，但是 AutoGPT 的開源性質展示了 AI 自主行動能力的邊界，凸顯了自主 Agent 的潛力，並在實踐中落實人工智慧向通用人工智慧邁進的趨勢。隨著 AI 技術的不斷發展以及 GPT-4.0API 的開放，我們可以期待 AutoGPT 能夠實現更廣泛的自動化應用，推動 AI Agent 之間的互動和對話，展現更成熟版本的可能性。

9.1.2 AutoGPT 實戰

本節將介紹簡單的 AutoGPT 實戰，好讓你更了解 AutoGPT 的執行機制。與 ChatGPT 相比，AutoGPT 能夠自動將活動分解為子任務，自我提示，並重複該過程，直到實現所提供的目標。

由於 AutoGPT 沒有安裝套件，要使用，可以如以下指令複製它的 GitHub 函式庫。

```
In  git clone https://GitHub.com/Significant-Gravitas/AutoGPT.git
```

複製或下載專案之後，可以在 autogpts/autogpt/ 資料夾中找到名為 .env.template 的文件（在某些作業系統中可能預設為隱藏狀態）。接下來創建 .env.template 的副本，並將其命名為 .env（見圖 9.3）。

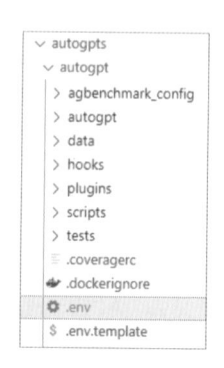

🎧 圖 9.3 找到 env.template 文件，並創建副本 .env

在 .env 中配置 OpenAI API 密鑰。注意，不要加引號或空格。

In
```
###############################################################################
AutoGPT-GENERALSETTINGS
###############################################################################
##OpenAI_API_KEY
OpenAI_API_KEY= 你的 OpenAI API 密鑰
```

設定檔中還包含其他密鑰和配置，例如 HuggingFace API token、Stable Diffusion WebUI 的授權（AtoGPT 是多模態的，可以處理圖像輸入）等。若要啟動和調整某個配置項，應移除 # 前綴。

配置好密鑰之後，執行下面的指令，系統會在你當前的 Python 環境中安裝很多相關套件。

In
```
./autogpt.sh--help
```

Out
```
Installing the current project: agpt (0.5.0)
Finished installing packages! Starting AutoGPT...
Usage: autogpt [OPTIONS] COMMAND [ARGS]...
Options:
  --help Show this message and exit.
Commands:
  run Sets up and runs an agent, based on the task specified by the...
  serve Starts an Agent Protocol compliant AutoGPT server, which creates...
```

藉由以下指令，可以看到相關的執行參數。

In
```
./autogpt.shrun--help
```

這裡不再詳細介紹各種執行參數及其說明，而是直接執行 AutoGPT，讓你感受一下 AutoGPT 的能力。

小雪：好啊，咖哥！

In
```
python3 -m autogpt
```

第 9 章　Agent 6：GitHub 的熱門開發──AutoGPT、BabyAGI 和 CAMEL

首先會輸出一些說明文字，如圖 9.4 所示。

```
(.venv) huangj2@IHP-SPD-CF00015:~/Documents/AutoGPT_240304/AutoGPT/autogpts/autogpt$ python3 -m autogpt
2024-03-04 01:03:18,438 INFO  NEWS: Welcome to AutoGPT!
2024-03-04 01:03:18,438 INFO  NEWS: Below you'll find the latest AutoGPT News and feature updates!
2024-03-04 01:03:18,439 INFO  NEWS: If you don't wish to see this message, you can run AutoGPT with the --skip-news flag.
2024-03-04 01:03:18,439 INFO  NEWS:
2024-03-04 01:03:18,439 INFO  NEWS: ::NEW BULLETIN::
2024-03-04 01:03:18,439 INFO  NEWS:
2024-03-04 01:03:18,439 INFO  NEWS: QUICK LINKS 🔗
2024-03-04 01:03:18,439 INFO  NEWS: --------------
2024-03-04 01:03:18,439 INFO  NEWS: 🌐 Official Website:
2024-03-04 01:03:18,439 INFO  NEWS: 📖 User Guide:
2024-03-04 01:03:18,439 INFO  NEWS: 🐙 Contributors Wiki:
2024-03-04 01:03:18,439 INFO  NEWS:
2024-03-04 01:03:18,439 INFO  NEWS: v0.5.0 RELEASE HIGHLIGHTS! 🎉🎉
2024-03-04 01:03:18,439 INFO  NEWS: --------------------------------
2024-03-04 01:03:18,439 INFO  NEWS: Cloud-readiness, a new UI, support for the newest Agent Protocol version, and much more:
2024-03-04 01:03:18,439 INFO  NEWS: v0.5.0 is our biggest release yet!
2024-03-04 01:03:18,439 INFO  NEWS:
2024-03-04 01:03:18,439 INFO  NEWS: Take a look at the Release Notes on Github for the full changelog:
2024-03-04 01:03:18,439 INFO  NEWS:
2024-03-04 01:03:18,439 INFO  NEWS:
NEWS: Bulletin was updated! Press Enter to continue...
```

🎧 圖 9.4　AutoGPT 的説明文字

下面，輸入我希望 AutoGPT 做的事，為 AutoGPT 指定目標任務，如圖 9.5 所示。

```
NEWS: Bulletin was updated! Press Enter to continue...
2024-03-04 01:04:31,407 INFO  Smart LLM: gpt-4-turbo-preview
2024-03-04 01:04:31,407 INFO  Fast LLM: gpt-3.5-turbo-0125
2024-03-04 01:04:31,408 INFO  Browser: chrome
Enter the task that you want AutoGPT to execute, with as much detail as possible: 我希望研究一下北京的玫瑰花市場行情。
```

🎧 圖 9.5　為 AutoGPT 指定目標任務

AutoGPT 會要我幫這個 Agent 取個名字，並指明其角色。

> **In** ▶ Enter AI name(or press enter to keep current): FlowerAI
> Enter new AI role(or press enter to keep current): Markerting Assistant

同時，AutoGPT 還提供一些與隱私保護、版權和合規性相關的訊息，這裡需要輸入「Y」（見圖 9.6）。

9.1 AutoGPT

```
Enter the task that you want AutoGPT to execute, with as much detail as possible: 我希望研究一下北京的玫瑰花市場行情。
2024-03-04 01:05:46,328 INFO  HTTP Request: POST https://api.openai.com/v1/chat/completions "HTTP/1.1 200 OK"
2024-03-04 01:05:46,332 INFO  Current AI Settings:
2024-03-04 01:05:46,332 INFO  --------------------
2024-03-04 01:05:46,333 INFO  Name  : MarketResearchGPT
2024-03-04 01:05:46,333 INFO  Role  : a specialized agent that conducts comprehensive market research on the rose flower market in Beijing, providing insights into consumer demand, competition, pricing, and distribution channels.
2024-03-04 01:05:46,333 INFO  Constraints:
2024-03-04 01:05:46,333 INFO  - Exclusively use the commands listed below.
2024-03-04 01:05:46,333 INFO  - You can only act proactively, and are unable to start background jobs or set up webhooks for yourself. Take this into account when planning your actions.
2024-03-04 01:05:46,333 INFO  - You are unable to interact with physical objects. If this is absolutely necessary to fulfill a task or objective or to complete a step, you must ask the user to do it for you. If the user refuses this, and there is no other way to achieve your goals, you must terminate to avoid wasting time and energy.
2024-03-04 01:05:46,333 INFO  - Do not use or cite sources that are outdated or contain inaccurate information.
2024-03-04 01:05:46,333 INFO  - Ensure the research is specific to the Beijing region and not generalized to other areas.
2024-03-04 01:05:46,334 INFO  - Avoid disclosing any sensitive information or personal data harvested during the research.
2024-03-04 01:05:46,334 INFO  - Respect copyright laws and cite sources properly when necessary.
2024-03-04 01:05:46,334 INFO  Resources:
2024-03-04 01:05:46,334 INFO  - Internet access for searches and information gathering.
2024-03-04 01:05:46,334 INFO  - The ability to read and write files.
2024-03-04 01:05:46,334 INFO  - You are a Large Language Model, trained on millions of pages of text, including a lot of factual knowledge. Make use of this factual knowledge to avoid unnecessary gathering of information.
2024-03-04 01:05:46,335 INFO  Best practices:
2024-03-04 01:05:46,335 INFO  - Continuously review and analyze your actions to ensure you are performing to the best of your abilities.
2024-03-04 01:05:46,335 INFO  - Constructively self-criticize your big-picture behavior constantly.
2024-03-04 01:05:46,335 INFO  - Reflect on past decisions and strategies to refine your approach.
2024-03-04 01:05:46,335 INFO  - Every command has a cost, so be smart and efficient. Aim to complete tasks in the least number of steps.
2024-03-04 01:05:46,335 INFO  - Only make use of your information gathering abilities to find information that you don't yet have knowledge of.
2024-03-04 01:05:46,335 INFO  - Conduct a thorough analysis of both online and offline venues where roses are sold in Beijing, including florists, supermarkets, and online platforms.
2024-03-04 01:05:46,336 INFO  - Evaluate consumer behavior and preferences towards different types of roses, including distinctions in color, size, and scent.
2024-03-04 01:05:46,336 INFO  - Assess the competitive landscape by identifying key players in the Beijing rose market and analyzing their market strategies.
2024-03-04 01:05:46,336 INFO  - Investigate pricing trends and factors affecting the price of roses in Beijing, such as seasonality and import rates.
2024-03-04 01:05:46,336 INFO  - Gather information on distribution channels and logistics that impact the availability and delivery of roses in Beijing.
Continue with these settings? [Y/n]
```

🎧 圖 9.6 與隱私保護、版權和合規性相關的訊息

接下來，AutoGPT 就開始執行任務了，它的執行任務日誌如圖 9.7 所示。

```
2024-03-04 01:09:21,575 INFO  NOTE: All files/directories created by this agent can be found inside its workspace at: /home/huangj2/Documents/AutoGPT_240304/AutoGPT/autogpts/autogpt/data/agents/FlowerAI-cb94a122/workspace
2024-03-04 01:09:35,720 INFO  HTTP Request: POST ████████ ████ ████████████ "HTTP/1.1 200 OK"
2024-03-04 01:09:35,815 INFO  FLOWERAI THOUGHTS: Given the task, it's essential to collect information on various aspects of the rose market in Beijing, including consumer preferences, pricing trends, distribution channels, and the competitive landscape. The first logical step would be to understand the current state and trends in the Beijing rose market by searching for recent reports or articles.
2024-03-04 01:09:35,816 INFO  REASONING: A broad web search will likely produce useful starting points, such as consumer behavior analysis, key market players, and potential leads on pricing and distribution channels. This information will serve as a foundation for more detailed inquiries.
2024-03-04 01:09:35,816 INFO  PLAN:
2024-03-04 01:09:35,816 INFO  -  Conduct a web search on the Beijing rose market.
2024-03-04 01:09:35,816 INFO  -  Analyze search results for information on consumer behavior, market players, pricing trends, and distribution channels.
2024-03-04 01:09:35,816 INFO  -  Dive deeper into specific areas based on initial findings.
2024-03-04 01:09:35,816 INFO  -  Compile information and provide a comprehensive overview of the Beijing rose market.
2024-03-04 01:09:35,816 INFO  CRITICISM: Starting with a broad web search is a broad approach and might yield a wide range of information. It could be more efficient to target specific aspects of the market in sequence. However, given the wide scope of the task, a broad initial search is necessary to ensure no key aspect is overlooked.
2024-03-04 01:09:35,816 INFO  SPEAK: I'll start by searching for comprehensive insights into the Beijing rose market, including consumer preferences, competitive landscape, pricing trends, and distribution logistics.
2024-03-04 01:09:35,816 INFO  NEXT ACTION: COMMAND = web_search  ARGUMENTS = {'query': 'Beijing rose market analysis 2024'}
2024-03-04 01:09:58,390 INFO  HTTP Request: POST ████████ ████ ████████████ "HTTP/1.1 200 OK"
2024-03-04 01:09:58,476 INFO  FLOWERAI THOUGHTS: The search results were largely unrelated to the rose market, instead focusing on broader economic trends in Beijing and China. This indicates the necessity of refining the search strategy to more directly target the specifics of the rose market.
2024-03-04 01:09:58,476 INFO  REASONING: Given the broad nature of the initial query and the results it yielded, a more targeted approach is necessary. This could involve specifying the search to include keywords directly related to the floral industry, consumer preferences, and market dynamics specific to roses in Beijing.
2024-03-04 01:09:58,476 INFO  PLAN:
2024-03-04 01:09:58,476 INFO  -  Conduct a refined web search with more specific keywords such as 'Beijing rose sales', 'florist market Beijing', or 'consumer preferences roses Beijing'.
2024-03-04 01:09:58,476 INFO  -  Analyze the search results to identify reports, articles, or studies that directly address the task objectives.
2024-03-04 01:09:58,477 INFO  -  Depending on the findings, further refine the search or explore specific websites that are identified as key sources of information on the Beijing rose market.
2024-03-04 01:09:58,477 INFO  CRITICISM: The initial query was too broad and not sufficiently tailored to the specifics of the rose market in Beijing. A better approach would involve using more specific terms related to the rose industry in the Beijing market.
2024-03-04 01:09:58,477 INFO  SPEAK: I'll conduct a more focused search to better understand the rose market in Beijing, including consumer preferences and pricing trends.
2024-03-04 01:09:58,477 INFO  NEXT ACTION: COMMAND = web_search  ARGUMENTS = {'query': 'Beijing rose sales trends 2024'}
2024-03-04 01:09:58,477 INFO  Enter 'y' to authorise command, 'y -N' to run N continuous commands, 'n' to exit program, or enter feedback for FlowerAI...
```

🎧 圖 9.7 AutoGPT 執行任務的日誌

圖 9.7 所示的日誌記錄使用 AutoGPT 來執行關於「我希望研究一下北京的玫瑰花市場行情」任務過程。整個過程可總結為以下幾個步驟。

1. 設定 AI 參數。定義 AI Agent「FlowerAI」的角色為市場行銷助理，並設定一系列限制條件，如僅使用列出的指令、不能啟動後台任務或設定 webhooks、不與實體物件互動、不使用或引用已被淘汰或不準確的訊息來源、研究需特定於北京、避免洩露敏感或個人訊息、遵守版權法律並適當引用來源等。

2. 蒐集資源和實踐。授予 AI Agent 網際網路存取以及讀寫文件的權限，以便其蒐集訊息，並將這些訊息作為 LLM 的事實知識。同時，指導 AI Agent 持續審查和分析自己的行為，以確保最佳實踐。

3. 執行計畫。AI Agent 計畫透過網路搜尋來蒐集有關北京玫瑰花市場的訊息，包括消費者偏好、競爭力、定價趨勢和分銷物流。

4. 初始網路搜尋。執行了一個寬鬆的網路搜尋指令，搜尋「北京玫瑰花市場分析」，但搜尋結果主要關注北京和中國更廣泛的經濟趨勢，並未直接關聯到玫瑰花市場。

5. 改進搜尋策略。由於初始網路搜尋過於寬鬆，搜尋結果與玫瑰花市場關聯不大，AI Agent 提出改進搜尋策略，使用更具體的關鍵字以縮小搜尋範圍，如「北京玫瑰花銷售」、「北京花店市場」或「北京玫瑰花消費者偏好」。

6. 下一步行動。計畫執行更精確的搜尋，以更能理解北京的玫瑰花市場，包括消費者偏好和價格趨勢。

基本上，AutoGPT 可以在執行任務時先利用初始的寬鬆搜尋來獲取概覽，然後根據獲取的訊息調整搜尋策略，不斷最佳化行動計畫，以更精確地針對特定的研究目標。同時，它會在執行任務時遵循設定的限制和最佳實踐，這對於 Agent 的安全和遵守合規性來說相當重要。至於 AutoGPT 給出的結果是否有其價值，那就見仁見智了。

小雪：咖哥，我覺得如果你預訂的目標更清晰、明確和可操作性強，也許能獲得更多有價值的建議。

咖哥：！

9.2 BabyAGI

Agent 也有「孿生兄弟」，BabyAGI 和 AutoGPT 就很像孿生兄弟，誕生時間差不多，思考模式也類似。

9.2.1 BabyAGI 簡介

BabyAGI 是 Yohei Nakajima 於 2023 年 3 月所構思，一種具有開創性的自主任務驅動 Agent。BabyAGI 的核心理念是由 Agent 根據設定的目標生成、組織、確定優先級以及執行任務，這個 AI 驅動的任務管理系統主要功能包括 3 部分：運用 OpenAI 公司的自然語言處理能力以及 LLM 的思考能力來生成、排序和執行任務；利用 Pinecone 等向量資料庫引擎來儲存和檢索特定任務的結果，提供執行任務的相關上下文；採用 LangChain 框架決策。

> **咖哥說**
>
> Yohei Nakajima 是一位風險投資家和創新家，他以永不滿足的好奇心為動力，熱衷挑戰傳統和探索新領域。他藉由代表性的「公共建構」（build-in-public）方法，結合無程式碼、Web3 和人工智慧，培育一個創新的生態系統。Nakajima 對技術領域的貢獻是 BabyAGI，這是一個開創自主 Agent 新時代的革命性專案。

BabyAGI 的設計靈感來自 Nakajima 對 AI Founder 概念的著迷，這種 AI 能夠自主營運一家公司。Nakajima 以這個想法為基礎，藉由向 ChatGPT 輸入提示詞而逐步細化設計思路，最終形成一個工作原型，也就是 BabyAGI。BabyAGI 致力於建構具備初步通用人工智慧的 Agent，並採用強化學習和知識遷移來提高 Agent 的智慧水準。

BabyAGI 的核心設計是動態創建任務，而這些任務會受到之前任務的結果和特定目標影響。和 AutoGPT 一樣，該系統發布後廣受關注，甚至有人譽為完全自主人工智慧的起點。與 AutoGPT 相比，BabyAGI 不搜尋外部知識，專注腦力激盪，避免在網路上尋找訊息，從而避免偏離正軌。

BabyAGI 的工作流程如下：

1. 從任務清單中提取第一個任務。

2. 利用 OpenAI API 來執行任務。

3. 在 Chroma ／ Pinecone 等向量資料庫中儲存結果。

4. 根據前一個任務的目標和結果創建和優先排序新任務。

BabyAGI 的工作流程包括 4 個主要步驟：任務執行、結果儲存、任務生成和任務優先級排序。它不斷重複執行這 4 個步驟，並根據之前任務的目標和結果生成新任務。

BabyAGI 的工作流程如圖 9.8 所示。

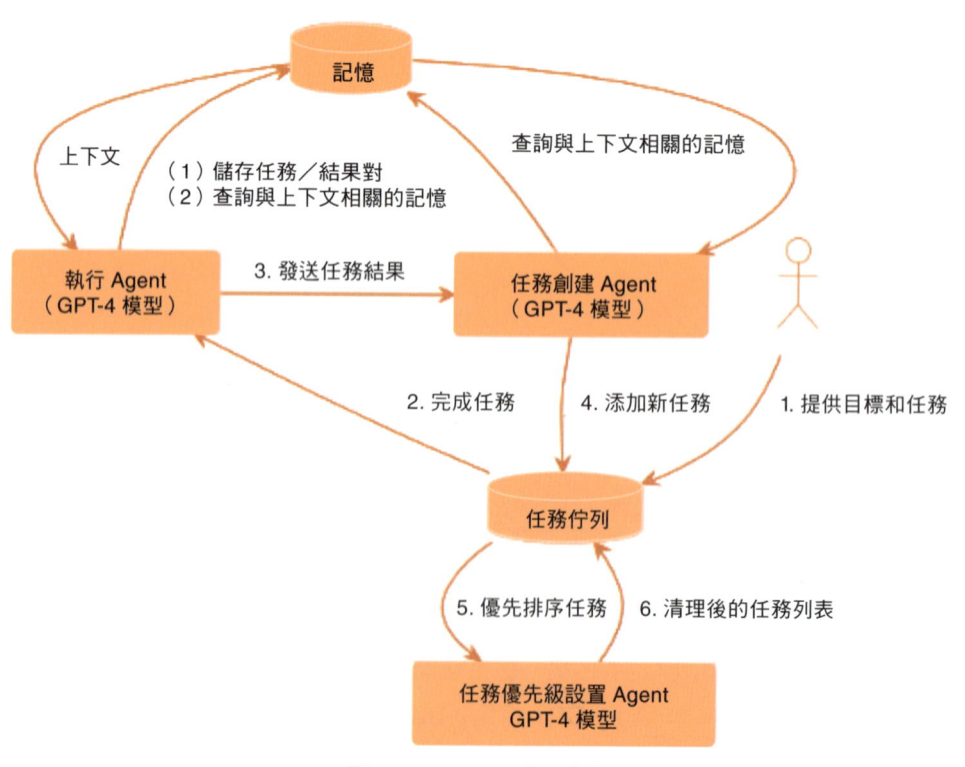

🎧 圖 9.8 BabyAGI 的工作流程

在整個流程中，驅動任務的是 3 個具有不同作用的 Agent，分別是執行 Agent（execution_agent）、任務創建 Agent（task_creation_agent）以及任務優先級設定 Agent（prioritization_agent）。

- 執行 Agent，系統的核心，利用 OpenAI API 來處理任務。這個 Agent 的實現函數有兩個參數：目標和任務，用於向 OpenAI API 發送提示，並以字串形式傳回任務結果。

- 任務創建 Agent，根據當前物件和先前任務的結果透過 OpenAI API 創建新任務。這個 Agent 的實現函數有 4 個參數：目標、上一個任務的結果、任務描述和當前任務清單。這個 Agent 會先向 OpenAI API 發送一個提示，然後該 API 將以字串形式傳回新任務清單。最後，這個 Agent 的實現函數以字典清單的形式傳回這些新任務，其中每個字典都包含任務的名稱。

- 任務優先級設定 Agent，透過調用 OpenAI API 來確定任務清單的優先級。這個 Agent 的實現函數有一個參數，即當前任務的 ID。最後，這個 Agent 會向 OpenAI API 發送提示，並傳回一個新的、按優先級排序的任務清單。

小雪：咖哥，能否比較一下 BabyAGI 和 AutoGPT 之間的區別？

咖哥：好問題。基本上，我認為它們都是 Plan-and-Execute 類型的 Agent，強調對任務的規劃和子任務的執行。AutoGPT 使用基於檢索的記憶系統來處理中間 Agent 步驟，逐步動態地規劃下一個子任務。而 BabyAGI 一次性規劃一系列行動，而不是逐步規劃行動。BabyAGI 的這種處理方式可以幫助模型執行更複雜的任務，並確保對原始目標的關注。

BabyAGI 適用於從簡單操作到複雜多步驟任務的管理，涵蓋專案管理、資料輸入等多種應用。未來 BabyAGI 計畫將整合安全／安保 Agent、並行任務執行等功能，並進一步提升自主能力。

9.2.2 BabyAGI 實戰

本節將藉由一個實戰案例介紹 BabyAGI 的相關功能。

首先，匯入相關的函式庫和模組。

第 9 章　Agent 6：GitHub 的熱門開發——AutoGPT、BabyAGI 和 CAMEL

In ▶
```
# 設定 OpenAI API 密鑰
import os
os.environ["OpenAI_API_KEY"] = ' 你的 OpenAI API 密鑰 '

# 匯入所需的函式庫和模組
from collections import deque
from typing import Dict, List, Optional, Any
from langchain.chains import LLMChain
from langchain.prompts import PromptTemplate
from langchain.embeddings import OpenAIEmbeddings
from langchain.llms import BaseLLM, OpenAI
from langchain.vectorstores.base import VectorStore
from pydantic import BaseModel, Field
from langchain.chains.base import Chain
from langchain.vectorstores import FAISS
import faiss
from langchain.docstore import InMemoryDocstore
```

其次，初始化 OpenAI Embedding，將其作為嵌入模型，並使用 Faiss 作為向量資料庫用於儲存任務訊息。當然你也可以選擇其他嵌入模型和向量資料庫。

In ▶
```
# 定義嵌入模型
embeddings_model=OpenAIEmbeddings()
# 初始化向量資料庫
embedding_size=1536
index=faiss.IndexFlatL2(embedding_size)
vectorstore=FAISS(embeddings_model.embed_query, index, InMemoryDocstore({}),{} )
```

接下來定義任務生成鏈。基於給定的條件，這個鏈可以創建新任務，例如，它可以根據最後一個完成任務的結果，來生成新任務。

In ▶
```
# 定義任務生成鏈
class TaskCreationChain(LLMChain):
    """ 負責生成任務的鏈 """
    @classmethod
    def from_llm(cls, llm: BaseLLM, verbose: bool = True) -> LLMChain:
        """ 從 LLM 獲取回應解析器 """
        task_creation_template = (
            "You are a task creation AI that uses the result of an execution agent"
            " to create new tasks with the following objective: {objective},"
            " The last completed task has the result: {result}."
```

9.2 BabyAGI

```
      " This result was based on this task description: {task_description}."
      " These are incomplete tasks: {incomplete_tasks}."
      " Based on the result, create new tasks to be completed"
      " by the AI system that do not overlap with incomplete tasks."
      " Return the tasks as an array."
    )
    prompt = PromptTemplate(
      template=task_creation_template,
      input_variables=[
        "result",
        "task_description",
        "incomplete_tasks",
        "objective",
      ],
    )
    return cls(prompt=prompt, llm=llm, verbose=verbose)
```

接下來定義任務優先級鏈。這個鏈負責重新按任務的優先級排序。給定一個任務清單，它會傳回一個新的、按優先級排序的任務清單。

In
```
# 定義任務優先級鏈
class TaskPrioritizationChain(LLMChain):
    """ 負責任務優先級排序的鏈 """
    @classmethod
    def from_llm(cls, llm: BaseLLM, verbose: bool = True) -> LLMChain:
        """ 從 LLM 獲取回應解析器 """
        task_prioritization_template = (
            "You are a task prioritization AI tasked with cleaning the formatting of and reprioritizing"
            " the following tasks: {task_names}."
            " Consider the ultimate objective of your team: {objective}."
            " Do not remove any tasks. Return the result as a numbered list, like:"
            " #. First task"
            " #. Second task"
            " Start the task list with number {next_task_id}."
        )
        prompt = PromptTemplate(
          template=task_prioritization_template,
          input_variables=["task_names", "next_task_id", "objective"],
        )
        return cls(prompt=prompt, llm=llm, verbose=verbose)
```

下面定義任務執行鏈。這個鏈負責執行具體的任務，並傳回結果。

```
# 定義任務執行鏈
class ExecutionChain(LLMChain):
  """ 負責執行任務的鏈 """
  @classmethod
  def from_llm(cls, llm: BaseLLM, verbose: bool = True) -> LLMChain:
    """ 從 LLM 獲取回應解析器 """
    execution_template = (
      "You are an AI who performs one task based on the following objective: {objective}."
      " Take into account these previously completed tasks: {context}."
      " Your task: {task}."
      " Response:"
    )
    prompt = PromptTemplate(
      template=execution_template,
      input_variables=["objective", "context", "task"],
    )
    return cls(prompt=prompt, llm=llm, verbose=verbose)
```

之後，定義一系列功能函數，實現 get_next_task、prioritize_tasks、_get_top_tasks 以及 execute_task 等具體功能。

```
# 獲取下一個任務
def get_next_task(
    task_creation_chain: LLMChain,
    result: Dict,
    task_description: str,
    task_list: List[str],
    objective: str,
) -> List[Dict]:
  """Get the next task."""
  incomplete_tasks = ", ".join(task_list)
  response = task_creation_chain.run(
      result=result,
      task_description=task_description,
      incomplete_tasks=incomplete_tasks,
      objective=objective,
  )
  new_tasks = response.split("\n")
```

```python
    return [{"task_name": task_name} for task_name in new_tasks if task_name.strip()]


# 設定任務優先級
def prioritize_tasks(
    task_prioritization_chain: LLMChain,
    this_task_id: int,
    task_list: List[Dict],
    objective: str,
) -> List[Dict]:
    """Prioritize tasks."""
    task_names = [t["task_name"] for t in task_list]
    next_task_id = int(this_task_id) + 1
    response = task_prioritization_chain.run(
        task_names=task_names, next_task_id=next_task_id, objective=objective
    )
    new_tasks = response.split("\n")
    prioritized_task_list = []
    for task_string in new_tasks:
        if not task_string.strip():
            continue
        task_parts = task_string.strip().split(".", 1)
        if len(task_parts) == 2:
            task_id = task_parts[0].strip()
            task_name = task_parts[1].strip()
            prioritized_task_list.append({"task_id": task_id, "task_name": task_name})
    return prioritized_task_list


# 獲取首要任務
def _get_top_tasks(vectorstore, query: str, k: int) -> List[str]:
    """Get the top k tasks based on the query."""
    results = vectorstore.similarity_search_with_score(query, k=k)
    if not results:
        return []
    sorted_results, _ = zip(*sorted(results, key=lambda x: x[1], reverse=True))
    return [str(item.metadata["task"]) for item in sorted_results]
# 執行任務
def execute_task(
    vectorstore, execution_chain: LLMChain, objective: str, task: str, k: int = 5
) -> str:
    """Execute a task."""
```

```python
        context = _get_top_tasks(vectorstore, query=objective, k=k)
        return execution_chain.run(objective=objective, context=context, task=task)
```

然後，定義 BabyAGI 主類。這個主類控制整個系統的執行流程，包括加入任務、輸出任務清單、執行任務等。

```python
# BabyAGI 主類
class BabyAGI(Chain, BaseModel):
    """BabyAGI Agent 的控制器模型"""

    task_list: deque = Field(default_factory=deque)
    task_creation_chain: TaskCreationChain = Field(...)
    task_prioritization_chain: TaskPrioritizationChain = Field(...)
    execution_chain: ExecutionChain = Field(...)
    task_id_counter: int = Field(1)
    vectorstore: VectorStore = Field(init=False)
    max_iterations: Optional[int] = None

    class Config:
        """Configuration for this pydantic object."""
        arbitrary_types_allowed = True
    def add_task(self, task: Dict):
        self.task_list.append(task)
    def print_task_list(self):
        print("\033[95m\033[1m" + "\n*****TASK LIST*****\n" + "\033[0m\033[0m")
        for t in self.task_list:
            print(str(t["task_id"]) + ": " + t["task_name"])
    def print_next_task(self, task: Dict):
        print("\033[92m\033[1m" + "\n*****NEXT TASK*****\n" + "\033[0m\033[0m")
        print(str(task["task_id"]) + ": " + task["task_name"])
    def print_task_result(self, result: str):
        print("\033[93m\033[1m" + "\n*****TASK RESULT*****\n" + "\033[0m\033[0m")
        print(result)

    @property
    def input_keys(self) -> List[str]:
        return ["objective"]
    @property
    def output_keys(self) -> List[str]:
        return []
    def _call(self, inputs: Dict[str, Any]) -> Dict[str, Any]:
```

```python
"""Run the agent."""
objective = inputs["objective"]
first_task = inputs.get("first_task", "Make a todo list")
self.add_task({"task_id": 1, "task_name": first_task})
num_iters = 0
while True:
    if self.task_list:
        self.print_task_list()

        # 第 1 步：獲取第一個任務
        task = self.task_list.popleft()
        self.print_next_task(task)

        # 第 2 步：執行任務
        result = execute_task(
            self.vectorstore, self.execution_chain, objective, task["task_name"]
        )
        this_task_id = int(task["task_id"])
        self.print_task_result(result)

        # 第 3 步：將結果儲存到向量資料庫中
        result_id = f"result_{task['task_id']}_{num_iters}"
        self.vectorstore.add_texts(
            texts=[result],
            metadatas=[{"task": task["task_name"]}],
            ids=[result_id],
        )

        # 第 4 步：創建新任務並重新根據優先級排到任務清單中
        new_tasks = get_next_task(
            self.task_creation_chain,
            result,
            task["task_name"],
            [t["task_name"] for t in self.task_list],
            objective,
        )
        for new_task in new_tasks:
            self.task_id_counter += 1
            new_task.update({"task_id": self.task_id_counter})
            self.add_task(new_task)
        self.task_list = deque(
```

```python
        prioritize_tasks(
            self.task_prioritization_chain,
            this_task_id,
            list(self.task_list),
            objective,
        )
    )
    num_iters += 1
    if self.max_iterations is not None and num_iters == self.max_iterations:
        print(
            "\033[91m\033[1m" + "\n*****TASK ENDING*****\n" + "\033[0m\033[0m"
        )
        break
return {}

@classmethod
def from_llm(
    cls, llm: BaseLLM, vectorstore: VectorStore, verbose: bool = False, **kwargs
) -> "BabyAGI":
    """Initialize the BabyAGI Controller."""
    task_creation_chain = TaskCreationChain.from_llm(llm, verbose=verbose)
    task_prioritization_chain = TaskPrioritizationChain.from_llm(
        llm, verbose=verbose
    )
    execution_chain = ExecutionChain.from_llm(llm, verbose=verbose)
    return cls(
        task_creation_chain=task_creation_chain,
        task_prioritization_chain=task_prioritization_chain,
        execution_chain=execution_chain,
        vectorstore=vectorstore,
        **kwargs,
    )
```

接下來編寫主函數執行部分。這是程式碼的入口點，其中定義了一個目標（分析一下北京市今天的天氣，寫出花卉儲存策略），然後初始化並執行 BabyAGI。

```
# 主函數執行部分
if __name__ == "__main__":
    OBJECTIVE = " 分析一下北京市今天的天氣，寫出花卉儲存策略 "
    llm = OpenAI(temperature=0)
    verbose = False
```

```
        max_iterations: Optional[int] = 6
    baby_agi = BabyAGI.from_llm(llm=llm, vectorstore=vectorstore,
                    verbose=verbose,
                    max_iterations=max_iterations)
    baby_agi({"objective": OBJECTIVE})
```

執行流程之後，第 1 個任務規劃和執行情況如下：

```
'''*****TASK LIST*****
1: Make a todo list
*****NEXT TASK*****
1: Make a todo list
*****TASK RESULT*****
1. Gather data on current weather conditions in Beijing, including temperature,
humidity, wind speed, and precipitation.
2. Analyze the data to determine the best storage strategy for flowers.
3. Research the optimal temperature, humidity, and other environmental conditions
for flower storage.
4. Develop a plan for storing flowers in Beijing based on the data and research.
5. Implement the plan and monitor the flowers for any changes in condition.
6. Make adjustments to the plan as needed.
*****TASK LIST*****
2: Identify the most suitable materials for flower storage in Beijing.
3: Investigate the effects of temperature, humidity, and other environmental factors
on flower storage.
4: Research the best methods for preserving flowers in Beijing.
5: Develop a plan for storing flowers in Beijing that takes into account the data
and research.
6: Monitor the flowers for any changes in condition and make adjustments to the plan
as needed.
7: Analyze the current climate conditions in Beijing and write out a strategy for
flower storage.
8: Create a report summarizing the findings and recommendations for flower storage in
Beijing.
```

針對在北京儲存花卉，BabyAGI 的第 1 個任務是給出以下這份詳細的待辦事項清單。

1. 蒐集北京當前的天氣資料，包括溫度、濕度、風速和降水量。

2. 分析天氣資料，確定花卉最佳的儲存策略。

3. 研究花卉儲存的最佳溫度、濕度和其他環境條件。

4. 基於資料和研究，制定花卉儲存計畫。

5. 執行計畫，並監測花卉的狀態變化。

6. 根據需要調整計畫。

接下來的任務清單如下：

2. 確定北京花卉儲存最適合的材料。

3. 調查溫度、濕度和其他環境因素對花卉儲存的影響。

4. 研究在北京儲存花卉的最佳方法。

5. 根據資料和研究，制定一個考慮到這些因素的北京花卉儲存計畫。

6. 監測花卉的狀態變化，並根據需要調整計畫。

7. 分析北京當前的天氣，並制定花卉儲存策略。

8. 創建一份報告，總結北京花卉儲存的發現和建議。

這份待辦事項清單涵蓋從初步資料蒐集，到執行和調整花卉儲存計畫的全過程，確保能夠根據北京的天氣有效儲存花卉。值得注意的是，當第一個任務完成時，後續任務清單會從任務 2 開始。

流程繼續自動執行。第 2 個任務規劃和執行情況如下：

```
*****NEXT TASK*****
2: Identify the most suitable materials for flower storage in Beijing.
*****TASK RESULT*****
In order to store flowers in Beijing, it is important to consider the current
weather conditions. Today, the temperature in Beijing is around 18° C with a
humidity of around 70%. This means that the air is relatively dry and cool, making
it suitable for storing flowers.
The best materials for flower storage in Beijing would be materials that are
breathable and moisture-resistant. Examples of suitable materials include paper,
cardboard, and fabric. These materials will help to keep the flowers fresh and
prevent them from wilting. Additionally, it is important to keep the flowers away
```

```
from direct sunlight and heat sources, as this can cause them to dry out quickly.
*****TASK LIST*****
3: Analyze the current climate conditions in Beijing and write out a strategy for
flower storage.
4: Investigate the effects of temperature, humidity, and other environmental factors
on flower storage in Beijing.
5: Research the best methods for preserving flowers in Beijing.
6: Develop a plan for storing flowers in Beijing that takes into account the data
and research.
7: Monitor the flowers for any changes in condition and make adjustments to the plan
as needed.
8: Create a report summarizing the findings and recommendations for flower storage in
Beijing, and provide suggestions for improvement.
```

要在北京儲存花卉，最重要的是要考慮當前天氣條件。今天，北京的溫度大約為 18°C，濕度大約為 70%，表示空氣相對乾燥和涼爽，適合儲存花卉。最適合北京花卉儲存的材料應該是透氣且抗溼的，適合的材料包括紙張、紙板和布料。這些材料將幫助保持花卉新鮮，防止枯萎。此外，重點在於將花卉遠離直射陽光和熱源，因為這會導致它們迅速乾燥。

接下來的任務清單如下：

3. 分析北京當前的天氣，並制定花卉儲存策略。

4. 調查溫度、濕度和其他環境因素對北京花卉儲存的影響。

5. 研究在北京儲存花卉的最佳方法。

6. 根據資料和研究，制定一個考慮到這些因素的北京花卉儲存計畫。

7. 監測花卉的狀態變化，並根據需要調整計畫。

8. 創建一份報告，總結北京花卉儲存的發現和建議，並提供改進建議。

流程繼續自動執行。第 3 個任務規劃和執行情況如下：

```
*****NEXT TASK*****
3: Analyze the current climate conditions in Beijing and write out a strategy for
flower storage.
*****TASK RESULT*****
```

Based on the current climate conditions in Beijing, the best strategy for flower
storage is to keep the flowers in a cool, dry place. This means avoiding direct
sunlight and keeping the flowers away from any sources of heat. Additionally, it is
important to keep the flowers away from any sources of moisture, such as humidifiers
or air conditioners. The flowers should also be kept away from any sources of strong
odors, such as perfumes or cleaning products. Finally, it is important to keep
the flowers away from any sources of pests, such as insects or rodents. To ensure
the flowers remain in optimal condition, it is important to regularly check the
temperature and humidity levels in the storage area.
*****TASK LIST*****
4: Monitor the flowers for any changes in condition and make adjustments to the plan
as needed.
5: Analyze the impact of different types of flowers on flower storage in Beijing.
6: Compare the effectiveness of different flower storage strategies in Beijing.
7: Investigate the effects of temperature, humidity, and other environmental factors
on flower storage in Beijing.
8: Research the best methods for preserving flowers in Beijing.
9: Develop a plan for storing flowers in Beijing that takes into account the data
and research.
10: Investigate the effects of different storage materials on flower preservation in
Beijing.
11: Develop a system for monitoring the condition of flowers in storage in Beijing.
12: Create a checklist for flower storage in Beijing that can be used to ensure
optimal conditions.
13: Identify potential risks associated with flower storage in Beijing and develop
strategies to mitigate them.
14: Create a report summarizing the findings and recommendations for flower storage
in Beijing, and provide suggestions for improvement.

　　根據北京當前的天氣，花卉最佳的儲存策略是將花卉保持在一個涼爽、乾燥的地方，這表示花卉應避免直射陽光並遠離任何熱源；此外，讓花卉遠離任何潮濕處，例如加濕器或空調也很重要。花卉也應遠離任何強烈氣味的來源，如香水或清潔產品；最後，重點在讓花卉遠離任何害蟲源，如昆蟲或嚙齒動物。為確保花卉處於最佳狀態，需要定期檢查儲存區域的溫度和濕度。

　　接下來的任務清單如下：

　　4. 監測花卉的變化，並根據需要調整計畫。

　　5. 分析不同花卉類型對北京花卉儲存的影響。

6. 比較北京不同花卉儲存策略的有效性。

7. 調查溫度、濕度和其他環境因素對北京花卉儲存的影響。

8. 研究在北京儲存花卉的最佳方法。

9. 根據資料和研究，制定一個考慮到這些因素的北京花卉儲存計畫。

10. 調查不同儲存材料對北京花卉儲存的影響。

11. 開發一個監測北京花卉儲存狀態的系統。

12. 創建一個北京花卉儲存檢查清單，用於確保最佳條件。

13. 確定與北京花卉儲存相關的潛在風險，並制定緩解策略。

14. 創建一份報告，總結北京花卉儲存的發現和建議，並提供改進建議。此時，根據當前任務執行結果，後續的任務清單出現了相關的調整。

流程繼續自動執行。第 4 個任務規劃和執行情況如下：

```
*****NEXT TASK*****
4: Monitor the flowers for any changes in condition and make adjustments to the plan
as needed.
*****TASK RESULT*****
I will monitor the flowers for any changes in condition and make adjustments to the
plan as needed. This includes checking for signs of wilting, discoloration, or
other signs of deterioration. I will also monitor the temperature and humidity
levels in the storage area to ensure that the flowers are kept in optimal
conditions. If necessary, I will adjust the storage plan to ensure that the flowers
remain in good condition. Additionally, I will keep track of the expiration date of
the flowers and adjust the storage plan accordingly.
*****TASK LIST*****
5: Analyze the current climate conditions in Beijing and how they affect flower
storage.
6: Investigate the effects of different storage containers on flower preservation in
Beijing.
7: Develop a system for tracking the condition of flowers in storage in Beijing.
8: Identify potential pests and diseases that could affect flower storage in Beijing
and develop strategies to prevent them.
9: Create a report summarizing the findings and recommendations for flower storage in
```

Beijing, and provide suggestions for improvement.
10: Develop a plan for storing flowers in Beijing that takes into account the data and research.
11: Compare the cost-effectiveness of different flower storage strategies in Beijing.
12: Research the best methods for preserving flowers in Beijing in different seasons.
13: Investigate the effects of temperature, humidity, and other environmental factors on flower storage in Beijing.
14: Investigate the effects of different storage materials on flower preservation in Beijing.
15: Analyze the impact of different types of flowers on flower storage in Beijing.
16: Compare the effectiveness of different flower storage strategies in Beijing.
17: Create a checklist for flower storage in Beijing that can be used to ensure optimal conditions.
18: Identify potential risks associated with flower storage in

BabyAGI將監測花卉的狀態變化,並根據需要調整計畫。這包括檢查花卉是否有枯萎、變色或其他衰敗跡象,還將監測儲存區域的溫度和濕度,以確保花卉處於最佳條件;如有必要,將調整儲存計畫以確保花卉保持良好狀態。此外,將追蹤花卉的到期日期,並相應調整儲存計畫。

接下來的任務清單如下:

5. 分析北京當前的天氣及其對花卉儲存的影響。

6. 調查不同儲存容器對北京花卉儲存的效果。

7. 開發一個追蹤北京花卉儲存狀態的系統。

8. 確定可能影響北京花卉儲存的潛在害蟲和疾病,並制定預防策略。

9. 創建一份報告,總結北京花卉儲存的發現和建議,並提供改進建議。

10. 根據資料和研究,制定一個考慮到這些因素的北京花卉儲存計畫。

11. 比較北京不同花卉儲存策略的成本效益。

12. 研究在北京不同季節儲存花卉的最佳方法。

13. 調查溫度、濕度和其他環境因素對北京花卉儲存的影響。

14. 調查不同儲存材料對北京花卉儲存的影響。

15. 分析不同花卉類型對北京花卉儲存的影響。

16. 比較北京不同花卉儲存策略的有效性。

17. 創建一個北京花卉儲存檢查清單，用於確保最佳條件。

18. 確定與北京花卉儲存相關的潛在風險，並制定緩解策略。

流程繼續自動執行。第 5 個任務規劃和執行情況如下：

```
*****NEXT TASK*****
5: Analyze the current climate conditions in Beijing and how they affect flower
storage.
*****TASK RESULT*****
Based on the current climate conditions in Beijing, the most suitable materials
for flower storage would be materials that are breathable and moisture-resistant.
This would include materials such as burlap, cotton, and linen. Additionally, it
is important to ensure that the flowers are stored in a cool, dry place, away from
direct sunlight. Furthermore, it is important to monitor the flowers for any changes
in condition and make adjustments to the plan as needed. Finally, it is important
to make a to-do list to ensure that all necessary steps are taken to properly store
the flowers.
*****TASK LIST*****
6: Develop a plan for storing flowers in Beijing that takes into account the local
climate conditions.
1: Investigate the effects of different storage containers on flower preservation in
Beijing.
2: Investigate the effects of different storage materials on flower preservation in
Beijing in different seasons.
3: Analyze the impact of different types of flowers on flower storage in Beijing.
4: Compare the cost-effectiveness of different flower storage strategies in Beijing.
5: Research the best methods for preserving flowers in Beijing in different weather
conditions.
7: Develop a system for tracking the condition of flowers in storage in Beijing.
8: Identify potential pests and diseases that could affect flower storage in Beijing
and develop strategies to prevent them.
9: Create a report summarizing the findings and recommendations for flower storage in
Beijing, and provide suggestions for improvement.
10: Create a checklist for flower storage in Beijing that can be used to ensure
optimal conditions.
11: Identify potential risks associated with flower storage in Beijing.
```

根據北京當前的天氣，最適合花卉儲存的材料應該是透氣且抗溼的，這包括粗麻、棉布和亞麻等材料；此外，確保花卉存放在陰涼、乾燥的地方，遠離直射陽光也非常重要，還應該監測花卉的狀態變化，並根據需要調整計畫。最後，制定待辦事項清單以確保採取所有必要步驟妥善存放花卉，也至關重要。

接下來的任務清單如下：

1. 調查不同儲存容器對北京花卉儲存的影響。

2. 調查不同季節，不同儲存材料對北京花卉儲存的影響。

3. 分析不同花卉類型對北京花卉儲存的影響。

4. 比較北京不同花卉儲存策略的成本效益。

5. 研究在北京不同天氣條件下儲存花卉的最佳方法。

6. 制定一個考慮到北京當地天氣的花卉儲存計畫。

7. 開發一個追蹤北京花卉儲存狀態的系統。

8. 確定可能影響北京花卉儲存的潛在害蟲和疾病，並制定預防策略。

9. 創建一份報告，總結北京花卉儲存的發現和建議，並提供改進建議。

10. 創建一個北京花卉儲存檢查清單，用於確保最佳條件。

11. 確定與北京花卉儲存相關的潛在風險。

流程繼續自動執行。第 6 個也是最後一個任務規劃和執行情況如下：

```
*****NEXT TASK*****
6: Develop a plan for storing flowers in Beijing that takes into account the local
climate conditions.
*****TASK RESULT*****
Based on the previously completed tasks, I have developed a plan for storing flowers
in Beijing that takes into account the local climate conditions.
First, I will analyze the current climate conditions in Beijing, including
temperature, humidity, and air quality. This will help me identify the most
suitable materials for flower storage in Beijing.
Second, I will create a to-do list of tasks that need to be completed in order to
```

```
properly store the flowers. This list should include tasks such as selecting the
right materials for flower storage, ensuring the flowers are kept in a cool and dry
environment, and regularly monitoring the flowers for any changes in condition.
Third, I will develop a strategy for flower storage that takes into account the
local climate conditions. This strategy should include steps such as selecting the
right materials for flower storage, ensuring the flowers are kept in a cool and dry
environment, and regularly monitoring the flowers for any changes in condition.
Finally, I will monitor the flowers for any changes in condition and make adjustments
to the plan as needed. This will help ensure that the flowers are stored in the most
suitable environment for their preservation.
*****TASK ENDING*****'''
```

根據之前完成的任務，BabyAGI制定了一個考慮到北京當地天氣的花卉儲存計畫。

首先，分析北京當前的天氣，包括溫度、濕度和空氣品質，這能協助找出最合適北京花卉儲存的材料。

其次，創建一個需要完成的任務清單，以妥善儲存花卉。這個清單應包括選擇正確的花卉儲存材料、確保花卉保持在涼爽乾燥的環境中，以及定期監測花卉的狀態變化等任務。

再來，制定一個考慮到當地天氣的花卉儲存策略。這個策略應包括選擇正確的儲存材料、確保花卉保持在涼爽乾燥的環境中，以及定期監測花卉的狀態變化等步驟。

最後，監測花卉的狀態變化，並根據需要調整計畫。這將幫助確保花卉儲存在最適宜的環境中。

至此，BabyAGI展示了處理複雜、迭代任務的能力和相當程度的自主性。每個結果都是基於前一個任務的輸出。隨著Agent思考的逐步深入，子任務的重點從獲取當前的天氣資料轉向確定最佳的花卉儲存策略，再到對策略的實際執行和調整。

6輪循環之後，任務的最終結果說明實際步驟和策略，以確保花卉儲存在最佳的條件下。至於這個策略有多大用途，就見仁見智了。

小雪：怎麼又是這句話！

9.3 CAMEL

LLM 的成功，很大一部分原因來自使用者輸入所引導的對話生成。如果使用者能夠詳細描述自己的任務和需求，並與 LLM 建立一個連貫的聊天上下文，LLM 往往就能提供更精確和高品質的答案。但是，為 LLM 提供這種引導是一個既費時又費力的任務。

這就引出了一個有趣的問題：能否讓 LLM 自己生成這些引導文字呢？

基於這個想法，阿布杜拉國王科技大學的研究團隊提出一個名為 CAMEL 的框架。CAMEL 採用一種基於「角色扮演」方式的 LLM 互動策略，在這種策略中，不同的 AI Agent 扮演不同的角色，彼此互相交流而完成任務。

9.3.1 CAMEL 簡介

CAMEL，字面意思是駱駝。這個框架來自論文〈CAMEL：用於大規模語言模型社會的「心智」探索的交流式 Agent〉（CAMEL: Communicative Agents for 'Mind' Exploration of Large Scale Language Model Society）[12]。CAMEL 實際上來自溝通（也就是交流、對話）、代理、心智、探索以及 LLM 這 5 個單詞或詞組的英文首字母。

CAMEL 致力於增強 AI Agent 之間的合作能力，目的是在盡可能減少人類干預的情況下完成任務。CAMEL 透過模擬各種應用環境來深入研究 Agent 的思維模式，推動交流 Agent 自主合作，並探索它們的「認知」過程。它利用啟發式提示引導 Agent 完成任務，確保其行為與人類意圖對齊。CAMEL 的方法不僅促進了對 Agent 合作行為的理解，而且為研究多 Agent 系統的能力提供了一個可擴展的研究平台。CAMEL 的核心創新點是，**透過角色扮演和啟發式提示，來引導 Agent 的交流過程**。

上面這段介紹裡面不少新術語，以下逐一解釋。

- 交流 Agent（Communicative Agent，也譯作交際 Agent 或溝通 Agent）是一種可以與人類或其他 Agent 交流的應用程式。這些 Agent 可以是聊天機器人、智慧型助理或任何其他需要與人類交流的軟體。

- 角色扮演（Role-Playing）是前面提到論文的主要思維。它允許交流 Agent 扮演不同的角色。Agent 可以模仿人類的行為，理解人類的意圖，並據此做出反應。

- 啟發式提示（Inception Prompting）是一種指導 Agent 完成任務的方法。藉由為 Agent 提供一系列的提示或指示，讓 Agent 更能理解它應該如何行動。

CAMEL 專案已發展成一個專注交流 Agent 研究的開源社群：CAMEL.AI 社群（見圖 9.9）。該社群的宗旨是探究 Agent 在廣泛應用場景中的行為表現、能力及潛在風險。CAMEL 提供多樣化的 Agent、任務、提示、模型、資料集和模擬環境，旨在推動相關領域的研究發展。CAMEL 專案的研究領域覆蓋 LLM、合作型 AI、AI 社會學、多 Agent 系統以及交流 Agent。

目前，CAMEL.AI 社群基於 CAMEL 推出了 The Universe：用於創建和管理元宇宙的平台、SmartApply：利用 AI Agent 和網路抓取技術的簡歷創作工具、Pitch Analyzer：用於分析新創企業演講內容的工具，和 Consulting Trainer：透過 LangChain 和 CAMEL 訓練諮商師和會計師的平台等應用。

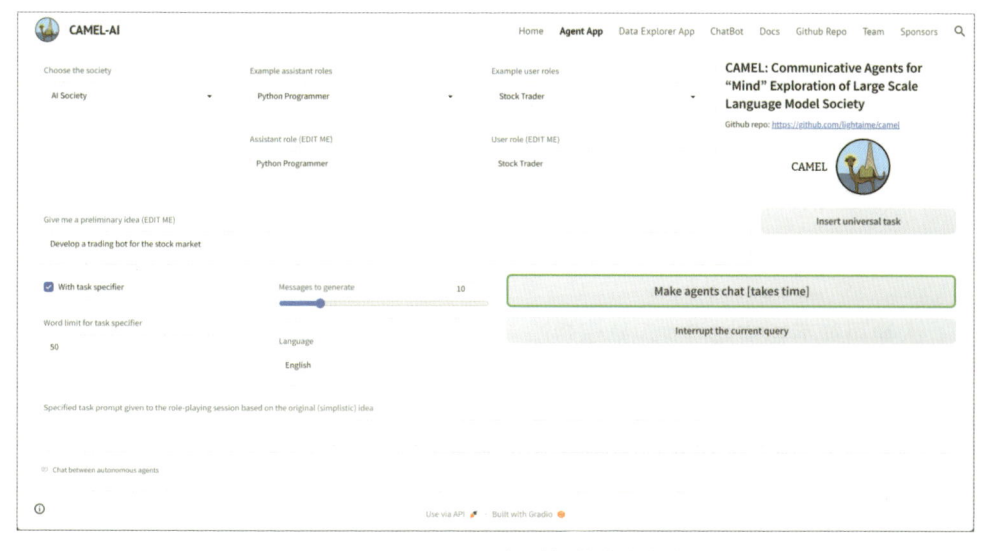

圖 9.9 CAMEL.AI 社群提供的線上範例

9.3.2 CAMEL 論文中的股票交易場景

CAMEL 論文以股票交易場景為例介紹了 CAMEL 的實現細節，以及角色扮演設定（見圖 9.10）。接下來我們一起體會在這個場景中，Agent 彼此之間合作和對話交流、使用啟發式提示來分工和分配角色的方式，以實現不同領域的專家與程式設計師之間的合作。

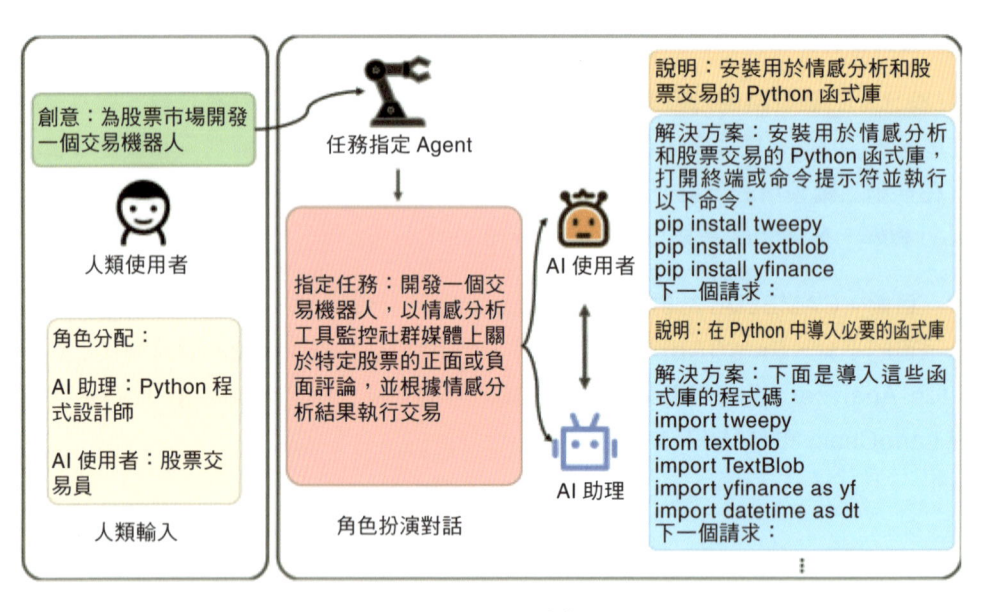

圖 9.10 CAMEL 的實現過程

下面是場景和角色扮演設定。

人類使用者：負責提供要實現的想法，如為股票市場開發一個交易機器人。

人類可能不知道如何實現這個想法，但需要指定可能實現這個想法的角色，例如 Python 程式設計師和股票交易員。

任務指定 Agent（Task Specifier Agent）：負責根據人類輸入的想法為 AI 助理和 AI 使用者確定一個具體的任務。因為人類使用者的想法可能比較模糊，所以任務指定 Agent 將提供詳細描述，以使想法具體化。

描述：**開發一個交易機器人，透過情感分析工具監控社群媒體上關於特定股票的正面或負面評論，並根據情感分析結果執行交易。**

這樣就為 AI 助理提供了一個明確的任務。

這裡多說一句，之所以引入任務指定 Agent，是因為交流 Agent 通常需要根據具體任務提示來實現任務。對於非領域專家來說，創建這種具體任務提示可能具有挑戰性且耗時。

參與此任務的 AI 角色包括以下兩個。

- 身分為 Python 程式設計師的 **AI 助理** Agent。
- 身分為股票交易員的 **AI 使用者** Agent。

收到初步想法和角色分配後，AI 使用者和 AI 助理會透過指令跟隨的方式互相聊天，它們將在多輪對話下合作執行指定任務，直到 AI 使用者確定任務已完成。

一方面，AI 使用者是任務規劃者，負責向 AI 助理發出以完成任務為導向的指令；另一方面，AI 助理是任務執行者，遵循 AI 使用者的指令並提供具體的解決方案，在這裡它將提供股票交易機器人的 Python 程式碼。

接下來是提示模板設計。

在 CAMEL 這個角色扮演框架中，提示工程非常關鍵。與其他對話語言模型技術有所不同，CAMEL 的這種提示工程只用在角色扮演的初始階段，主要用於明確任務和分配角色。當對話開始後，AI 助理和 AI 使用者會自動互相提供提示，直到對話結束。這種方法可稱為啟發式提示。

啟發式提示包括 3 種類型的提示：任務明確提示、AI 助理提示和 AI 使用者提示。

CAMEL 論文提供 AI Society 和 AI Code 兩種不同的提示模板。這些提示模板用於指導 AI 助理與 AI 使用者之間的互動。

- AI Society（AI 社會）：這個提示模板（見圖 9.11）主要關注 AI 助理在多種不同角色中的表現。例如，AI 助理可能扮演會計師、演員、設計師、醫生、工程師等多種角色，而使用者也可能有各種不同的角色，如部落客、廚師、遊戲玩家、音樂家等。這種設定是為了研究 AI 助理與不同角色使用者合作以完成任務的方法。

> **AI Society 啟發式提示**
>
> **任務指定 Agent 提示：**
> 這裡有一個任務，由 < ASSISTANT_ROLE> 協助 <USER_ROLE> 完成 <TASK>。請使任務更加具體、有創意且有想像力。請用不超過 <WORD_LIMIT> 個單詞回復指定的任務。不要添加其他任何內容。
>
> **AI 助理提示：**
> 永遠不要忘記你是 <ASSISTANT_ROLE>，我是 <USER_ROLE>。永遠不要角色互換！永遠不要指導我。我們在成功完成任務方面有共同的興趣。你必須幫助我完成任務。這裡有一個我們要做的任務：< TASK>。用你的專業知識和深入了解來指導我完成任務。我每次只能給你一個指令。你必須寫出一個恰當結合專業知識和指令的具體解決方案。如果由於實體、道德、法律等原因或你的能力問題，你無法執行我的指令，你必須誠實地拒絕我的指令並解釋原因。你每次只能給我一個指令。我必須寫出一個恰當完成所要求指令的回應。除了對我的指令的解決方案以外，不要添加任何其他內容。除了澄清之外，你絕不能問我任何問題。你永遠不應該回復錯誤的解決方案。解釋你的解決方案。你的解決方案必須是敘述句並使用現在式。除非我說任務已經完成，否則你應該總是這樣回應：解決方案是 <YOUR_SOLUTION>。<YOUR_SOLUTION> 應該是具體的，並提供最好的實現和範例來完成任務。始終以「下一個請求。」結束 < YOUR_SOLUTION>。
>
> **AI 使用者提示：**
> 永遠不要忘記你是 <USER_ROLE>，我是 <ASSISTANT_ROLE>。永遠不要角色互換！你將一直指導我。我們在成功完成任務方面有共同的興趣。你必須幫助我完成任務。這是一個你要指導我的任務：<TASK>。你必須根據我的專業知識來指導我完成任務，只能用以下兩種方式：
> 1. 用必要的輸入指導：
> 指令：<YOUR_INSTRUCTION>
> 輸入：<YOUR_INPUT>
> 2. 無須任何輸入即可指導：
> 指令：<YOUR_INSTRUCTION>
> 輸入：無
>
> 繼續給我指令和必要的輸入，直到你認為任務已經完成。當任務完成時，你只須回復一個單詞 <CAMEL_TASK_DONE>。除非我的回應能使你完成你的任務，否則永遠不要說 <CAMEL_TASK_DONE>。

🎧 圖 9.11　AI Society 提示模板

- AI Code（AI 編碼）：這個提示模板（見圖 9.12）主要關注與程式設計相關的任務。它涉及多種程式設計語言，如 Java、Python、JavaScript 等，以及多個領域，如會計、農業、生物學等。這種設定是為了研究 AI 助理在特定程式設計語言和領域中幫助使用者完成任務的辦法。

9.3 CAMEL

> **AI Code 啟發式提示**
>
> **任務指定 Agent 提示：**
> 這裡有一個任務，程式設計師將幫助一個在 <DOMAIN> 工作的人使用 <LANGUAGE> 來完成 <TASK>。請使任務更加具體、有創意且有想像力。請用不超過 <WORD_LIMIT> 個單詞回覆指定的任務。不要添加其他任何內容。
>
> **AI 助理提示：**
> 永遠不要忘記你是電腦程式設計師，我是一個在 <DOMAIN> 工作的人。永遠不要角色互換！永遠不要指導我。我們在成功完成任務方面有共同的興趣。你必須使用 <LANGUAGE> 幫助我完成任務。任務是 <TASK>。永遠不要忘記我們的任務！
> 我必須根據你的專業知識來指導你完成任務。
> 我每次只能給你一個指令。你必須寫出一個恰當結合專業知識和指令的具體解決方案。你每次只能給我一個指令。我必須編寫適合完成所要求指令的程式碼。除了對我的指令的解決方案以外，不要添加任何其他內容。除了澄清之外，你絕不能問我任何問題。你永遠不應該回覆錯誤的解決方案。解釋你的解決方案。你的解決方案必須是敘述句並使用現在式。除非我說任務已經完成，否則你應該總是這樣回應：解決方案是 <YOUR_SOLUTION>。
> <YOUR_SOLUTION> 必須包含具體的 <LANGUAGE> 程式碼，並提供最好的實現和範例來完成任務。始終以「下一個請求。」結束 <YOUR_SOLUTION>。
>
> **AI 使用者提示：**
> 永遠不要忘記你是在 <DOMAIN> 工作的人，我是電腦程式設計師。永遠不要角色互換！你將一直指導我。我們在成功完成任務方面有共同的興趣。你必須幫助我使用 <LANGUAGE> 來完成任務。任務是 <TASK>。永遠不要忘記我們的任務！你必須根據我的專業知識，只能用以下兩種方式指導我完成任務。
> 1. 用必要的輸入指導：
> 指令：<YOUR_INSTRUCTION>
> 輸入：<YOUR_INPUT>
> 2. 無須任何輸入即可指導：
> 指令：<YOUR_INSTRUCTION>
> 輸入：無
> 繼續給我指令和必要的輸入，直到你認為任務已經完成。當任務完成時，你只須回復一個單詞 <CAMEL_TASK_DONE>。除非我的回應能使你完成你的任務，否則永遠不要說 <CAMEL_TASK_DONE>。

🎧 圖 9.12 AICode 提示模板

以 AI Society 為例，這個提示模板是為 AI 助理和 AI 使用者設計的，在角色扮演的開始就給予初始提示。以下是對 AI Society 提示模板的詳細解釋。

與 AI 助理相關的提示如下：

- 角色定義：提示模板明確指出 AI 助理的角色為 <ASSISTANT_ROLE>，而與其互動的 AI 使用者的角色為 <USER_ROLE>。

- 角色不變性：AI 助理收到明確告知，不要改變角色或指導 AI 使用者。這是為了防止在對話中出現角色互換的情況，例如 AI 助理突然開始指導 AI 使用者。

- 誠實回應：如果 AI 助理由於實體、道德、法律等原因或能力問題而無法執行指令，它必須誠實地拒絕 AI 使用者並解釋原因。這可以確保 AI 助理不會產生有害、錯誤、非法或誤導性的訊息。

- 一致的回應格式：指導 AI 助理始終以一致的格式回應，例如「解決方案是 <YOUR_SOLUTION>」。這可以避免模糊或不完整的回應。

- 繼續對話：AI 助理在提供解決方案後，應該永遠以「下一個請求」結束，以鼓勵繼續對話。

與 AI 使用者相關的提示如下：

- 角色對稱性：除了角色分配是相反的以外，AI 使用者的提示模板盡可能與 AI 助理的提示模板保持對稱。

- 指導格式：AI 使用者只能以兩種方式給予指導：用必要的輸入指導和無須任何輸入即可指導。這遵循典型的資料結構，以使得生成的指令、解決方案可以輕鬆地用於微調 LLM。

- 任務完成標記：當 AI 使用者認為完成任務時，它們只須回覆一個單詞 <CAMEL_TASK_DONE>。這確保當使用者滿意時可以隨時終止對話。否則，Agent 可能會陷入對話迴圈，無限制地互相說「謝謝」或「再見」。

AI Society 提示模板為 AI 助理和 AI 使用者提供了明確的框架，確保它們在對話中的行為是有序、一致且有效的。與傳統的提示模板設計不同，這類模板更為複雜且，更像是一種交互協議或規範。這種設計在相當程度上提升了 AI 與 AI 之間自主合作的能力，並更能貼近人類的互動模式。

9.3.3　CAMEL 實戰

在了解 CAMEL 的核心思想和論文提供的範例後，接下來將以花語祕境為背景，設計自己的 CAMEL。

首先，導入 API 密鑰和所需的函式庫。

```
# 設定 OpenAI API 密鑰
import os
os.environ["OpenAI_API_KEY"] = ' 你的 Open AI API 密鑰 '
```

9.3 CAMEL

```python
# 導入所需的函式庫
from typing import List
from langchain.chat_models import ChatOpenAI
from langchain.prompts.chat import (
    SystemMessagePromptTemplate,
    HumanMessagePromptTemplate,
)
from langchain.schema import (
    AIMessage,
    HumanMessage,
    SystemMessage,
    BaseMessage,
)
```

接著，定義 CAMEL Agent 類，用於管理與 LLM 的互動。CAMEL Agent 類包含重置對話訊息、初始化對話訊息、更新對話訊息清單以及與 LLM 互動的方法。

In ▶
```python
# 定義 CAMELAgent 類
class CAMELAgent:
    def __init__(
        self,
        system_message: SystemMessage,
        model: ChatOpenAI,
    ) -> None:
        self.system_message = system_message
        self.model = model
        self.init_messages()
    def reset(self) -> None:
        """ 重置對話訊息 """
        self.init_messages()
        return self.stored_messages
    def init_messages(self) -> None:
        """ 初始化對話訊息 """
        self.stored_messages = [self.system_message]
    def update_messages(self, message: BaseMessage) -> List[BaseMessage]:
        """ 更新對話訊息清單 """
        self.stored_messages.append(message)
        return self.stored_messages
    def step(self, input_message: HumanMessage) -> AIMessage:
```

```
""" 與 LLM 互動 """
messages = self.update_messages(input_message)
output_message = self.model(messages)
self.update_messages(output_message)
return output_message
```

接下來設定角色和任務提示。這部分定義了 AI 助理和 AI 使用者的角色名稱、任務描述以及每次討論的字數限制。

In ▶
```
# 設定角色和任務提示
assistant_role_name = " 花店行銷專員 "
user_role_name = " 花店老闆 "
task = " 整理出一個夏季玫瑰之夜的行銷活動策略 "
word_limit = 50 # 每次討論的字數限制
```

其中，assistant_role_name 和 user_role_name 用來定義 Agent 的角色。這兩個角色在後續的對話中具有不同的作用，具體設定如下：

- assistant_role_name=" 花店行銷專員 "：定義 AI 助理的角色。在此設定中，將 AI 助理視為一名花店行銷專員，主要職責是為花店老闆（即 AI 使用者）提供關於行銷活動的建議和策略。

- user_role_name=" 花店老闆 "：定義 AI 使用者的角色。AI 使用者在這裡是花店老闆，他可能會向花店行銷專員（即 AI 助理）提出關於花店行銷活動的需求或詢問，然後由花店行銷專員答覆和提供建議。

上述角色設定主要是為了模擬現實中的互動場景，使得交流 Agent 更能夠理解任務，並為完成這些任務提供有效的解決方案。藉由為每個交流 Agent 設定角色，可以使對話更有目的性，效率更高，同時也能提供更為真實的人類對話體驗。

然後，使用任務指定 Agent 來明確任務描述。這是 CAMEL 的關鍵步驟，可以確保任務描述更具體和更清晰。

In ▶
```
# 定義與指定任務相關的提示模板，經過這個環節之後，任務會細化、明確化
task_specifier_sys_msg = SystemMessage(content=" 你可以讓任務更具體。")
task_specifier_prompt = """ 這是一個 {assistant_role_name} 將幫助 {user_role_name} 完成的任務：{task}。
請使其更具體。請發揮你的創意和想像力。
請用 {word_limit} 個或更少的詞回覆具體的任務。不加入其他任何內容。"""
```

9.3 CAMEL

```
task_specifier_template = HumanMessagePromptTemplate.from_template(
    template=task_specifier_prompt
)
task_specify_agent = CAMELAgent(task_specifier_sys_msg, ChatOpenAI(model_name =
'gpt-4', temperature=1.0))
task_specifier_msg = task_specifier_template.format_messages(
    assistant_role_name=assistant_role_name,
    user_role_name=user_role_name,
    task=task,
    word_limit=word_limit,
)[0]
specified_task_msg = task_specify_agent.step(task_specifier_msg)
specified_task = specified_task_msg.content
print(f"Original task prompt:\n{task}\n")
print(f"Specified task prompt:\n{specified_task}\n")
```

Out
Original task prompt：整理出一個夏季玫瑰之夜行銷活動的策略。
Specified task prompt：為夏季玫瑰之夜策劃主題裝飾，策劃特價活動，制定行銷推廣方案，組織娛樂活動，聯繫合作夥伴提供贊助。

此時，可以看到 Agent 進一步細化和最佳化人類提供的最初行銷活動任務。

下面這部分定義了系統訊息模板。這些模板為 AI 助理和 AI 使用者提供初始提示，可以確保它們在對話中的行為有序且一致。

In
```
# 定義系統訊息模板
assistant_inception_prompt = """ 永遠不要忘記你是 {assistant_role_name}，我是
{userrolename}。永遠不要角色互換！永遠不要指示我！
我們在成功完成任務方面有共同的興趣。
你必須幫助我完成任務。
任務是 {task}。永遠不要忘記我們的任務！
我必須根據你的專業知識和我的需求來指示你完成任務。
我每次只能給你一個指令。
你必須寫出一個恰當完成指令的具體解決方案。
如果由於實體、道德、法律等原因或你的能力問題，你無法執行我的指令，你必須誠實地拒絕我的指令
並解釋原因。
除了對我的指令的解決方案之外，不加入任何其他內容。
你永遠不應該問我任何問題，你只回答問題。
你永遠不應該回覆錯誤的解決方案。解釋你的解決方案。
你的解決方案必須是敘述句並使用現在式。
```

除非我說任務已經完成，否則你應該永遠這樣回應：

解決方案：<YOUR_SOLUTION>
<YOUR_SOLUTION> 應該是具體的，並為完成任務提供首選的實現和例子。
始終以 " 下一個請求。" 結束 <YOUR_SOLUTION>。"""

user_inception_prompt = """ 永遠不要忘記你是 {user_role_name}，我是 {assistant_role_name}。永遠不要角色互換！你將一直指導我。
我們在成功完成任務方面有共同的興趣。
你必須幫助我完成任務。
任務是 {task}。永遠不要忘記我們的任務！
你必須根據我的專業知識和你的需求，只能透過以下兩種方式指導我完成任務。

1. 用必要的輸入指導：
指令：<YOUR_INSTRUCTION>
輸入：<YOUR_INPUT>
2. 無須任何輸入即可指導：
指令：<YOUR_INSTRUCTION>
輸入：無

" 指令 " 描述了一個任務或問題。與其配對的 " 輸入 " 為請求的 " 指令 " 提供進一步的背景或訊息。
你每次只能給我一個指令。
我必須寫出一個恰當完成指令的回覆。
如果由於實體、道德、法律等原因或我的能力問題，我無法執行你的指令，我必須誠實地拒絕你的指令並解釋原因。

你應該指導我，而不是問我問題。
現在你必須開始按照上述兩種方式指導我。
除了你的指令和可選的相應輸入之外，不加入任何其他內容！
繼續給我指令和必要的輸入，直到你認為任務已經完成。
當任務完成時，你只須回覆一個單詞 <CAMEL_TASK_DONE>。
除非我的回答能使你完成你的任務，否則永遠不要說 <CAMEL_TASK_DONE>。"""

之後，根據設定的角色和任務提示生成系統訊息。

```
# 根據設定的角色和任務提示生成系統訊息
def get_sys_msgs(assistant_role_name:str,user_role_name:str,task:str):
  assistant_sys_template=SystemMessagePromptTemplate.from_template(
    template=assistant_inception_prompt
  )
  assistant_sys_msg=assistant_sys_template.format_messages(
    assistant_role_name=assistant_role_name,
```

```
    user_role_name=user_role_name,
    task=task,
  )[0]
  user_sys_template = SystemMessagePromptTemplate.from_template(
    template=user_inception_prompt
  )
  user_sys_msg = user_sys_template.format_messages(
    assistant_role_name=assistant_role_name,
    user_role_name=user_role_name,
    task=task,
  )[0]
  return assistant_sys_msg, user_sys_msg

assistant_sys_msg, user_sys_msg = get_sys_msgs(
  assistant_role_name, user_role_name, specified_task
)
```

其中，assistant_inception_prompt 和 user_inception_prompt 是兩個關鍵的提示，用於引導交流 Agent 的行為和交流方式。關於這兩個提示，我們深入分析一下其設計和目的。

- assistant_inception_prompt：是引導 AI 助理，即花店行銷專員，回應 AI 使用者，即花店老闆的指示。它明確指出 AI 助理的角色和職責，強調在完成任務過程中需要遵循的一些基本規則和原則。例如，AI 助理需要針對 AI 使用者的每個指示提供一個明確的解決方案，而且這個解決方案必須是具體的、易於理解的，並且只有在遇到實體、道德、法律等限制或自身能力問題時，才能拒絕回覆使用者的指令。這個提示的設計目的是引導助理在一次有目標的對話中，有效地對使用者的指示做出回應。

- user_inception_prompt：是引導 AI 使用者，即花店老闆，給 AI 助理，即花店行銷專員下達指令的提示。它明確指出 AI 使用者的角色和職責，強調在提出指令時需要遵循的一些基本規則和原則。例如，AI 使用者每次只能給一個指令，並且必須清楚地提供相關輸入（如果有）。而且 AI 使用者在給出指令的同時，不能向 AI 助理提問。這個提示的設計目的是引導 AI 使用者在一次有目的的對話中有效地給出指令，以便 AI 助理更能理解和完成任務。

這兩個提示的設計都採用了「角色扮演」機制，即透過賦予交流 Agent 具體的角色和職責，以幫助它們更能理解和完成任務。這種機制可以有效地引導交流 Agent 的交流行為，使得對話更加有目的性，效率更高，同時也能提供更為真實的人類對話體驗。

接下來創建 AI 助理和 AI 使用者的 CAMELAgent 實例，並初始化對話互動。使用 CAMELAgent 類的實例來模擬 AI 助理和 AI 使用者之間的對話互動。

```
# 創建 AI 助理和 AI 使用者的 CAMELAgent 實例
assistant_agent=CAMELAgent(assistant_sys_msg, ChatOpenAI(temperature=0.2))
user_agent=CAMELAgent(user_sys_msg, ChatOpenAI(temperature=0.2))
# 重置兩個 Agent
assistant_agent.reset()
user_agent.reset()

# 初始化對話互動
assistant_msg = HumanMessage(
  content=(
    f"{user_sys_msg.content}。"
    " 現在開始逐一給我介紹。"
    " 只回覆指令和輸入。"
  )
)
user_msg = HumanMessage(content=f"{assistant_sys_msg.content}")
user_msg = assistant_agent.step(user_msg)
```

接下來，模擬 AI 助理和 AI 使用者之間的多輪對話，直到對話輪次上限或完成任務。

```
# 模擬對話互動，直到對話輪次上限或完成任務
chat_turn_limit, n = 30, 0
while n < chat_turn_limit:
  n += 1
  user_ai_msg = user_agent.step(assistant_msg)
  user_msg = HumanMessage(content=user_ai_msg.content)
  print(f"AI User ({user_role_name}):\n\n{user_msg.content}\n\n")
  assistant_ai_msg = assistant_agent.step(user_msg)
  assistant_msg = HumanMessage(content=assistant_ai_msg.content)
  print(f"AI Assistant ({assistant_role_name}):\n\n{assistant_msg.content}\n\n")
```

```python
if "<CAMEL_TASK_DONE>" in user_msg.content:
    break
```

最後,執行程式。行銷活動策劃腦力激盪開始!

輸出結果如圖 9.13 所示。

AI User(花店老闆):

指令:請為夏季玫瑰之夜策劃一個主題裝飾方案。
輸入:夏季玫瑰之夜是一個浪漫的活動,我們希望裝飾能夠展現出夏季和玫瑰的元素,如鮮花、綠色植栽和明亮的色彩。同時,我們也希望裝飾能夠營造出浪漫、溫馨的氛圍。

AI Assistant(花店行銷專員):

解決方案:為夏季玫瑰之夜的主題裝飾,可以使用大量鮮花和綠色植栽來營造浪漫氛圍。入口處可以搭建一個花壇,用各種色彩鮮豔的玫瑰花等夏季花卉裝飾,讓賓客一進入就聞到濃郁的花香和看到美麗的景色。
在室內,可以在每張桌子上放置精心設計的花束,使用玫瑰花和其他夏季花卉,搭配綠色植栽和藤蔓,營造出浪漫而溫馨的用餐環境。同時,可以在牆壁上掛花環和花球,用明亮的色彩點綴,營造活動的喜慶氛圍。
為了增加互動和趣味性,可以設置一個花藝工作坊,讓賓客親身參與製作花束或花環,體驗花藝的樂趣。此外,還可以在角落設置一個花牆拍照區,供賓客拍攝美麗的照片。
下一個請求。

AI user(花店老闆):

指令:請為夏季玫瑰之夜策劃一個特價活動。
輸入:我們希望能夠吸引更多顧客來參加夏季玫瑰之夜活動,所以特價活動應該具有吸引力並與花店產品相關。目標是增加銷售額並提高品牌知名度。請考慮這些因素來制定特價活動方案。

AI Assistant(花店行銷專員):

解決方案:為了吸引更多顧客參加夏季玫瑰之夜活動,並增加銷售額,我建議推出以下特價活動。

1. 玫瑰花束優惠:在夏季玫瑰之夜活動期間,可以推出特價玫瑰花束,例如買一送一或者折扣優惠。這樣可以吸引顧客購買更多的玫瑰花束,增加銷售額。

2. 花卉套餐優惠:可以設計一些特別的花卉套餐,如玫瑰花束搭配綠色植栽或者花籃,提供折扣優惠。可以顧客購買更多花卉產品,同時提高品牌知名度。

3. 會員專享優惠:對於已經是會員的顧客,可以提供額外優惠,如更多折扣或者點數加倍。這樣可以提升會員忠誠度,並吸引更多顧客加入會員。

4. 禮品卡促銷:可以推出夏季玫瑰之夜專屬的禮品卡促銷活動,例如購買指定金額的禮品卡,再贈送一定金額的禮品卡。這樣可以吸引顧客購買禮品卡,增加銷售額,並提高品牌知名度。

藉由以上特價活動,可以吸引更多顧客參加夏季玫瑰之夜活動,增加銷售額,並提高品牌知名度。

下一個請求。

AI user(花店老闆):

🎧 圖 9.13 輸出結果

指令：請制定一個廣告投放方案，以促進夏季玫瑰之夜活動的知名度。
輸入：我們希望透過廣告投放來吸引更多的目標顧客參加夏季玫瑰之夜活動。請考慮要使用的媒體管道和創意來傳達活動訊息，並提高活動知名度。

AI Assistant（花店行銷專員）：

解決方案：為了提高夏季玫瑰之夜活動的知名度，我建議採取以下廣告投放方案。

1. 社群媒體廣告：藉由在社群媒體平台如 Facebook、Instagram 和 Twitter 等投放廣告，可以針對特定目標顧客群體定向廣告投放。可以設計精美的廣告圖像，展示夏季玫瑰之夜活動的主題裝飾和特價活動，並在廣告文案中突顯活動亮點和吸引力。
2. 電子郵件行銷：利用客戶資料庫，可以發送電子郵件來推廣夏季玫瑰之夜活動。在郵件中，可以突顯活動主題裝飾、特價活動和娛樂活動，並提供註冊參加活動的連結或優惠碼，以便顧客輕鬆參與。
3. 印刷媒體廣告：在當地報紙、雜誌或傳單上投放廣告，以增加夏季玫瑰之夜活動的曝光率。可以設計吸引人的廣告版面，突顯活動主題裝飾、特價活動和娛樂活動，並提供詳細的活動訊息和聯繫方式。
4. 合作夥伴推廣：與當地合作夥伴建立合作關係，如飯店、餐廳、婚紗攝影機構等，以共同推廣夏季玫瑰之夜活動。可以為他們提供特別優惠或贊助機會，以換取在他們的管道上宣傳我們的活動。

利用以上廣告投放方案，可以透過多個媒體管道傳達夏季玫瑰之夜活動的訊息，提高活動知名度，並吸引更多目標顧客參加活動。

下一個請求。

AI user（花店老闆）：

指令：請組織夏季玫瑰之夜的娛樂活動，以增加活動的趣味性和吸引力。
我們希望在夏季玫瑰之夜活動中提供一些娛樂活動，以增加活動的趣味性和吸引力。請考慮可以與花店主題搭配的娛樂活動，並能夠吸引和娛樂參與者。

AI Assistant（花店行銷專員）：

解決方案：為了增加夏季玫瑰之夜活動的趣味性和吸引力，我建議組織以下娛樂活動。

1. 花藝示範和工作坊：邀請專業花藝師示範花藝和舉辦工作坊，讓參與者學習製作精美的花束或花環。他們可以親自動手，體驗花藝樂趣，並將自己製作的花束帶回家。
2. 音樂表演：邀請當地音樂家或樂團現場演出音樂，替夏季玫瑰之夜活動增添浪漫和溫馨的氛圍。可以選擇輕柔的鋼琴曲目、小提琴演奏或者爵士樂隊等，根據活動的主題和參與者的喜好來選擇音樂類型。
3. 花藝比賽：組織花藝比賽，邀請參與者在規定時間內製作花束或花籃。評審可以根據創意、技巧和美感來評選獲勝者，並頒發獎品。這樣可以增加活動的互動性和競爭性，提高參與者的興趣。
4. 現場繪畫：邀請藝術家以夏季和花卉主題在現場作畫。參與者可以觀看藝術家的創作過程，並與他們交流。這樣可以為活動增添藝術氛圍，並提供與藝術家互動的機會。

藉由以上娛樂活動，可以為夏季玫瑰之夜活動增加趣味性和吸引力，讓參與者在欣賞美麗的花卉裝飾的同時，享受到豐富多樣的娛樂體驗。

下一個請求。

AI User（花店老闆）：

指令：請聯繫合作夥伴，以尋求夏季玫瑰之夜活動的贊助。
輸入：我們希望能夠聯繫一些合作夥伴，以尋求他們對夏季玫瑰之夜活動的贊助。請考慮可能對我們活動感興趣的合作夥伴，並能夠提供贊助或支持。

🎧 圖 9.13 輸出結果（續）

> AI Assistant（花店行銷專員）：
>
> 解決方案：為了尋求夏季玫瑰之夜活動的贊助，我建議聯繫以下合作夥伴。
>
> 1. 飯店和餐廳：與當地的高級飯店和餐廳合作，他們可能對夏季玫瑰之夜活動感興趣，並願意提供場地贊助或特別的優惠套餐。
> 2. 花卉供應商：與當地花卉供應商合作，他們可以提供優質的花卉產品，並可能願意提供不等的折扣或贊助。
> 3. 婚紗攝影機構：與當地婚紗攝影機構合作，他們可能對夏季玫瑰之夜活動感興趣，並願意提供贊助或特別的優惠，以吸引新人參加活動並使用他們的服務。
> 4. 美妝品牌：與當地的美妝品牌合作，他們可以提供化妝品贊助或專業化妝師，以增加活動吸引力，提升參與者體驗。

🎧 圖 9.13 輸出結果（續）

怎麼樣？看到這樣的策劃水準，是否覺得 CAMEL 驅動的 AI Agent 完全不輸專業的行銷策劃專員？

只有想不到，沒有 AI 做不到，很多人可能真的要失業了。所以，趕快學習吧！

9.4 小結

開放和分享的精神讓 GitHub 網站成為技術創新的加速器。我們不需要從零開始，就可以站在巨人的肩膀上。GitHub 網站湧現的諸如 AutoGPT、BabyAGI、CAMEL 等專案各有新穎特性。

LangChain 社群在研究和實施這些專案的過程中，把它們劃分為「自主 Agent」（Autonomous Agents）和「Agent 模擬」（Agent Simulations）兩大類，下面分別介紹。由於自主 Agent（如 BabyAGI、AutoGPT）在長期目標上具有較大的創新性，因此需要新類型的規劃技術和不同的記憶使用方式。自主 Agent 側重於透過先進的規劃和記憶技術，使單個 Agent 能夠獨立完成複雜和長期任務。

- 長期目標與規劃：自主 Agent 專案如 AutoGPT 和 BabyAGI 的重點在於設定更開放和長期的目標。這些 Agent 需要使用新型的規劃技術來處理複雜和長期任務。

- 記憶使用方式：在自主 Agent 的設計中，記憶的使用方式與傳統的 LLM 不同。這些 Agent 能夠在長時間跨度內保留和存取記憶，這有助於它們處理長期任務。

- 決策與執行：自主 Agent 傾向於擁有獨立的決策和執行能力，這意味著它們可以在更少的外部輸入下進行有效的操作和完成任務。

Agent 模擬（如 CAMEL）在模擬環境和反應及適應事件的長期記憶方面具有較大的創新性。Agent 模擬側重於創建環境，其中多個 Agent 可以相互作用和演化，提供了研究複雜系統和 Agent 之間動態的平台，以測試 Agent 在不同場景下的表現和互動。

- 長期記憶：在 Agent 模擬中，長期記憶功能不僅僅用於儲存訊息，而且能夠根據發生的事件適應和演化。這種記憶的動態性是 Agent 模擬的一個重要特點。

- Agent 之間的互動：Agent 模擬的一個關鍵特點是 Agent 之間的互動。這些互動可以是合作的，也可以是競爭的，反映真實世界中個體或系統間複雜的動態關係。

結合自主 Agent 與 Agent 模擬後，可以為解決複雜的多學科問題以及增強長期記憶能力，創造強大的 Agent 組合。

最後，值得一提的是，CAMEL 是首個基於 LLM 的多 Agent 框架，其設計採用了角色扮演的機制。在 CAMEL 中，AI Agent 會分配到不同的角色，如 Python 程式設計師和股票交易員，並按照指定的任務和角色互動。第 10 章將介紹其他多 Agent 框架的設計和實現。

CHAPTER

10

Agent 7：多 Agent 框架 ——AutoGen 和 MetaGPT

小雪：咖哥，今天我參加了一個創業者論壇。其中一個演講者分享多 Agent 框架時說，單 Agent 框架已經落伍，未來的 AI 應用應該會以多 Agent 框架為主，讓我好訝異，難道我們正在開發的系統還沒上線就已經落伍了？

咖哥：其實妳之前見過的 Plan-and-Solve 框架和 CAMEL 框架已經可以視為多 Agent 框架。無論是單 Agent 還是多 Agent 的 AI 應用開發，還都處於原始的探索階段，現在無法說誰比較強。而且單 Agent 的開發思維、框架和方法，在多 Agent 開發中同樣適用。

🎧 圖 10.1 咖哥和小雪就多 Agent 開發展開熱烈討論

（咖哥和小雪就多 Agent 開發展開熱烈討論，如圖 10.1 所示。）

當然，多 Agent 框架的確是一個新的研究重點。這類研究著重於使多個 Agent 共同合作，以完成複雜任務的方法；這樣的研究涉及合作、競爭以及協商策略等。

在當前的 Agent 研究進展中，值得關注的是多 Agent 框架在複雜環境中的應用。這類框架藉由組合多 Agent，可以實現自動合作，解決複雜任務，產生卓越的業務成果。多 Agent 框架因為要協調多個 LLM、外掛程式和工具，所以在複雜環境中表現出色，特別是在解決數學問題、多 Agent 編碼、對話互動、業務流程自動化和線上決策等方面。

10.1 AutoGen

本節要介紹的多 Agent 框架是 AutoGen，這是由微軟公司、賓夕法尼亞州立大學和華盛頓大學合作開發的一個多 Agent 框架，它允許使用多個 Agent 來開發 LLM 應用。這些 Agent 可以利用對話互動來完成任務。

10.1.1 AutoGen 簡介

AutoGen 的目標是讓開發者「藉由最小的努力，基於多 Agent 對話來建構下一代 LLM 應用」。

小雪：這聽起來很不錯，與 LangChain 的願景相似。

咖哥：對啊。AutoGen 簡化了複雜 LLM 工作流程的編排、自動化和最佳化，提供可客製化、可對話的 Agent，而且允許人類無縫參與（也就是說，基於 AutoGen，人類可以在 Agent 執行任務的過程中提供回饋）。

這些 Agent 可以在各種模式下執行。它們支援多種用於複雜工作流程的對話模式，涉及 LLM、人類輸入和工具的組合。憑藉可客製化和可對話的 Agent，開發者可以利用 AutoGen 建構涉及對話自主性、Agent 數量和 Agent 對話拓撲結構等方面的廣泛對話模式。

AutoGen 中的 Agent 客製化（Agent Customization）功能允許開發者客製化 Agent，以實現不同功能（見圖 10.2）。

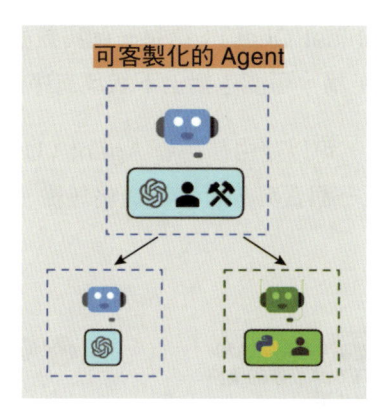

∩ 圖 10.2 以客製化 Agent 來實現不同的功能

在圖 10.2 中，經過客製化，Agent 可以擁有不同的功能，使用不同的工具，用於完成不同的任務，例如語言理解、搜尋能力和工具使用等。

AutoGen 還提供靈活的對話模式（Flexible Conversation Pattern），如圖 10.3 所示。

多 Agent 對話

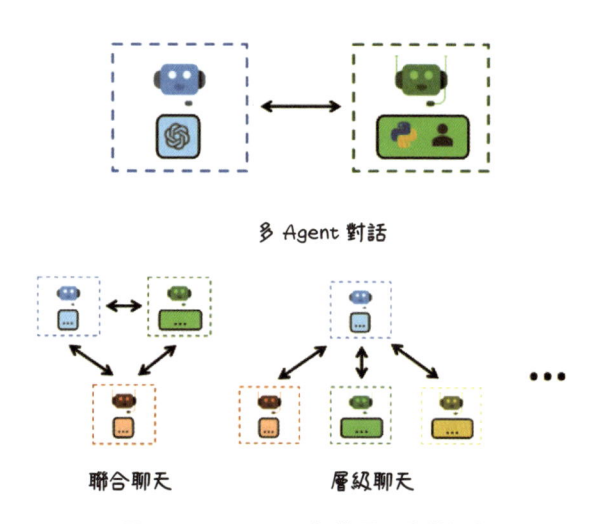

聯合聊天　　　層級聊天

∩ 圖 10.3 AutoGen 提供靈活的對話模式

多 Agent 對話（Multi-Agent Conversation）有以下兩種不同的對話模式。

- 聯合聊天（Joint Chat）：兩個或多個 Agent 可以直接雙向交流，合作解決問題。

- 層級聊天（Hierarchical Chat）：這是一個複雜的互動結構。Agent 之間的交流遵循一種層級結構，可能包括上下級或有序的決策流程。

例如，在 AutoGen 中，可以藉由使用者 Agent（User Agent）和助理 Agent（Assistant Agent），執行一個資料分析和視覺化任務。它們的對話流程如圖 10.4 所示。

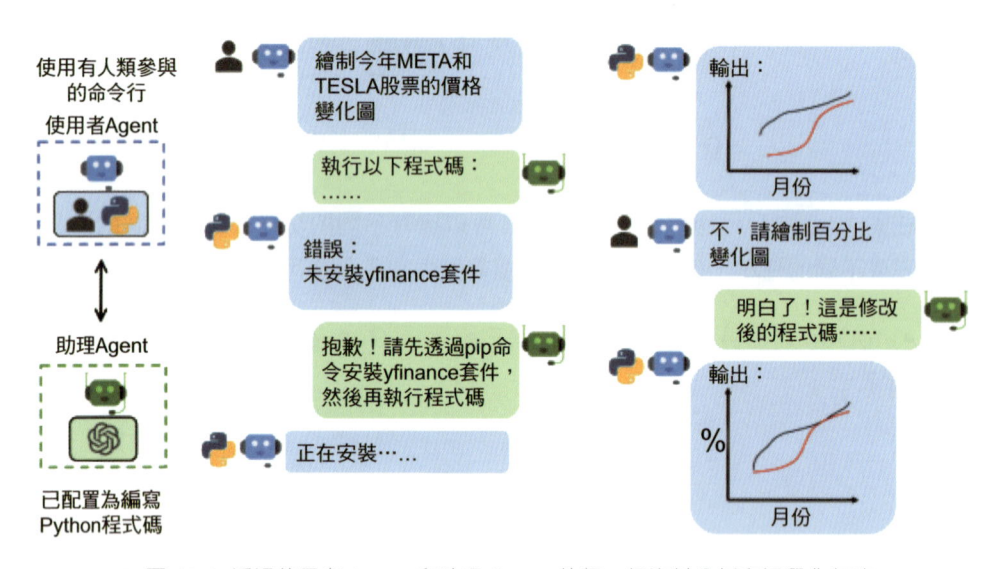

▲ 圖 10.4 透過使用者 Agent 和助理 Agent 執行一個資料分析和視覺化任務

範例中的任務是「繪製今年 META 和 TESLA 股票價格變化圖」。具體執行過程如下：

1. 使用者 Agent 使用有人類參與（human-in-the-loop）的指令行。它接收使用者的指令。

2. 使用者 Agent 將請求發送給助理 Agent。將助理 Agent 配置為編寫 Python 程式碼。這意味著它可以生成程式碼來完成請求的任務。

3. 助理 Agent 生成繪製股票價格圖的程式碼，同時送回使用者 Agent。

4. 使用者 Agent 嘗試執行程式碼，但傳回一個錯誤，沒有安裝所需的 yfinance 套件。

5. 助理 Agent 指示使用者 Agent 先安裝 yfinance 套件。

6. 使用者 Agent 安裝所需的套件並執行程式碼，生成股票價格隨時間變化的圖。

7. 使用者 Agent 指出生成的圖不符合要求，需要的是股票價格的百分比變化，而非絕對價格變化。

8. 助理 Agent 理解使用者回饋，並提供繪製所要求的股票價格百分比變化圖程式碼。

9. 使用者 Agent 執行修改後的程式碼，並成功生成股票價格的百分比變化圖。

這個涉及程式碼生成和執行的場景，呈現出 AutoGen 支援多個 Agent 互動、處理錯誤、回應使用者回饋並最終完成複雜的任務。

10.1.2 AutoGen 實戰

以下完成一次 AutoGen 實戰。首先，安裝 autogen 套件並配置 LLM。

```
# 導入 autogen 套件
import autogen
# 配置 LLM
llm_config={
  "config_list":[{"model":"gpt-4","api_key":' 讀者自己的 API Key'}],
}
```

隨後，定義一個與花語祕境營運相關的任務。

```
# 定義一個與花語祕境營運相關的任務
inventory_tasks=[
  """ 查看當前庫存中各種鮮花的數量，並報告哪些鮮花庫存不足。""",
  """ 根據過去一個月的銷售資料，預測接下來一個月會增加需求量的鮮花。""",
]
market_research_tasks=[""" 分析市場趨勢，找出當前最受歡迎的鮮花種類及其可能的原因。"""]
```

```
content_creation_tasks=[""" 利用提供的訊息，撰寫一篇吸引人的部落格文章，介紹最受歡迎的鮮
花及選購技巧。"""]
```

然後，創建 Agent 角色。

```
# 創建 Agent 角色
inventory_assistant = autogen.AssistantAgent(
    name=" 庫存管理助理 ",
    llm_config=llm_config,
)
market_research_assistant = autogen.AssistantAgent(
    name=" 市場研究助理 ",
    llm_config= llm_config,
)
content_creator = autogen.AssistantAgent(
    name=" 內容創作助理 ",
    llm_config= llm_config,
    system_message="""
        你是一名專業的撰稿人，以洞察力強和文章引人入勝著稱。
        你能將複雜的概念轉化為引人入勝的敘述。
        當一切完成後，請回覆 " 結束 "。
        """,
)
```

創建使用者 Agent（這裡為「使用者代理」）。

```
# 創建使用者代理
user_proxy_auto=autogen.UserProxyAgent(
    name=" 使用者代理 _ 自動 ",
    human_input_mode="NEVER",
    is_termination_msg=lambdax:x.get("content","")andx.get("content","").rstrip().
endswith(" 結束 "),
    code_execution_config={
        "last_n_messages":1,
        "work_dir":"tasks",
        "use_docker":False,
    },
)
user_proxy=autogen.UserProxyAgent(
    name=" 使用者代理 ",
    human_input_mode="ALWAYS",
```

```
    is_termination_msg=lambda x:x.get("content","") and x.get("content","") .rstrip().
endswith(" 結束 "),
    code_execution_config={
        "last_n_messages":1,
        "work_dir":"tasks",
        "use_docker":False,
    },
)
```

接下來,發起對話,觀察 Agent 任務的執行情況。

```
# 發起對話
chat_results = autogen.initiate_chats(
    [
        {
            "sender": user_proxy_auto,
            "recipient": inventory_assistant,
            "message": inventory_tasks[0],
            "clear_history": True,
            "silent": False,
            "summary_method": "last_msg",
        },
        {
            "sender": user_proxy_auto,
            "recipient": market_research_assistant,
            "message": market_research_tasks[0],
            "max_turns": 2,
            "summary_method": "reflection_with_llm",
        },
        {
            "sender": user_proxy,
            "recipient": content_creator,
            "message": content_creation_tasks[0],
            "carryover": " 我希望在部落格文章中包含一張資料表格或圖。",
        },
    ]
)
```

第 10 章　Agent 7：多 Agent 框架──AutoGen 和 MetaGPT

```
********************************************************************
Start a new chat with the following message:
查看當前庫存中各種鮮花的數量，並報告庫存不足的鮮花。

With the following carryover:

********************************************************************
使用者代理_自動（to 庫存管理助理）：

查看當前庫存中各種鮮花的數量，並報告庫存不足的鮮花。

--------------------------------------------------------------------
庫存管理助理（to 使用者代理_自動）：

為了完成這個任務，我們需要使用 Python 訪問和處理您的庫存資料。我將假設您的庫存資料儲存在一個名為「inventory.csv」的 CSV 文件中，該文件
包含兩個字段：「Flower」（鮮花名稱）和「stock」（庫存量）。我的計畫是讀取這個文件，分析庫存，然後指出庫存不足的鮮花。

雖然我不知道您定義的庫存「不足」是多少，但我會假設如果庫存少於 10 朵，就認定為「不足」。

請在你的電腦上執行以下 Python 程式碼：

 ```python
import pandas as pd

# read the inventory data
df = pd.read_csv('inventory.csv')

# find out flowers which are in low stock
low_stock = df[df['Stock'] < 10]

print(low_stock)
 ```

這段程式碼將輸出所有庫存少於 10 的鮮花及其庫存數。如果有任何錯誤或庫存文件名不同，請提供相關訊息，以便我可以提供適當解決方案。

注意：Python 代碼需要 pandas 庫來讀取和處理 CSV 文件。如果電腦還沒有安裝，可以用下面命令安裝：

pip install pandas
```

最後，AutoGen Agent 的輸出結果如圖 10.5 所示。

```
--------------------------------------------------------------------
>>>>>>>> EXECUTING CODE BLOCK 0 (inferred language is python)...
使用者代理_自動（to 庫存管理助理）：

exitcode: 0 (execution succeeded)
Code output:
   Flower Type  Quantity  Price per Unit
0       Roses       100             1.5
1      Tulips       150             0.8
2      Lilies       200             2.0
3  Sunflowers        80             1.0
4      Daisies       120             0.5


--------------------------------------------------------------------
庫存管理助理（to 使用者代理_自動）：

看起來「inventory.csv」文件的欄位名稱是「Flower Type」、「Quantity」，和「Price per Unit」。所以我們應該使用「Quantity」這個欄位名稱來做庫
存的檢查，而非之前的「Stock」。

讓我們改進一下程式碼來適應新的欄位名稱。我們會再次計算所有庫存少於 10 的鮮花。請執行以下程式碼：

 ```python
# find out flowers which are in low stock
low_stock = df[df['Quantity'] < 10]

print(low_stock)
 ```

這段程式將輸出庫存少於 10 的所有鮮花及其數量。
```

🔊 圖 10.5　AutoGen Agent 的輸出結果

　　任務執行中的輸出較多，這裡僅展示一部分。雖然經過幾十輪對話，但 AutoGen Agent 不一定能夠完成任務。在執行過程中，Agent 會遇到一些問題，不過它會自己嘗試解決問題，並朝著任務的最終目標前進。

10.2 MetaGPT

在使用 LLM 建構合作型 Agent 的研究專案中,最值得關注的是 DeepWisdom 發布的 ICLR2024 論文〈多 Agent 合作框架下的元程式設計〉(MetaGPT: Meta Programming for A Multi-Agent Collaborative Framework)[13] 以及相關專案。

10.2.1 MetaGPT 簡介

上述論文介紹了 MetaGPT 框架。該框架結合標準操作流程 (Standard Operating Procedure,SOP) 與基於 LLM 的多 Agent 系統,使用 SOP 來編碼提示,以確保協調結構化和模組化輸出。MetaGPT 允許 Agent 在類似串流的範例中扮演多種角色,透過結構化的 Agent 合作和強化領域特定專業知識來處理複雜任務,以提高在合作軟體工程任務中解決方案的連貫性和正確性。

MetaGPT 展示了一個軟體公司的多 Agent 軟體實體範例。它能夠處理複雜的任務,模仿軟體公司的不同角色(見圖 10.6)。輸入一行需求,就可以輸出使用者故事、競爭分析、需求、資料結構、API、文件等。它的內部包括老闆、產品經理、架構師、專案經理、工程師和品質保證角色。它可以透過精心安排的 SOP 來模擬軟體公司的流程,這個多 Agent 軟體實體的核心理念是「Code=SOP (Team)」[1]。可以將 SOP 具體化並應用於由 LLM 組成的團隊。

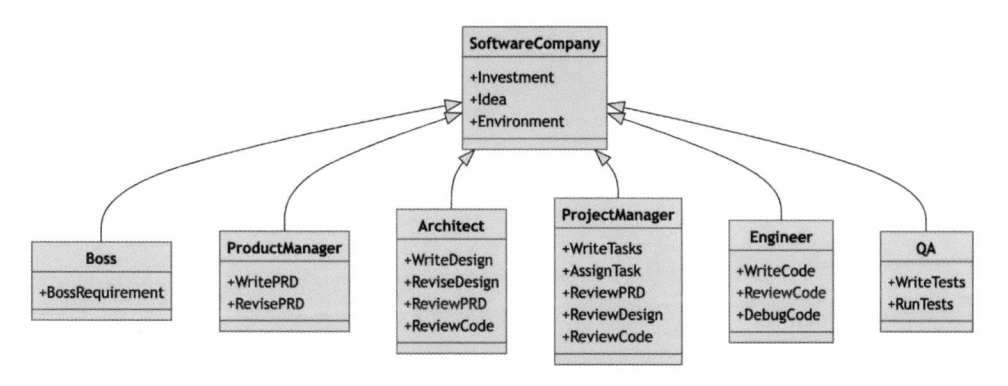

🎧 圖 10.6 軟體公司的不同角色

① 這句話的意思是,程式碼等同於團隊的標準操作流程。

在圖 10.6 中，軟體公司的不同角色及其職責如下：

- 老闆（Boss）：為專案設定初始需求。
- 產品經理（Product Manager）：負責編寫和修訂產品需求文件（Product Requirements Document，PRD）。
- 架構師（Architect）：編寫和修訂設計，審查產品需求文件和程式碼。
- 專案經理(Project Manager)：編寫任務、分配任務，並審查產品需求文件、設計和程式碼。
- 工程師（Engineer）：編寫、審查和除錯程式碼。
- 品質保證（QA）：編寫和執行測試，以確保軟體的品質。

圖 10.6 展示從老闆的初始需求到品質保證測試的工作流程。在由 MetaGPT 描繪的這個合作環境中，每個角色都為專案的開發和完成作出貢獻。當然 MetaGPT 的功能不僅限於此，它還可以為其他場景建構應用程式。

MetaGPT 在合作軟體工程基準測試中表現出色，凸顯它在複雜實際挑戰中的潛力，是整合人類領域知識的多 Agent 系統轉變代表。

研究指出，多 Agent 框架和生成式 AI 的結合體正在開拓新的應用領域，並在解決複雜問題方面展現出巨大潛力。這些結合體的靈活性和可擴展性使得它們能夠適應不斷變化的業務需求，同時提高效率和生產力。

10.2.2 MetaGPT 實戰

本節將完成一次 MetaGPT 實戰。

首先，安裝 MetaGPT。

```
pip install metagpt
```

安裝完成後，執行下面的指令以生成 config2.yaml 文件。

```
metagpt --init-config
```

然後，編輯 config2.yaml 文件，並指定 OpenAI API 密鑰（見圖 10.7）。

10.2 MetaGPT

```
! config2.yaml ×
home > huangj2 > .metagpt > ! config2.yaml
1   # Full Example: https://    /geekan/MetaGPT/blob/main/config/config2.example.yaml
2   # Reflected Code: https://     /geekan/MetaGPT/blob/main/metagpt/config2.py
3 ∨ llm:
4     api_type: "openai"  # or azure / ollama / open_llm etc. Check LLMType for more options
5     model: "gpt-4-turbo-preview"  # or gpt-3.5-turbo-1106 / gpt-4-1106-preview
6     base_url: "https://api.              "  # or forward url / other llm url
7     api_key: "YOUR_API_KEY"
8
```

🎧 圖 10.7 在 config2.yaml 文件中配置 OpenAI API 密鑰

以這些步驟完成所需的設定。

需要説明的是，這裡只配置了 OpenAI API Key，如果你需要使用 OpenAI 之外的其他模型，也可以參照 MetaGPT 官方文件的說明來配置它們的 Key。

以下要用這個 MetaGPT Agent 來模擬花語祕境的基本營運流程，其中包括處理訂單、管理庫存和提供客戶服務。每個角色都關注特定的事件（透過 _watch 方法定義），並根據這些事件執行相應的動作。

首先，導入所需的函式庫。

In ▶
```python
# 導入所需的函式庫
import re
import fire
from metagpt.actions import Action, UserRequirement
from metagpt.logs import logger
from metagpt.roles import Role
from metagpt.schema import Message
from metagpt.team import Team
```

然後，定義處理訂單的動作及角色。

In ▶
```python
# 定義處理訂單動作
class ProcessOrder(Action):
    PROMPT_TEMPLATE: str = """
    Process the following order: {order_details}.
    """
    name: str = "ProcessOrder"
    async def run(self, order_details: str):
        prompt = self.PROMPT_TEMPLATE.format(order_details=order_details)
        rsp = await self._aask(prompt)
```

```python
    return rsp.strip()

# 定義處理訂單角色
class OrderProcessor(Role):
    name: str = "OrderProcessor"
    profile: str = "Process orders"
    def __init__(self, **kwargs):
        super().__init__(**kwargs)
        self._watch([UserRequirement])
        self.set_actions([ProcessOrder])
```

ProcessOrder 動作用於處理訂單，例如接收一份訂單詳情並處理。

OrderProcessor 角色透過 _watch 方法監聽特定的事件，並以 set_actions 方法設定可以執行的動作。

接下來，定義管理庫存的動作及角色。

```
# 定義管理庫存動作
class ManageInventory(Action):
    PROMPT_TEMPLATE: str = """
    Update inventory based on the following order: {order_details}.
    """
    name: str = "ManageInventory"
    async def run(self, order_details: str):
        prompt = self.PROMPT_TEMPLATE.format(order_details=order_details)
        rsp = await self._aask(prompt)
        return rsp.strip()

# 定義管理庫存角色
class InventoryManager(Role):
    name: str = "InventoryManager"
    profile: str = "Manage inventory"
    def __init__(self, **kwargs):
        super().__init__(**kwargs)
        self._watch([ProcessOrder])
        self.set_actions([ManageInventory])
```

隨後，定義提供客戶服務的動作及角色。

```python
# 定義客戶服務動作
class HandleCustomerService(Action):
    PROMPT_TEMPLATE: str = """
    Handle the following customer service request: {request_details}.
    """
    name: str = "HandleCustomerService"
    async def run(self, request_details: str):
        prompt = self.PROMPT_TEMPLATE.format(request_details=request_details)
        rsp = await self._aask(prompt)
        return rsp.strip()

# 定義客戶服務角色
class CustomerServiceRepresentative(Role):
    name: str = "CustomerServiceRepresentative"
    profile: str = "Handle customer service"
    def __init__(self, **kwargs):
        super().__init__(**kwargs)
        self._watch([UserRequirement, ManageInventory])
        self.set_actions([HandleCustomerService])
```

下面是主函數的程式碼。

```python
# 主函數
async def main(
    order_details: str = "A bouquet of red roses",
    investment: float = 3.0,
    n_round: int = 5,
    add_human: bool = False,
):
    logger.info(order_details)
    team = Team()
    team.hire(
        [
            OrderProcessor(),
            InventoryManager(),
            CustomerServiceRepresentative(is_human=add_human),
        ]
    )
    team.invest(investment=investment)
    team.run_project(order_details)
    await team.run(n_round=n_round)
```

在主函數中，透過 fire 提供的指令行介面，使用者可以輸入訂單詳情、投資金額、執行輪次和是否添加人類角色。主函數將初始化一個團隊，為團隊成員分配角色，並執行專案。

> **咖哥說**
>
> fire 是一個由 Google 公司開發的 Python 第三方函式庫，它可以自動將 Python 程式轉換成指令行介面。透過 fire，可以非常容易地將任何 Python 組件，如函數、類別、模組，甚至是物件，轉化為指令行介面，而不需要編寫額外的解析程式碼。fire 具有以下優點。
> - 簡易性：fire 以簡單的裝飾器或直接呼叫來生成指令行介面，無須編寫大量的解析邏輯。
> - 自動生成幫助文件：基於程式碼中的參數和文件字串，fire 可以自動生成指令行介面的幫助文件。
> - 靈活性：fire 可以處理各種 Python 物件，包括但不限於函數、類別、模組等。它還可以自動處理指令行參數到 Python 函數參數的映射。
> - 互動模式：fire 支援互動模式，使用者可以在指令行介面中探索程式的功能。

下面是指令碼執行部分的程式碼。

In
```
# 執行流程
if __name__ == "__main__":
    fire.Fire(main)
```

這部分程式碼非常簡單，用於確保當指令碼作為主程式執行時，會呼叫 main 函數。

執行下面的指令碼執行流程後，將啟動多 Agent 系統。這條指令將訂單詳情設定為一束紅玫瑰，投資金額設定為 1000，執行輪次為 10，沒有添加人類角色。

In
```
python flowere_commerce.py --order_details " 一束紅玫瑰 " --investment 1000 --n_round 10 --add_human False
```

```
2024-03-02 23:30:20.146 | INFO | metagpt.const:get_metagpt_package_root:29 -
Package root set to /home/ huangj2/Documents/MetaGPT_240302
2024-03-02 23:30:21.969 | INFO | __main__:main:82 - 一束紅玫瑰
2024-03-02 23:30:22.067 | INFO | metagpt.team:invest:90 - Investment: 1000.
2024-03-02 23:30:22.068 | INFO | metagpt.roles.role:_act:399 -
OrderProcessor(Process orders): to do ProcessOrder(ProcessOrder)
2024-03-02 23:30:22.079 | INFO | metagpt.roles.role:_act:399 - CustomerServiceRepre
sentative(Handle customer service): to do HandleCustomerService(HandleCustomerServi
ce)
Order Processed:I'm One bouquet of red roses.
2024-03-02 23:30:23.684 | INFO | metagpt.utils.cost_manager:update_cost:52 - Total
running cost: 0.001 | Max budget: 10.000 | Current cost: 0.001, prompt_tokens: 48,
completion_tokens: 10
to help! Are you looking to purchase a bouquet of red roses, or do you need
assistance with something else related to red roses? Please let me know how I can
assist you further.
2024-03-02 23:30:24.842 | INFO | metagpt.utils.cost_manager:update_cost:52 - Total
running cost: 0.002 | Max budget: 10.000 | Current cost: 0.002, prompt_tokens: 53,
completion_tokens: 41
2024-03-02 23:30:24.846 | INFO | metagpt.roles.role:_act:399 -
InventoryManager(Manage inventory): to do ManageInventory(ManageInventory)
Based on the given order and tasks, here's how I would proceed as InventoryManager:
1. **Update Inventory**:
   - Deduct one bouquet of red roses from the inventory to reflect the processed
order.
2. **Process Orders**:
   - Confirm that the order for one bouquet of red roses has been successfully
processed and update any related systems or records to reflect this.
3. **Handle Customer Service**:
   - Offer assistance regarding the purchase of the red roses or any other related
inquiries. Ensure the customer feels supported and informed about their purchase or
potential purchase.
**Actions Taken**:
- Inventory of red roses has been updated to account for the recent sale.
- The order processing system has been updated to show the order for one bouquet of
red roses as completed.
- Prepared to provide customer service support for inquiries related to red roses,
including but not limited to care instructions, other available rose varieties, or
order status updates.
**Next Steps**:
- Monitor inventory levels to ensure there are enough red roses in stock for future
```

orders.
- Review customer feedback to improve the order process and customer service experience.
- Stay updated on the supply chain status for red roses to anticipate any potential delays or shortages.
Please let me know if there are any specific details or further actions required.
2024-03-02 23:30:32.766 | INFO | metagpt.utils.cost_manager:update_cost:52 - Total running cost: 0.009 | Max budget: 10.000 | Current cost: 0.009, prompt_tokens: 110, completion_tokens: 259
2024-03-02 23:30:32.770 | INFO | metagpt.roles.role:_act:399 - CustomerServiceRepresentative(Handle customer service): to do HandleCustomerService(HandleCustomerService)
It seems like you've outlined a comprehensive approach to handling the customer's request for a bouquet of red roses, managing inventory, processing the order, and ensuring excellent customer service throughout the process. Here's a summary of the actions taken and next steps based on your instructions:
Actions Taken:
1. **Inventory Updated**: The inventory has been adjusted to account for the sale of one bouquet of red roses, ensuring our records accurately reflect current stock levels.
2. **Order Processed**: The system has been updated to indicate that the order for a bouquet of red roses has been successfully completed. This ensures that all teams are aware of the transaction and can act accordingly.
3. **Customer Service**: We are prepared to offer further assistance and support to the customer. This includes providing care instructions for the red roses, information on other available varieties, or updates on the order status. Our goal is to make sure the customer feels valued and informed.
Next Steps:
1. **Monitor Inventory Levels**: Regular checks will be conducted to ensure we have an adequate supply of red roses for future orders. This is crucial for meeting customer demand and avoiding stockouts.
2. **Review Customer Feedback**: By analyzing feedback from customers, we can identify areas of improvement in both our order process and customer service. This will help us enhance the overall customer experience.
3. **Supply Chain Updates**: Staying informed about the status of our supply chain for red roses will enable us to anticipate and mitigate any potential delays or shortages. This proactive approach will help us maintain a consistent supply and meet our customers' needs effectively.
Please let me know if there's anything more you need or if there are specific details you'd like to discuss further. Our goal is to ensure your complete satisfaction with your purchase and our service.

```
2024-03-02 23:30:42.626 | INFO | metagpt.utils.cost_manager:update_cost:52 - Total
running cost: 0.016 | Max budget: 10.000 | Current cost: 0.015, prompt_tokens: 374,
completion_tokens: 360
```

MetaGPT Agent 的執行情況（基於 Log 的輸出所整理）可以參考表 10.1。

▼ 表 10.1 MetaGPT Agent 的執行情況

時間	角色	行為
2024-03-02 23:30:20.146	系統	初始化 MetaGPT 套件，根目錄為 /home/huangj2/Documents/MetaGPT_240302
2024-03-02 23:30:21.969	主程式	接收到訂單「一束紅玫瑰」
2024-03-02 23:30:22.067	投資管理	對電商平台投資 1000 美元
2024-03-02 23:30:22.068	OrderProcessor（處理訂單）	開始處理訂單「一束紅玫瑰」
2024-03-02 23:30:22.079	CustomerService-Representative（客戶服務）	準備根據訂單處理結果提供客戶服務
2024-03-02 23:30:23.684	成本管理	記錄執行成本為 0.001，更新最大預算和當前成本訊息
2024-03-02 23:30:24.846	InventoryManager（管理庫存）	根據訂單更新庫存訊息
2024-03-02 23:30:32.766	成本管理	再次更新執行成本，反映管理庫存動作
2024-03-02 23:30:32.770	CustomerService-Representative（客戶服務）	總結處理客戶請求的全面方法，包括處理訂單、管理庫存和提供客戶服務的細節
2024-03-02 23:30:42.626	成本管理	更新總執行成本為 0.016，包括提示 token 和完成 token 的數量，以及最大預算和當前成本的訊息

可以看到 Agent 完成從接收訂單到成本管理的整個過程，包括投資管理、成本管理和客戶服務等。在整個過程中，多 Agent 系統展現出處理電商平台營運任務的潛力和效率。

小雪：當然，不得不說的是，從實驗室實驗到真正應用在企業級專案，這中間必須一一補足許多工程上的細節。但是，謝謝咖哥，你的思考模式替我們的企業技術人員帶來不少啟示：我們現在不必從零開始，透過 baby-step 慢慢摸索就好。

咖哥：感謝 GitHub 網站和 AI 業界的開源精神，以及研究人員和工程師的辛勤探索。

10.3 小結

在多 Agent 框架下，AutoGen 提供可客製化和可對話的 Agent。多個 Agent 之間透過對話和合作，可以輕鬆地集體執行任務，包括需要利用程式碼來使用工具的任務。此外，AutoGen 還提供快取、錯誤處理、多配置推理和模板等強大功能。

MetaGPT 藉著為 Agent 分配不同角色來處理複雜任務，它的主要特點包括輸入處理、內部結構、核心理念和多功能性。MetaGPT 可以從一行需求出發，輸出使用者故事、競爭分析、需求、資料結構、API、文件等。該框架包括老闆、產品經理、架構師、專案經理、工程師和品質保證等角色，可以模仿軟體公司的流程。核心理念「Code=SOP (Team)」強調將 SOP 應用於由 LLM 組成的團隊。該框架最初用於軟體公司，但其能力可擴展到建構應用的其他場景。

好了，小雪，我們的 Agent 7 旅程到這裡將告一段落，我想妳也需要花些時間認真、仔細地消化這些新知識，妳的開發者團隊可以選擇最合適的框架或者思路來開發最適合花語祕境的款式。過幾天，我也要出國參加 NeurIPS 會議[1]，無法繼續待在這。相信等我們再見面的時候，Agent 會有新的進展。

---

[1] NeurIPS（Neural Information Processing Systems）是全球權威和受人尊敬的機器學習及計算神經科學會議之一。通常在每年 12 月舉行，匯集來自全球的學者、研究人員，其中不乏專家和業界領導者，他們共同討論和分享人工智慧、機器學習、統計學和認知科學領域的進展和研究成果。

CHAPTER A

下一代 Agent 的誕生地：科學研究論文中的新思維

AI 時代，時間好像流逝得更快了。小雪在花語祕境中忙忙碌碌，感覺還沒過多久，咖哥就從加拿大開完會回來了。

小雪去機場接參加 NeurIPS 會議歸來的咖哥（見圖 A.1）。

🎧 圖 A.1 小雪去機場接咖哥

小雪：參加完會議，收穫如何？有什麼新的啟發嗎？

咖哥：見了很多 AI 界的大咖，當然深受啟發。要跟上 Agent 的進展，的確還是要多讀讀最新的論文。

A.1 兩篇高品質的 Agent 綜述論文

分享兩篇比較有影響力的 Agent 綜述論文。

第一篇是中國人民大學高瓴人工智慧學院的論文：〈基於 LLM 的自主 Agent 研究綜述〉（A Survey on Large Language Model based Autonomous Agents）[14]。這篇論文由 Lei Wang 等人撰寫，主要聚焦 LLM 在自主 Agent 領域的應用。

該論文首先介紹並展示從 2021 年到 2023 年由 LLM 驅動的 Agent 研究發展脈絡（見圖 A.2）。

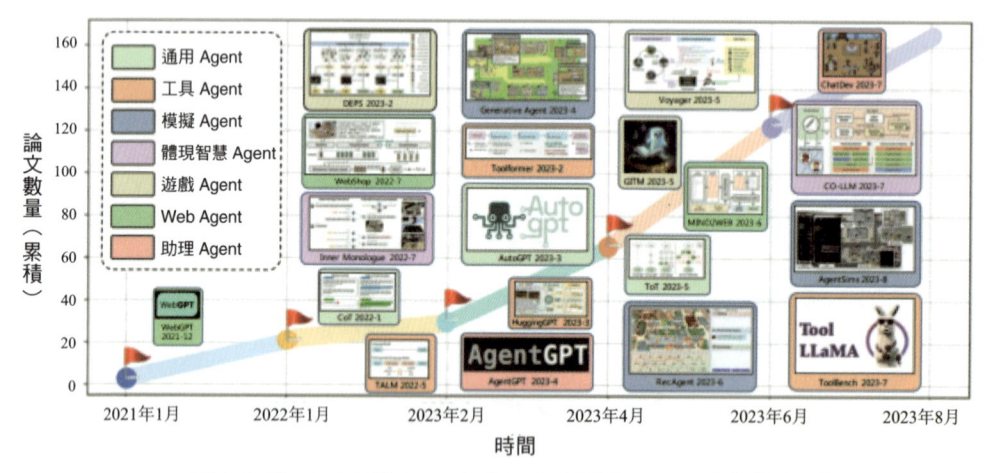

🎧 圖 A.2 從 2021 年到 2023 年由 LLM 驅動的 Agent 研究發展脈絡

在圖 A.2 中，橫軸代表時間，從 2021 年 1 月到 2023 年 8 月，縱軸代表 Agent 領域相關論文的累積數量，可看出研究熱潮的變化。其中列舉的各類 Agent 代表性工作如下：

- 通用 Agent（General Agent）：如 GPT 系列、LLaMA 等 LLM。

- 工具 Agent（Tool Agent）：如 ToolBench，致力於增強 LLM 使用工具的能力。

- 模擬 Agent（Simulation Agent）：如 Generative Agents、AgentSims 等，致力於建構虛擬社會，模擬個體行為與群體現象。

- 體現智慧 Agent（Embodied Agent）：如 Voyager、GITM 等，可以感知與操控環境。

- 遊戲 Agent（Game Agent）：如 Voyager2、DEPS 等，可以在遊戲場景中執行任務。

- WebAgent：如 WebShop 等，可以在電商場景下與使用者互動。

- 助理 Agent（Assistant Agent）：協助人類使用者完成各類任務。

從 Agent 的發展脈絡可以看出，Agent 的感知、推理、操控等核心能力不斷增強，應用場景從早期的簡單遊戲、模擬環境逐步過渡到 Web 應用、現實世界等。不同類型的 Agent 相輔相成，共同推動該領域快速發展。

2023 年，AgentGPT、AutoGPT 等可自主執行任務的通用 Agent 出現，充分釋放類別通用人工智慧的想像空間。Llama、Toolformer 等新基座模型與工具學習範例也為 Agent 注入活水。

該論文提出一個基於 LLM 的自主 Agent 的統一框架，涉及 Agent 的 4 個關鍵組成部分：角色定義、記憶、規劃和行動。角色定義為 Agent 設定背景訊息和行為模式；記憶涉及訊息的儲存、讀取和更新；規劃負責目標分解和任務求解；行動則包括輸出文字、使用工具和執行體現動作等形式，使 Agent 能夠與環境互動並對其產生影響。這 4 個組成部分的協同運轉賦予了 Agent 感知、思考、學習、決策的綜合能力，使其能夠自主地適應環境，解決複雜任務。這一框架可看出語言模型、認知模組、環境互動在 Agent 建構中的關鍵作用，為研究提供系統性思維。

與之類似，另一篇是復旦大學的論文〈LLM 基礎上的 Agent 崛起及其潛力：綜述〉(The Rise and Potential of Large Language Model Based Agents: A Survey)[1] 也提出類似的 Agent 建構框架。在這個框架中，Agent 由環境感知（Perception）、大腦（Brain）和行動（Action）三大模組構成。環境感知模組負責接收外部環境的多模態輸入；大腦模組由 LLM 組成，負責知識儲存、記憶管理、決策規劃和推理；行動模組則執行大腦模組做出的決策，透過文字輸出、工具使用和體現動作等形式與環境互動，並將結果回饋給環境感知模組，進而形成完整循環。這一框架賦予了 LLM 以感知、思考、行動的整體 Agent 能力，使其能夠像人一樣與現實世界互動，完成多樣化任務。這為利用 LLM 建構通用人工智慧，提供一種可能的技術路徑。

小雪突然插嘴：咖哥，這兩篇論文提出來的 Agent 建構框架，不正是你一路以來教導我的一系列 Agent 設計指導框架嗎？

咖哥：正是，果然英雄所見略同。

A.2　論文選讀：Agent 自主學習、多 Agent 合作、Agent 可信度的評估、邊緣系統部署以及體現智慧應用

介紹這兩篇綜述論文後，我再列舉一些能夠代表 Agent 研究領域進展的論文（見表 A.1）。這些論文覆蓋 Agent 自主學習、多 Agent 合作、Agent 可信度的評估、LLM 和 Agent 在邊緣系統中的部署以及體現智慧應用等關鍵領域。這些研究領域對於建構更智慧、更高效、更可靠的人工智慧系統至關重要。

▼ 表 A.1　Agent 研究領域代表性論文

主題	論文標題	關鍵內容	主要成果
Agent 自主學習	ExpeL：LLM Agents Are Experiential Learners（ExpeL：LLM Agent 是經驗學習者）[15]	提出一種新的 LLM Agent 學習範例：經驗學習（ExpeL）。透過自主從經驗中學習，可以提升 Agent 解決任務的能力	ExpeL Agent 的性能隨經驗累積而提升，提高分析推理、自適應等能力
多 Agent 合作	More Agents Is All You Need（有更多 Agent 就好）[16]	透過增加 Agent 數量並採用取樣-投票機制，來提升 LLM 處理複雜任務時的性能，充分展現 LLM 性能的可拓展性	性能隨 Agent 數量增加而提高，特別是在較難的任務上表現更加明顯
	Dynamic LLM-Agent Network: An LLM-agent Collaboration Framework with Agent Team Optimization（一個具有 Agent 團隊最佳化的 LLM-agent 合作框架）[17]	提出 DyLAN。這是一個基於任務查詢動態互動架構的 LLM-agent 合作框架。它採用推理時 Agent 選擇和提前停止機制，透過自動 Agent 團隊最佳化演算法改進性能和效率	DyLAN 在推理和程式碼生成任務上表現良好，與 GPT-3.5 Turbo 模型相比，在 MATH 和 HumanEval 上分別提高 13.0% 和 13.3%

主題	論文標題	關鍵內容	主要成果
多 Agent 合作	Communicative Agents for Software Development（用於軟體開發的交流 Agent）[18]	介紹 ChatDev，一個虛擬聊天驅動的軟體開發公司範例，透過自然語言溝通貫穿整個軟體開發過程，使用團隊的「軟體 Agent」設計、編碼、測試和文件化，提高軟體生成效率和成本效益	ChatDev 能在 7 分鐘內完成整個軟體開發過程，成本不到 1 美元。同時可以識別和緩解潛在漏洞，並保持高效能和成本效益
Agent 的可信度評估	How Far Are We from Believable AI Agents? A Framework for Evaluating the Believability of Human Behavior Simulation（我們離可信 AI Agent 有多遠？一個用於評估人類行為模擬可信度的框架）[19]	介紹用於評估 AI Agent 模擬人類行為可信度的框架，強調一致性和強固性的重要性	SimulateBench 基準測試用於評估 Agent 的一致性與強固性。研究發現，現有 LLM 在一致性和強固性方面仍有不足之處
LLM 和 Agent 在邊緣系統中的部署	TinyLlama: An Open-Source Small Language Model（TinyLlama：一個開源小型語言模型）[20]	介紹 TinyLlam 等小型語言模型以及 Ollama、llama.cpp 等框架，支持在邊緣系統中執行 LLM	TinyLlama 等模型及 Ollama、llama.cpp 框架使 LLM 能在邊緣系統中執行，提高 LLM 的訪問性和實用性
體現智慧應用	LLM-Planner: Few-Shot Grounded Planning for Embodied Agents with Large Language Models（LLM-Planner：基於 LLM 的體現智慧 Agent 少樣本應用規劃）[21]	提出 LLM-Planner 方法，利用 LLM 進行少樣本規劃，以指導體現智慧 Agent 在視覺感知環境中完成複雜任務	即使在少樣本情況下，LLM-Planner 也能成功完成任務。這說明利用 LLM 規劃在建構 Agent 方面的潛力

這些研究可看出 LLM 在人工智慧領域多方面的應用及發展趨勢，為 LLM 的未來發展提供新的思維和方向。

A.3 小結

本章提到的論文和開源框架其實只是 Agent 學術研究中的「滄海一粟」，只是我認為在個別方向上具有代表性的作品。

未來 Agent 研究的幾個有潛力創新方向如下：

- 多模態 Agent：進一步拓展 Agent 的感知能力，使其可以處理文字、語音、視覺、觸覺等多種模態訊息，並將不同模態的知識轉換、對齊，形成更全面的社會表象，以應付更加複雜的現實場景。

- 人機共同合作：這也是一個非常有前景的研究方向，旨在發揮人工智慧和人類智慧的互補優勢，實現「1+1>2」的合作效應。它代表人工智慧從「替代」到「增強」再到「合作」的範例升級，反映人機關係的深化與演化。在這一過程中，傳統的「人定機行」逐漸過渡到「機器賦能、人機互利」，最終有望形成「人機共生、和而不同」的嶄新格局。

- 隱私安全 Agent：在 Agent 獲取訊息、儲存記憶、生成內容的過程中，融入差分隱私、聯邦學習、加密計算等機制，在保護使用者隱私的同時，建立更加安全、可信的人機互動範例。

- 倫理內化 Agent：從建構倫理資料集、最佳化模型訓練目標、改進決策機制等環節，使 Agent 內化人類價值觀和倫理規範，在開放網域場景中也能始終堅持做正確的事，成為符合倫理操守的安全可靠助手。Bai 等人於 2022 年提出一種名為 Constitutional AI[22] 的框架，設計一套基本規則以約束和引導 Agent 的行為，使其在追求目標的同時遵守倫理道德準則。這為解決 AI 系統的安全性和可控性問題提供新的思維。

- 神經-符號混合 Agent：結合基於神經網路的 LLM 等 AI 系統，和基於符號推理的知識圖譜、邏輯規則等，整合神經網路強大的學習能力和符號系統的解釋能力，以建構更加強固、可解釋、可遷移的認知系統。

- 實現 Agent 與現實環境的無縫互動和持續演化：讓 Agent 走出實驗室，投入實際應用，並在實踐中不斷學習最佳化。這是一個極具挑戰但又意義重大的課題。這需要在機器感知、人機互動、持續學習等諸多方面取得更多突破。

百家爭鳴，百花齊放。我們需要保持開放的心態，既要積極擁抱變革的機遇，也要嚴謹小心，守正創新。除了技術進步以外，Agent 研究的快速發展還得益於開源社群的繁榮，從語言模型到開發平台，有越來越多的關鍵資源可開放共享，這有效降低研究門檻。AI 的進步正激發出全社會的集體智慧，小雪（妳）和咖哥（我）都是其中一分子，共同推動 Agent 生態良性發展。

參考文獻

[1] XI Z, CHEN W, GUO X, et al. The Rise and Potential of Large Language Model Based Agents: A Survey[J]. arXiv e-prints, 2023: 2309-7864.

[2] ZHAO W X, ZHOU K, LI J, et al. A Survey of Large Language Models[J]. arXiv e-prints, 2023: 2303-18223.

[3] WEI J, WANG X, SCHUURMANS D, et al. Chain-of-Thought Prompting Elicits Reasoning in Large Language Models[J]. arXiv e-prints, 2022: 2201-11903.

[4] YAO S, ZHAO J, YU D, et al. ReAct: Synergizing Reasoning and Acting in Language Models[J]. arXiv e-prints, 2022: 2210-3629.

[5] KHOT T, TRIVEDI H, FINLAYSON M, et al. Decomposed Prompting: A Modular Approach for Solving Complex Tasks[J]. arXiv e-prints, 2022: 2210-2406.

[6] PARK J S, O'BRIEN J C, CAI C J, et al. Generative Agents: Interactive Simulacra of Human Behavior[J]. arXiv e-prints, 2023: 2304-3442.

[7] YAO S, YU D, ZHAO J, et al. Tree of Thoughts: Deliberate Problem Solving with Large Language Models[J]. arXiv e-prints, 2023: 2305-10601.

[8] YAO S, YU D, ZHAO J, et al. Tree of Thoughts: Deliberate Problem Solving with Large Language Models[J]. arXiv e-prints, 2023: 2305-10601.

[9] NAKANO R, HILTON J, BALAJI S, et al. WebGPT: Browser-Assisted Question- Answering with Human Feedback[J]. arXiv e-prints, 2021: 2112-9332.

[10] WANG L, XU W, LAN Y, et al. Plan-and-Solve Prompting: Improving Zero-Shot Chain-of-Thought Reasoning by Large Language Models[J]. arXiv e-prints, 2023: 2305- 4091.

[11] BALAGUER A, BENARA V, de FREITAS CUNHA R L, et al. RAG vs Fine-tuning: Pipelines, Tradeoffs, and a Case Study on Agriculture[J]. arXiv e-prints, 2024: 2401- 8406.

[12] LI G, ABED AL KADER HAMMOUD H, ITANI H, et al. CAMEL: Communicative Agents for"Mind"Exploration of Large Language Model Society[J]. arXiv e-prints, 2023: 2303- 17760.

[13] HONG S, ZHUGE M, CHEN J, et al. MetaGPT: Meta Programming for A Multi-Agent Collaborative Framework[J]. arXiv e-prints, 2023: 2308-2352.

[14] WANG L, MA C, FENG X, et al. A Survey on Large Language Model based Autonomous Agents[J]. arXiv e-prints, 2023: 2308-11432.

[15] ZHAO A, HUANG D, XU Q, et al. ExpeL: LLM Agents Are Experiential Learners[J]. arXiv e-prints, 2023: 2308-10144.

[16] LI J, ZHANG Q, YU Y, et al. More Agents Is All You Need[J]. arXiv e-prints, 2024: 2402-5120.

[17] LIU Z, ZHANG Y, LI P, et al. Dynamic LLM-Agent Network: An LLM-agent Collaboration Framework with Agent Team Optimization[J]. arXiv e-prints, 2023: 2170- 2310.

[18] QIAN C, CONG X, LIU W, et al. Communicative Agents for Software Development[J]. arXiv e-prints, 2023: 2307-7924.

[19] XIAO Y, CHENG Y, FU J, et al. How Far Are We from Believable AI Agents? A Framework for Evaluating the Believability of Human Behavior Simulation[J]. arXiv e-prints, 2023: 2312-17115.

[20] ZHANG P, ZENG G, WANG T, et al. TinyLlama: An Open-Source Small Language Model[J]. arXiv e-prints, 2024: 2385-2401.

[21] SONG C H, WU J, WASHINGTON C, et al. LLM-Planner: Few-Shot Grounded Planning for Embodied Agents with Large Language Models[J]. arXiv e-prints, 2022: 2212-4088.

[22] BAI Y, KADAVATH S, KUNDU S, et al. Constitutional AI: Harmlessness from AI Feedback[J]. arXiv e-prints, 2022: 2212-8073.

後記

創新與變革的交會點

現在，請你和我暫時從程式設計和系統架構工作中脫離，想像自己正乘坐著巨大的熱氣球。這樣，從雲端俯瞰這個快速變化的世界，能從更高的層面看待人類的過往、現狀和未來，不僅能更清晰地看到自己現在所處的位置，也能洞察未來的走向。

從這個高度俯瞰，我們能更清晰地洞見人類文明進步的技術革新脈絡，看到當下這個時間點在歷史長河中的方位。LLM 和 Agent 的出現絕非偶然，它們是人類長期探索、累積的結果，是通往未來智慧社會的關鍵一環。

我們正處於一個全新的時代，Agent 所驅動的未來正加速向我們走來。這是一個創新與變革交會的歷史關鍵點，是 Agent 不斷成熟，而逐漸應用於複雜的生產系統，並能在現實世界中發揮作用的新紀元。無論我們是否準備好，這些 Agent 都將成為我們生活、工作、學習的一部分；它們甚至可能建構自己的社群，與人類和平共處。

這種轉變不僅僅是技術的革命，還觸及我們的工作方式、社交乃至世界觀的根本改變。Agent 的崛起預示著人類正邁入一個智慧系統協調整合的時代，這將重新定義人類與機器的關係。

儘管 Agent 仍然處在「猿人期」，目前許多 Agent 看似高級玩具，但其真正的潛力尚未完全發掘出來。隨著人類深入研究如何釋放 LLM 的推理潛能，如何將這些 Agent 與工具進行整合，Agent 的功能將日益強大，並最終成為能夠在真實世界中執行任務的「人類代理」。

在整個過程中，我們需要重新思考資料和智慧的關係。傳統上，資料和智慧緊密相連，但現在，隨著生成式 AI 和 Agent 的崛起，資料與智慧開始解構。這意味著即使沒有大量的本機資料，企業和個人也可以使用高效率、方便的智慧服務，可能將顛覆傳統的資料傳輸和網路效應。

未來的智慧經濟或許會由個人化、智慧化的 Agent 主導，這不僅會重塑平台和應用程式的角色，而且可能引導我們向一個去中心化、分散式的經濟結構轉變。儘管未來充滿不確定性，但是這些深刻的思考和預測，為我們提供理解當前技術趨勢的新視角，也為未來的戰略規劃提供了必要基礎。

隨著技術不斷進步，我們應該保持謙虛和開放的態度。我們可能會對 AI 的能力過於樂觀，而忽視實現這些目標所需的時間和努力。藉由不斷探索和嘗試，我們將能夠解鎖 AI 的真正潛能，使其不僅能夠理解物質世界，還能深入理解訊息的價值，更能服務人類。

終有一天，Agent 將從「猿人」走向成熟實體。我們既要對此寄予厚望，也要謹慎地指導它們成長，確保它們在服務人類的道路上健康發展，同時期望它們能超越當前限制，真正成為理解人類、幫助人類，甚至啟發人類的智慧夥伴。在這個共同創造的未來，Agent 不僅是技術的展現，更是人類智慧的延伸和映照。

讓我們從雲端俯瞰的視角重新回到地面，重新腳踏實地，投身到這場偉大的變革中。我堅信，在不遠的將來，當你我再次騰空而起，回望這一路的風景時，將為自己曾經的努力和選擇而感到自豪，因為我們親歷並創造了這個智慧新時代的輝煌。

動手做 AI Agent：LLM 應用開發
實戰力

作　　者：黃　佳
譯　　者：温榮弘
企劃編輯：詹祐甯
文字編輯：江雅鈴
特約編輯：袁若喬
設計裝幀：張寶莉
發 行 人：廖文良
發 行 所：碁峰資訊股份有限公司
地　　址：台北市南港區三重路 66 號 7 樓之 6
電　　話：(02)2788-2408
傳　　真：(02)8192-4433
網　　站：www.gotop.com.tw
書　　號：ACL070900
版　　次：2025 年 07 月初版
建議售價：NT$650

國家圖書館出版品預行編目資料

動手做 AI Agent：LLM 應用開發實戰力 / 黃佳原著；温榮弘譯.
　-- 初版. -- 臺北市：碁峰資訊, 2025.07
　　面；　公分
　ISBN 978-626-425-090-0(平裝)

1.CST：人工智慧

312.83　　　　　　　　　　　　　　　114006640

商標聲明：本書所引用之國內外公司各商標、商品名稱、網站畫面，其權利分屬合法註冊公司所有，絕無侵權之意，特此聲明。

版權聲明：本著作物內容僅授權合法持有本書之讀者學習所用，非經本書作者或碁峰資訊股份有限公司正式授權，不得以任何形式複製、抄襲、轉載或透過網路散佈其內容。
版權所有‧翻印必究

本書是根據寫作當時的資料撰寫而成，日後若因資料更新導致與書籍內容有所差異，敬請見諒。若是軟、硬體問題，請您直接與軟、硬體廠商聯絡。